AF475092

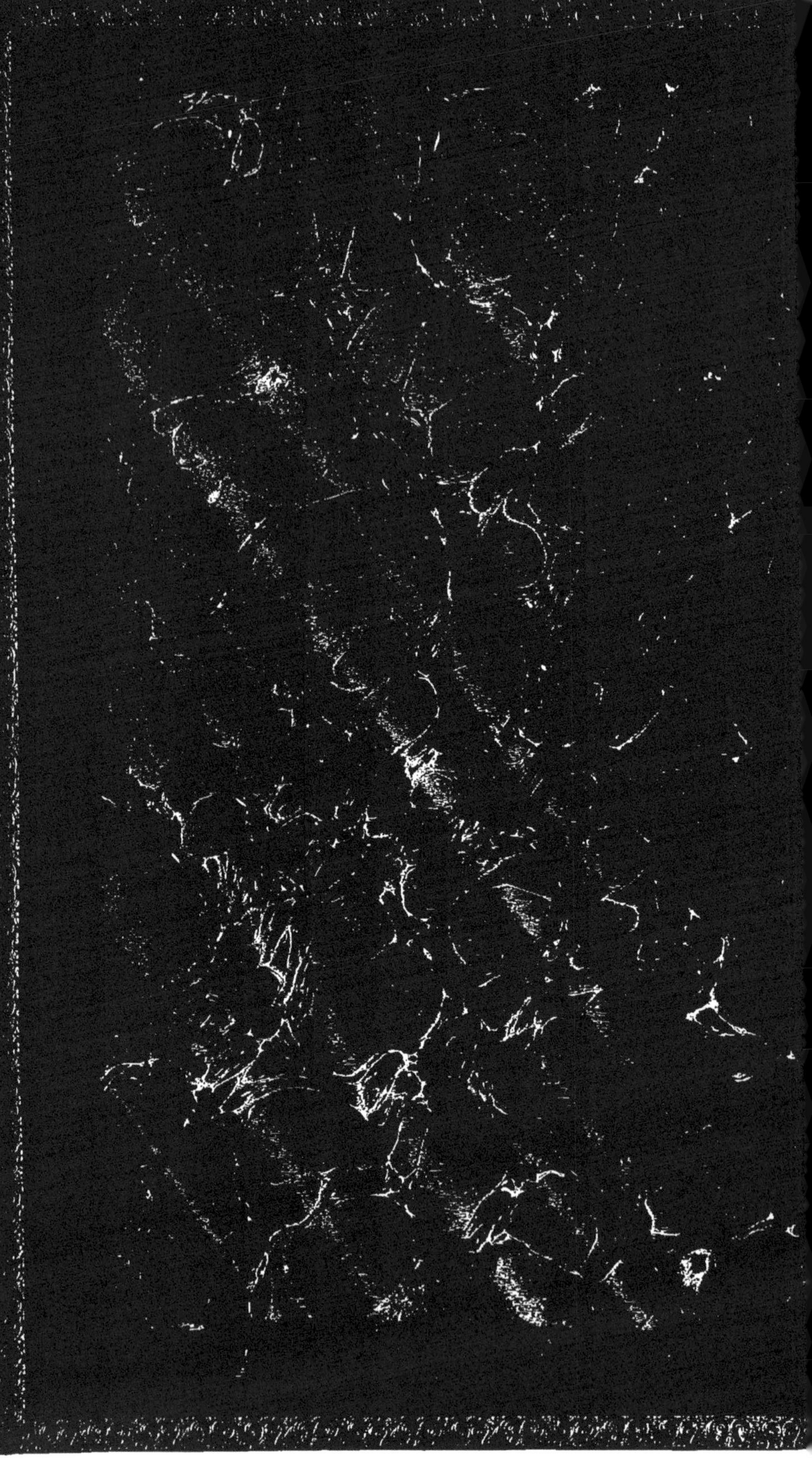

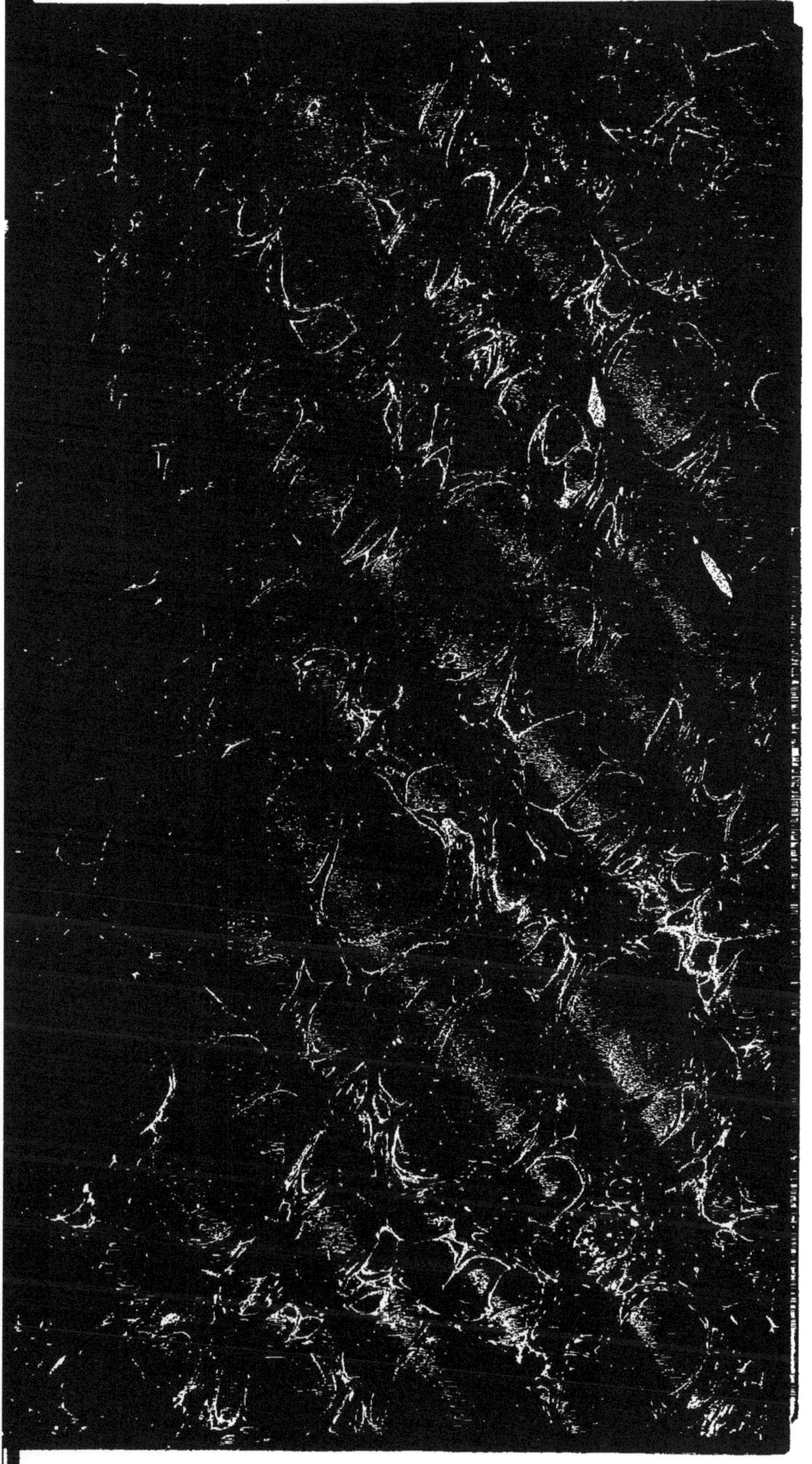

ŒUVRES

DU COMTE

DE LACÉPÈDE.

TOME VII.

DE L'IMPRIMERIE DE A. FIRMIN DIDOT,
IMPRIMEUR DU ROI, RUE JACOB, N° 24.

ŒUVRES

DU COMTE

DE LACÉPÈDE,

MEMBRE DE L'ACADÉMIE ROYALE DES SCIENCES,

L'UN DES PROFESSEURS DU MUSÉUM D'HISTOIRE NATURELLE,
MEMBRE DE PLUSIEURS SOCIÉTÉS SAVANTES, FRANÇAISES ET ÉTRANGÈRES,
PAIR DE FRANCE,
ET ANCIEN GRAND-CHANCELIER DE LA LÉGION-D'HONNEUR.

NOUVELLE ÉDITION,

DIRIGÉE

PAR M. A. G. DESMAREST,

Correspondant de l'Académie des Sciences, membre titulaire de l'Académie de Médecine; professeur de Zoologie à l'École royale vétérinaire d'Alfort; etc.

HISTOIRE NATURELLE DES POISSONS. — TOME III.

A PARIS,

CHEZ LADRANGE ET VERDIÈRE,

LIBRAIRES, QUAI DES AUGUSTINS.

1829.

HISTOIRE
NATURELLE
DES POISSONS.

DIX-HUITIÈME ORDRE

DE LA CLASSE ENTIÈRE DES POISSONS,

OU

SECOND ORDRE

DE LA PREMIÈRE DIVISION DES OSSEUX.

Poissons jugulaires, *ou qui ont des nageoires situées sous la gorge.*

QUARANTE-TROISIÈME GENRE.

LES MURÉNOÏDES.

Un seul rayon à chacune des nageoires jugulaires; trois rayons à la membrane des branchies; le corps allongé, comprimé et en forme de lame.

ESPÈCE.	CARACTÈRE.
Le Murénoïde sujef.	Les mâchoires également avancées.

QUARANTE-QUATRIÈME GENRE.

LES CALLIONYMES.

La tête plus grosse que le corps; les ouvertures branchiales sur la nuque; les nageoires jugulaires très-éloignées l'une de l'autre; le corps et la queue garnis d'écailles à peine visibles.

PREMIER SOUS-GENRE.

Les yeux très-rapprochés l'un de l'autre.

ESPÈCES.	CARACTÈRES.
1. Le Callionyme lyre.	Le premier rayon de la première nageoire dorsale, de la longueur du corps et de la queue; l'ouverture de la bouche très-grande; la nageoire de la queue arrondie.
2. Le Callionyme dragonneau.	Les rayons de la première nageoire du dos beaucoup plus courts que le corps et la queue; l'ouverture de la bouche très-grande; la nageoire de la queue arrondie.
3. Le Callion. flèche.	Trois rayons à la membrane des branchies; l'ouverture de la bouche petite; la nageoire de la queue arrondie.
4. Le Callion. japonais.	Le premier rayon de la première nageoire dorsale terminé par deux filaments; la nageoire de la queue fourchue.

SECOND SOUS-GENRE.

Les yeux très-peu rapprochés l'un de l'autre.

ESPÈCE.	CARACTÈRES.
5. Le Callionyme pointillé.	L'ouverture de la bouche très-petite; la nageoire de la queue arrondie.

LE CALLIONYME LYRE.(1)

Callionymus Lyra, Linn., Lacep., Cuv. (2).

CALLIONYME (3), LYRE; quelles images agréables,

(1) *Lavandière*, sur quelques côtes françaises de l'Océan.
Callionyme lacert, Daubenton, Encyclopédie méthodique.
Id. Bonnaterre, planches de l'Encyclopédie méthodique.
Faun. suec. 304.
Strom. sondm.
« Uranoscopus, ossiculo primo, etc. » Gronov., Mus. 1, n. 64.
« Cottus, ossiculis pinnæ dorsalis longitudine corporis. » Gronov., Act. Ups., 1740, p. 121, tab. 8.
Bloch, pl. 161.
« Corystion ossiculo pinnæ dorsalis primo longissimo. » Klein, Miss. pisc. 5, p. 93, n. 14.
« Lyra harvicensis. » Petiv., Gazoph. 1, p. 1, n. 1, tab. 22, fig. 2.
« Exocæti tertium genus. » Seba, Mus. 3, tab. 30, fig. 7.
Id. Belon, Aquat., p. 223.
Yellow gurnard, Tyson, Act. angl. 24, n. 293, 1749, fig. 1.
Dracunculus, Gesn., Aquat., p. 80; Icon. anim., p. 84.
« Cottus, pinnâ secundâ dorsi albâ. » Artedi, Gen. 49, syn. 77.
Id. Aldrov., Pisc., p. 262.
Id. Jonst., Pisc., p. 91, tab. 21, fig. 4.
Id. Willughby, Ichthyol., tab. H, 6, fig. 3.
Lacert, Rondelet, première partie, liv. 10, chap. 11.
Gemmeous dragoned, Pennant, Brit. Zool. 3, p. 164, n. 69, tab. 27.
Doucet, et *Souris de mer*, Duhamel, Traité des pêches, seconde partie, cinquième section, chap. 5, art. 2.

(2) Du genre Callionyme. Cuv. DESM. 1829.

(3) *Callionyme* vient du grec, et signifie *beau nom*.

quels souvenirs touchants rappellent ces deux noms! Beauté céleste, art enchanteur de la musique, toi qui charmes les yeux, et toi qui émeus si profondément les cœurs sensibles, ces deux noms ingénieusement assortis renouvellent, pour ainsi dire, en la retraçant à la mémoire, votre douce mais irrésistible puissance. Vous que la plus aimable des mythologies fit naître du sein des flots azurés ou sur des rives fortunées, qui près des poétiques rivages de la Grèce héroïque formâtes une alliance si heureuse, confondîtes vos myrtes avec vos lauriers, et échangeâtes vos couronnes, que vos images riantes embellissent à jamais les tableaux des peintres de la nature: béni soit celui qui, par deux noms adroitement rapprochés, associa vos emblêmes comme vos deux pouvoirs magiques avaient été réunis, et qui ne voulut pas qu'un des plus beaux habitants d'une mer témoin de votre double origine pût exposer aux regards du naturaliste attentif ses couleurs brillantes, ni l'espèce de lyre qui paraît s'élever sur son dos, sans ramener l'imagination séduite et vers le dieu des arts, et vers la divinité qui les anime et dont le berceau fut placé sur les ondes! Non, nous ne voudrons pas séparer deux noms dont l'union est d'ailleurs consacrée par le génie; nous ne ferons pas de vains efforts pour empêcher les amis de la science de l'être aussi des graces; nous ne croirons pas qu'une sévérité inutile doive repousser avec austérité des sentiments consolateurs; et si nous devons chercher à dissiper les nuages que l'ignorance et l'erreur ont rassemblés devant la nature, à déchirer ces voiles ridicules et surchargés d'ornements étrangers dont la main maladroite d'un mauvais goût froidement imitateur a entouré le sanctuaire de cette nature si admirable et si féconde, nous n'oublierons pas que nous ne pouvons la connaître telle qu'elle est, qu'en ne blessant aucun de ses attraits.

Nous dirons donc toujours *Callionyme Lyre*. Mais voyons ce qui a mérité au poisson que nous allons examiner, l'espèce de consécration qu'on en a faite, lorsqu'on lui a donné la dénomination remarquable que nous lui conservons.

Nous avons sous les yeux l'un des premiers poissons jugulaires que nous avons cru devoir placer sur notre tableau; et déjà nous pouvons voir des traits très-prononcés de ces formes qui attireront souvent notre attention, lorsque nous décrirons les osseux thoracins et les osseux abdominaux. Mais à des proportions particulières dans la tête, à des nageoires élevées ou prolongées, à des piquants plus ou moins nombreux, les callionymes, et surtout la lyre, réunissent un corps et une queue encore un peu serpentiformes, et une peau dénuée d'écailles facilement visibles. Ils montrent un grand nombre de titres de parenté avec les apodes que nous venons d'étudier.

Et si de ce coup-d'œil général nous passons à des considérations plus précises, nous trouverons que la tête est plus large que le corps, très-peu convexe par dessus, et plus aplatie encore par dessous. Les yeux sont très-rapprochés l'un de l'autre. On a écrit qu'ils étaient garnis d'une membrane clignotante : mais nous nous sommes assurés que ce qu'on a pris pour une telle membrane, n'est qu'une saillie du tégument le plus extérieur de la tête, laquelle se prolonge un peu au-dessus de chaque œil, ainsi qu'on a pu l'observer sur le plus grand nombre de raies et de squales.

L'ouverture de la bouche est très-grande; les lèvres sont épaisses, les mâchoires hérissées de plusieurs petites dents, et les mouvements de la langue assez libres. On voit à l'extrémité des os maxillaires un aiguillon divisé en branches dont le nombre paraît varier. L'opercule branchial n'est composé que d'une seule lame : mais il est attaché, ainsi que la membrane branchiale, à la tête ou au corps de l'animal, dans une si grande partie de sa circonférence, qu'il ne reste d'autre ouverture pour la sortie ou pour l'introduction de l'eau, qu'une très-petite fente placée de chaque côté au-dessus de la nuque, et qui, par ses dimensions, sa position et sa figure, ressemble beaucoup à un évent.

L'ouverture de l'anus est beaucoup plus près de la tête que de la nageoire de la queue. La ligne latérale est droite.

Sur le dos s'élèvent deux nageoires : la plus voisine de la tête est composée de quatre ou de cinq et même quelquefois de sept rayons. Le premier est si allongé et dépasse la membrane en s'étendant à une si grande hauteur, que sa longueur égale l'intervalle qui sépare la nuque du bout de la queue. Les trois ou quatre qui viennent ensuite sont beaucoup moins longs, et décroissent dans une telle proportion, que le plus souvent ils paraissent être entre eux et avec le premier dans les mêmes rapports que des cordes d'un instrument destinées à donner, par les seules différences de leur longueur, les tons *ut*, *ut* octave, *sol*, *ut* double octave, et *mi*, c'est-à-dire l'accord le plus parfait de tous ceux que la musique admet. Au-delà, deux autres rayons plus courts encore se montrent quelquefois et paraissent représenter des cordes destinées à faire entendre des sons plus élevés que le *mi*; et voilà donc une sorte de lyre à cordes harmoniquement proportionnées, qu'on a cru, pour ainsi dire, trouver sur le dos du callionyme dont nous parlons; et comment dès-lors se serait-on refusé à l'appeler *Lyre* ou *Porte-lyre* (1)?

Les autres nageoires, et particulièrement celle de l'anus et la seconde du dos, qui se prolongent

(1) A la membrane des branchies. . . . . 6 rayons.
A la première nageoire dorsale, de . . . . 4 à 7
A la seconde nageoire du dos. 10
A chacune des pectorales 18
A chacune des nageoires jugulaires. 6
A celle de l'anus. 10
A celle de la queue, qui est arrondie. 9

vers l'extrémité de la queue en bandelette membraneuse, ont une assez grande étendue, et forment de larges surfaces sur lesquelles les belles nuances de la lyre peuvent, en se déployant, justifier son nom de *Callionyme*. Les tons de couleur qui dominent au milieu de ces nuances, sont le jaune, le bleu, le blanc, et le brun, qui les encadre, pour ainsi dire.

Le jaune règne sur les côtés du dos, sur la partie supérieure des deux nageoires dorsales, et sur toutes les autres nageoires, excepté celle de l'anus. Le bleu paraît avec des teintes plus ou moins foncées sur cette nageoire de l'anus, sur les deux nageoires dorsales où il forme des raies souvent ondées, sur les côtés où il est distribué en taches irrégulières. Le blanc occupe la partie inférieure de l'animal.

Ces nuances, dont l'éclat, la variété et l'harmonie distinguent le callionyme lyre, sont une nouvelle preuve des rapports que nous avons indiqués dans notre Discours sur la nature des poissons, entre les couleurs de ces animaux et la nature de leurs aliments : nous avons vu que très-fréquemment les poissons les plus richement colorés étaient ceux qui se nourrissaient de mollusques ou de vers. La lyre a reçu une parure magnifique, et communément elle recherche des oursins et des astéries.

Au reste, ce callionyme ne parvient guère qu'à la longueur de quatre ou cinq décimètres : on le trouve non seulement dans la Méditerranée, mais encore dans d'autres mers australes ou septentrionales; et on dit que, dans presque tous les climats qu'il habite, sa chair est blanche et agréable au goût.

LE CALLIONYME DRAGONNEAU.[1]

Callionymus Dracunculus, Linn., Lacep. (2).

Ce callionyme habite les mêmes mers que la lyre, avec laquelle il a de très-grands rapports; il n'en diffère même d'une manière très-sensible que par la brièveté et les proportions des rayons qui soutiennent la première nageoire dorsale, par le

---

(1) *Callionyme dragonneau*, Daubenton, Encyclopédie méthodique.

Id. Bonnaterre, planches de l'Encyclopédie méthodique.

Müller, Zoolog. dan., tab. 20.

« Uranoscopus ossiculo primo pinnæ dorsalis primæ unciali. » Gronov., Mus. 1, n. 63.

Bloch, pl. 162, fig. 2.

Sordid dragoned, Pennant, Brit. Zool. 3, p. 167, tab. 27.

(2) M. Cuvier dit que ce poisson ne diffère du callionyme lyre que parce que sa première dorsale est courte et sans filet. Il ajoute qu'on le croit sa femelle. Desm. 1829.

nombre des rayons des autres nageoires (1), par la forme de la ligne latérale qu'on a souvent de la peine à distinguer, et par les nuances et la disposition de ses couleurs. Beaucoup moins brillantes que celles de la lyre, ces teintes sont brunes sur la tête et le dos, argentées avec des taches sur la partie inférieure de l'animal; et ces tons simples et très-peu éclatants ne sont relevés communément que par un peu de verdâtre que l'on voit sur les nageoires de la poitrine et de l'anus, du verdâtre mêlé à du jaune qui distingue les nageoires jugulaires, et du jaune qui s'étend par raies sur la seconde nageoire dorsale, ainsi que sur celle de la queue.

D'ailleurs la chair du dragonneau est, comme celle de la lyre, blanche et d'un goût agréable. Il n'est donc pas surprenant que quelques naturalistes, et particulièrement le professeur Gmelin, aient soupçonné que ces deux callionymes pourraient bien être de la même espèce, mais d'un sexe différent. Nous n'avons pas pu nous procurer assez de renseignements précis pour nous assurer de l'opinion que l'on doit avoir relativement à la

(1) A la première nageoire dorsale . . . . 4 rayons.
A la seconde nageoire du dos 10
A chacune des pectorales 19
A chacune des jugulaires 6
A celle de l'anus 9
A celle de la queue 10

conjecture de ces savants; et dans le doute, nous nous sommes conformés à l'usage du plus grand nombre des auteurs qui ont écrit sur l'ichthyologie, en séparant de la lyre le callionyme dragonneau, qu'il sera, au reste, aisé de retrancher de notre tableau méthodique.

LE CALLIONYME FLÈCHE[1],

Callionymus Sagitta, Pall., Lacep., Cuv.

ET

LE CALLIONYME JAPONAIS.[2]

Callionymus japonicus, Lacep.

Ces deux espèces appartiennent, comme la lyre et le dragonneau, au premier sous-genre des callionymes; c'est-à-dire elles ont les yeux très-rapprochés l'un de l'autre. L'illustre Pallas a fait connaître la première, et le savant Houttuyn la seconde.

(1) Pallas, Spicil. zool. 8, p. 29, tab. 4, fig. 4 et 5.
Callionyme flèche, Daubenton, Encyclopédie méthodique.
Id. Bonnaterre, planches de l'Encyclopédie méthodique.

(2) Houttuyn, Act. Haarlem. 20, 2, p. 313, n. 1.
Callionyme du Japon, Bonnaterre, planches de l'Encyclopédie méthodique.

La flèche décrite par le naturaliste de Saint-Pétersbourg avait à peine un décimètre de longueur. L'espèce à laquelle appartenait cet individu, vit dans la mer qui entoure l'île d'Amboine; elle est, dans sa partie supérieure, d'un brun mêlé de taches irrégulières et nuageuses d'un gris-blanchâtre, qui règne en s'éclaircissant sur la partie inférieure. Des taches ou des points bruns paraissent sur le haut de la nageoire caudale et sur les nageoires jugulaires; une bande très-noire se montre sur la partie postérieure de la première nageoire dorsale; et la seconde du dos, ainsi que les pectorales, sont très-transparentes, et variées de brun et de blanc (1). Voici, d'ailleurs, les principaux caractères par lesquels la flèche est séparée de la lyre. L'ouverture de la bouche est très-petite; les lèvres sont minces et étroites; les opercules des branchies sont mous, et composés, au moins, de deux lames, dont la première se termine par une longue pointe, et présente, dans son bord postérieur, une dentelure très-sensible; on ne voit que trois rayons à la membrane branchiale; la première nageoire du dos et celle de

---

(1) A la membrane des branchies . . . . 3 rayons.
A la première dorsale 4
A la seconde. 9
A chacune des pectorales 11
A chacune des jugulaires. 5
A la nageoire de l'anus 8
A celle de la queue 10

l'anus sont très-basses, ou, ce qui est la même chose, forment une bande très-étroite.

Le nom de *Callionyme japonais* indique qu'il vit dans des mers assez voisines de celles dans lesquelles on trouve la flèche. Il parvient à la longueur de trois décimètres, ou environ. Il présente différentes nuances. Sa première nageoire dorsale montre une tache noire, ronde, et entourée de manière à représenter l'iris d'un œil; les rayons de cette même nageoire sont noirs, et le premier de ces rayons se termine par deux filaments assez longs, ce qui forme un caractère extrêmement rare dans les divers genres de poissons. La seconde nageoire du dos est blanchâtre; les nageoires pectorales sont arrondies, les jugulaires très-grandes; et celle de la queue est très-allongée et fourchue (1).

---

(1) A la première nageoire dorsale . . . . 4 rayons.
A la seconde 10
A chacune des pectorales 17
A chacune des jugulaires 5
A celle de l'anus 8
A celle de la queue 9

LE CALLIONYME POINTILLÉ.[1]

Callionymus ocellatus, Pall., Cuv.; *Callionymus punctulatus*, Lacep.

Ce poisson, qui appartient au second sous-genre des callionymes, et qui, par conséquent, a les yeux assez éloignés l'un de l'autre, ne présente que de très-petites dimensions. L'individu mesuré par le naturaliste Pallas, qui a fait connaître cette espèce, n'était que de la grandeur *du petit doigt de la main*. Ce callionyme est d'ailleurs varié de brun et de gris, et parsemé, sur toutes les places grises, de points blancs et brillants; le blanchâtre règne sur la partie inférieure de l'animal; la seconde nageoire du dos est brune avec des raies blanches et parallèles; les pectorales sont transparentes, et de plus pointillées de blanc à leur base, de même que celle de la queue; les rayons de ces trois nageoires présentent d'ailleurs une ou deux places brunes; les jugulaires sont noires dans leur centre, et blanches dans leur circonfé-

---

(1) Pallas, Spicil. zoolog. 8, p. 25, tab. 4, fig. 13.

Callionyme œillé, Daubenton, Encyclopédie méthodique.

Callionyme petit argus, Bonnaterre, planches de l'Encyclopédie méthodique.

rence; et la nageoire de l'anus est blanche à sa base et noire dans le reste de son étendue.

Telles sont les couleurs des deux sexes; mais voici les différences qu'ils offrent dans leurs nuances : la première nageoire du dos du mâle est toute noire; celle de la femelle montre une grande variété de tons qui se déploient d'autant plus facilement que cette nageoire est plus haute que celle du mâle. Sur la partie inférieure de cet instrument de natation, s'étendent des raies brunes relevées par une bordure blanche et par une bordure plus extérieure et noire; et sur la partie supérieure, on voit quatre ou cinq taches rondes, noires dans leur centre, entourées d'un cercle blanc bordé de noir, et imitant un iris avec sa prunelle.

Ces dimensions plus considérables et ces couleurs plus vives et plus variées d'un organe sont ordinairement dans les poissons, comme dans presque tous les autres animaux, un apanage du mâle, plutôt que de la femelle; et l'on doit remarquer de plus dans la femelle du callionyme pointillé un appendice conique situé au-delà de l'anus, qui, étant très-petit, peut être couché et caché aisément dans une sorte de fossette, et qui vraisemblablement sert à l'émission des œufs (1).

(1) A la membrane des branchies............... 5 ou 6 rayons.
A la première nageoire dorsale............. 4
A la seconde.......................... 8

Dans les deux sexes, l'ouverture de la bouche est très-petite; les lèvres sont épaisses; la supérieure est double, l'opercule branchial garni d'un piquant, et la ligne latérale assez droite.

A chacune des pectorales	20
A chacune des jugulaires	5
A celle de l'anus	7
A celle de la queue	10

QUARANTE-CINQUIÈME GENRE.

LES CALLIOMORES.

La tête plus grosse que le corps; les ouvertures branchiales placées sur les côtés de l'animal; les nageoires jugulaires très-éloignées l'une de l'autre; le corps et la queue garnis d'écailles à peine visibles.

ESPÈCE.	CARACTÈRES.
LE CALLIOMORE INDIEN.	Sept rayons à la membrane des branchies; deux aiguillons à la première pièce, et un aiguillon à la seconde de chaque opercule.

LE CALLIOMORE INDIEN.[1]

Calliomorus indicus, Lacep.; *Callionymus indicus*, Linn.; *Platycephalus Spatula*, Bloch., Cuv. (2).

Ce mot *Calliomore*, formé par contraction de deux mots grecs, dont l'un est καλλιονυμος, et l'autre veut dire *limitrophe*, *voisin*, etc., désigne les grands rapports qui rapprochent le poisson que nous allons décrire, des vrais callionymes; il a même été inscrit jusqu'à présent dans le même genre que ces derniers animaux : mais il nous a paru en différer par trop de caractères essentiels, pour que les principes qui nous dirigent dans nos distributions méthodiques, nous aient permis de ne pas l'en séparer.

Le calliomore indien a des teintes bien différentes, par leur peu d'éclat et leur uniformité, des couleurs variées et brillantes qui parent les callionymes, et surtout la lyre: il est d'un gris plus ou moins livide. L'ensemble de son corps et de sa queue est d'ailleurs très-déprimé, c'est-à-dire

(1) *Callionyme indien*, Bonnaterre, planches de l'Encyclopédie méthodique.

(2) Selon M. Cuvier, le calliomore indien n'est autre que le *Platycephalus Spatula* de Bloch, pl. 424. Desm. 1829.

aplati de haut en bas; ce qui le lie avec les uranoscopes dont nous allons parler, et ne contribue pas peu à déterminer la place qu'il doit occuper dans un tableau général des poissons. Les ouvertures de ses branchies sont placées sur les côtés de la tête, au lieu de l'être sur la nuque, comme celles des branchies des callionymes; ces orifices ont de plus beaucoup de largeur; la membrane qui sert à les fermer, est soutenue par sept rayons; et l'opercule, composé de deux lames, présente deux piquants sur la première de ces deux pièces, et un piquant sur la seconde.

La mâchoire inférieure est un peu plus avancée que celle de dessus; l'on voit sur la tête des rugosités disposées longitudinalement; et le premier rayon de la première nageoire dorsale est très-court et séparé des autres (1).

C'est en Asie que l'on trouve le calliomore indien.

---

(1) A la première nageoire dorsale .... 7 rayons.
A la seconde 13
A chacune des pectorales 20
A chacune des jugulaires 6
A la nageoire de l'anus 13
A celle de la queue 11

QUARANTE-SIXIÈME GENRE.

LES URANOSCOPES.

La tête déprimée, et plus grosse que le corps; les yeux sur la partie supérieure de la tête, et très-rapprochés; la mâchoire inférieure beaucoup plus avancée que la supérieure; l'ensemble formé par le corps et la queue, presque conique, et revêtu d'écailles très-faciles à distinguer; chaque opercule branchial composé d'une seule pièce, et garni d'une membrane ciliée.

ESPÈCES.	CARACTÈRES.
1. L'URANOSCOPE RAT.	Le dos dénué d'écailles épineuses.
2. L'URANOSC. HOUTTUYN.	Le dos garni d'écailles épineuses.

L'URANOSCOPE RAT.[1]

Uranoscopus scaber, Linn., Bloch; *Uranoscopus Mus*, Lacep.

Les noms de *Callionyme* et de *Trachine* donnés à cet animal, annoncent les ressemblances qu'il

(1) *Tapecon*, sur les côtes de plusieurs départements méridionaux de France.

Raspecon, ibid.

Mesoro, dans quelques contrées de l'Italie.

Pesce prete, ibid.

Rascassa bianca, ibid.

Bocca in capo, ibid.

Νυκτερις.

Uranoscope rat, Daubenton, Encyclopédie méthodique.

Id. Bonnaterre, planches de l'Encyclopédie méthodique.

Καλλιωνυμος, Aristot., lib. 2, cap. 15; et lib. 8, cap. 13.

Id. Ælian, lib. 13, cap. 4, p. 753.

Οὐρανοσκοπος, Athen., lib. 7, f. 142, 5.

Ἄγνος, Idem, lib. 8, f. 177, 33.

Ἡμεροκοιτης, Oppian., lib. 2, p. 37.

Callionymus, seu *Uranoscopus*, Plin., lib. 32, cap. 7 et cap. 11.

Galen., class. 1, fol. 125, A.

Uranoscopus, Cub., lib. 3, cap. 101, fol. 93, *b*.

Raspecon, ou *Tapecon*, Rondelet, première partie, liv. 10, chap. 12.

Salvian., fol. 196, *b*, ad icon. et 197, *b*, et 198.

Aldrov., lib. 2, cap. 51, p. 265.

Jonston, lib. 1, tit. 3, cap. 3, *a*, 1; punct. 4, tab. 21, fig. 7.

Uranoscopus, seu *cœli speculator*, Charlet., p. 147.

Wotton, lib. 8, cap. 171, fol. 154, *b*.

présente avec les vrais callionymes, et avec le genre dont nous nous occuperons après avoir décrit celui des uranoscopes. Nous n'avons pas besoin d'indiquer ces similitudes; on les remarquera aisément. D'un autre côté, cette dénomination d'*Uranoscope* (qui regarde le ciel) désigne le caractère frappant que montre le dessus de la tête du rat et des autres poissons du même genre. Leurs yeux sont, en effet, non seulement très-rapprochés l'un de l'autre, et placés sur la partie supérieure de la tête, mais tournés de manière que lorsque l'animal est en repos, ses prunelles sont dirigées vers la surface des eaux, ou le sommet des cieux.

La tête très-aplatie, et beaucoup plus grosse que le corps, est d'ailleurs revêtue d'une substance osseuse et dure, qui forme comme une

---

Pulcher piscis, Gaz.

« Trachinus cirris multis in maxillâ inferiore. » Artedi, gen. 42, syn. 71.

Bloch, pl. 163.

Corystion, Klein, Miss. pisc. 4, p. 46, n. 1.

Ruysch, Theatr., p. 62, tab. 21, fig. 7.

Belon, Aquat., p. 219.

Gesner, Aquat., p. 135, Icon. anim., p. 138.

Callionymus, vel *Uranoscopus*, Willughby, Ichthyol., p. 287, tab. S, 9.

Rai., Pisc., p. 97, n. 22.

Raspecon, ou *Tapecon*, Valmont de Bomare, Dictionnaire d'histoire naturelle.

Rascasse blanche, Duhamel, Traité des pêches, seconde partie, cinquième section, chap. 1, art. 4.

sorte de casque garni d'un très-grand nombre de petits tubercules, s'étend jusqu'aux opercules qui sont aussi très-durs et verruqueux, présente, à-peu-près au-dessus de la nuque, deux ou plus de deux piquants renfermés quelquefois dans une peau membraneuse, et se termine sous la gorge par trois ou cinq autres piquants. Chaque opercule est aussi armé de pointes tournées vers la queue, et engagées en partie dans une sorte de gaîne très-molle.

L'ouverture de la bouche est située à l'extrémité de la partie supérieure de la tête, et l'animal ne peut la fermer qu'en portant vers le haut le bout de sa mâchoire inférieure, qui est beaucoup plus longue que la mâchoire supérieure. La langue est épaisse, forte, courte, large, et hérissée de très-petites dents. De l'intérieur de la bouche et près du bout antérieur de la mâchoire inférieure, part une membrane, laquelle se rétrécit, s'arrondit, et sort de la bouche en filament mobile et assez long.

Le tronc et la queue représentent ensemble une espèce de cône recouvert de petites écailles, et sur chaque côté duquel s'étend une ligne latérale qui commence aux environs de la nuque, s'approche des nageoires pectorales (1), va direc-

---

(1) A la membrane des branchies.................. 5 rayons.
A la première nageoire dorsale................ 4
A la seconde............................... 14
A chacune des pectorales...................... 17

tement ensuite jusqu'à la nageoire de la queue, et indique une série de pores destinés à laisser échapper cette humeur onctueuse si nécessaire aux poissons, et dont nous avons déja eu tant d'occasions de parler.

Il y a deux nageoires sur le dos; celles de la poitrine sont très-grandes, ainsi que la caudale. Des teintes jaunâtres distinguent ces nageoires pectorales; celle de l'anus est d'un noir éclatant: l'animal est d'ailleurs brun par dessus, gris sur les côtés, et blanc par dessous.

Le canal intestinal de l'uranoscope rat n'est pas très-long, puisqu'il n'est replié qu'une fois; mais la membrane qui forme les parois de son estomac, est assez forte, et l'on compte auprès du pylore, depuis huit jusqu'à douze appendices ou petits *cœcum* propres à prolonger le séjour des aliments dans l'intérieur du poisson, et par conséquent à faciliter la digestion.

Le rat habite particulièrement dans la Méditerranée. Il y vit le plus souvent auprès des rivages vaseux; il s'y cache sous les algues; il s'y enfonce dans la fange; et par une habitude semblable à celles que nous avons déjà observées dans plusieurs raies, dans la lophie baudroie, et dans quelques autres poissons, il se tient en embuscade dans le limon, ne laissant paraître qu'une petite

---

A chacune des jugulaires. 6
A la nageoire de l'anus. 13
A celle de la queue, qui est rectiligne 12

partie de sa tête, mais étendant le filament mobile qui est attaché au bout de sa mâchoire inférieure, et attirant par la ressemblance de cette sorte de barbillon avec un ver, de petits poissons qu'il dévore. C'est Rondelet qui a fait connaître le premier cette manière dont l'uranoscope rat parvient à se saisir facilement de sa proie. Ce poisson ne peut se servir de ce moyen de pêcher, qu'en demeurant pendant très-long-temps immobile, et paraissant plongé dans un sommeil profond. Voilà pourquoi, apparemment, on a écrit qu'il dormait plutôt pendant le jour que pendant la nuit, quoique, dans son organisation, rien n'indique une sensibilité aux rayons lumineux moins vive que celle des autres poissons, desquels on n'a pas dit que le temps de leur sommeil fût le plus souvent celui pendant lequel le soleil éclaire l'horizon (1).

Il parvient jusqu'à la longueur de trois décimètres : sa chair est blanche, mais quelquefois dure, et de mauvaise odeur; elle indique, par ces deux mauvaises qualités, les petits mollusques et les vers marins dont le rat aime à se nourrir, et les fonds vaseux qu'il préfère. Dès le temps des anciens naturalistes grecs et latins, on savait que la vésicule du fiel de cet uranoscope est très-grande, et l'on croyait que la liqueur qu'elle contient,

(1) Voyez, dans le Discours sur la nature des poissons, ce qui concerne le sommeil de ces animaux.

était très-propre à guérir des plaies et quelques maladies des yeux (1).

L'URANOSCOPE HOUTTUYN.(2)

Uranoscopus japonicus, Linn., Gmel.; *Uranoscopus Houttuyn*, Lacep. (3).

Le nom que nous donnons à cet uranoscope, est un témoignage de la reconnaissance que les naturalistes doivent au savant Houttuyn, qui en a publié le premier la description.

On trouve ce poisson dans la mer qui baigne les îles du Japon. Il est, par ses couleurs, plus agréable à voir que l'uranoscope rat; en effet, il est jaune dans sa partie supérieure, et blanc dans l'inférieure. Les nageoires jugulaires sont assez courtes (4); des écailles épineuses sont rangées longitudinalement sur le dos de l'houttuyn.

(1) Pline, lib. 32, chap. 7.

(2) Houttuyn, Act. Haarlem. 20, 2, p. 314.

Uranoscope astrologue, Bonnaterre, pl. de l'Enc. méth.

(3) M. Cuvier n'admet pas cette espèce qu'il soupçonne appartenir au genre Platycéphale. Desm. 1829.

(4)

A la première nageoire dorsale	4 rayons
A la seconde	15
A chacune des pectorales	12
A chacune des jugulaires	5
A celle de la queue	8

QUARANTE-SEPTIÈME GENRE.

LES TRACHINES.

La tête comprimée et garnie de tubercules ou d'aiguillons; une ou plusieurs pièces de chaque opercule, dentelées; le corps et la queue allongés, comprimés et couverts de petites écailles; l'anus situé très-près des nageoires pectorales.

ESPÈCES.	CARACTÈRES.
1. LA TRACHINE VIVE.	La mâchoire inférieure plus avancée que la supérieure.
2. LA TRACHINE OSBECK.	Les deux mâchoires également avancées.

LA TRACHINE VIVE.(1)

Trachinus Draco, Linn.; *Trachinus Vividus*, Lacep. (2).

CET animal a été nommé *Dragon marin* dès le

(1) *Viver*, sur plusieurs côtes françaises de l'Océan. *Araigne*, sur les rivages de plusieurs départements méridionaux de France. *Saccarailla blanc*, auprès de Bayonne. *Tragina*, en Sicile. *Pisce ragno*, dans plusieurs contrées de l'Italie. *Fiæsing*, en Danemarck. *Fjarsing*, par les Danois et les Suédois. *Schwert fisch*, dans plusieurs pays du nord de l'Europe. *Pieterman*, ibid. *Weever*, par les Anglais. Δρακαινα, par les Grecs modernes. *Aranéole*, *Boisdereau*, et *Bois de roc*, pendant la jeunesse de l'animal, et sur quelques côtes méridionales de France.

Trachine vive, Daubenton, Encyclopédie méthodique.

Id. Bonnaterre, planches de l'Encyclopédie méthodique.

Bloch, pl. 61.

« Trachinus maxillâ inferiore longiore, cirris destitutâ. » Artedi, gen. 42, syn 70.

Δρακων, Arist., lib. 8, cap. 13. Δρακων θαλαττιον, Ælian., t. 11, cap. 41; et lib. 14, cap. 12. Oppian., lib. 1, p. 7; et lib. 2, p. 46. *Draco marinus*, Plin., lib. 9, cap. 27. *Aruneus*, Id., lib. 9, cap. 48. Wotton, lib. 8, cap. 178, fol. 158, *b*.

(2) M. Cuvier a éclairci la synonymie des Vives. Il résulte de son travail que nos rivages en possèdent quatre espèces, et que la vive commune n'a été décrite exactement que par les anciens ichthyologistes depuis Rondelet jusqu'à Artedi et Ascanius. Bloch et Lacépède, parmi les modernes, ont confondu l'histoire des quatre espèces et ont rapporté à la vive commune les caractères des autres. Voir l'Hist. des poiss., III, p. 238 et suiv. DESM. 1829.

temps d'Aristote. Et comment n'aurait-il pas, en effet, réveillé l'idée du dragon? Ses couleurs sont souvent brillantes et agréables à la vue; il les anime par la vivacité de ses mouvements; il a de plus reçu le pouvoir terrible de causer des blessures cruelles, par des armes pour ainsi dire inévitables. Une beauté peu commune et une puissance dangereuse n'ont-elles pas toujours été les attributs distinctifs des enchanteresses créées par l'antique mythologie, ainsi que des fées auxquel-

---

Draco, sive *Araneus piscis*, Salvian, fol. 71, *b*.

Araignée de mer, ou *Vive*, Rondelet, première partie, liv. 10, chap. 10.

Draco marinus, Aldrov., lib. 2, cap. 50, p. 256.

Jonston, lib. 1, tit. 3, cap. 3, *a*, 1, punct. 2, tab. 21, fig. 2, 3, 5.

Charleton, p. 146.

Draco sive *Araneus Plinii*, Gesner, p. 77.

Willughby, p. 288, tab. S, 10, fig. 1.

Rai., p. 91.

Aranea, Cuba, lib. 3, cap. 3, fol. 71, *b*.

Araneus, vel *Draco marinus*, Schonev., p. 16.

Belon, Aquat., p. 215.

It. scan. 325.

Faun. suecic. 305.

Müll. prodrom. Zool. danic., n. 309.

Trachinus, Gronov., Act. ups. 1742, p. 95.

Id., Id. Mus. 1, 42, n. 97; Zooph., p. 80, n. 274.

Trachinus draco, Brünn., Pisc. massil., p. 19, n. 30.

Corystion simplici galeâ, etc., Klein, Miss. pisc. 4, p. 46, n. 9.

Wever, Pennant, Brit. Zool. 3, p. 169, n. 71, tab. 28.

La Vive, Duhamel, Traité des pêches, seconde partie, sixième section, chap. 1, art. 3.

Dragon de mer, Valmont de Bomare, Dictionn. d'histoire naturelle.

Trachinus draco, Ascagne, pl. 7.

les une poésie plus moderne a voulu donner le jour? Ne doivent-elles pas, lorsqu'elles se trouvent réunies, rappeler le sinistre pouvoir de ces êtres extraordinaires, retracer l'image de leurs ministres, présenter surtout à l'imagination amie du merveilleux ce composé fantastique, mais imposant, de formes, de couleurs, d'armes, de qualités effrayantes et douées cependant d'un attrait invincible, qui servant, sous le nom de *Dragon*, les complots ténébreux des magiciennes de tous les âges, au char desquelles on l'a attaché, ne répand l'épouvante qu'avec l'admiration, séduit avant de donner la mort, éblouit avant de consumer, enchante avant de détruire?

Et afin que cette même imagination fût plus facilement entraînée au-delà de l'intervalle qui sépare le dragon de la fable, de la *Vive* de la nature, n'a-t-on pas attribué à ce poisson un venin redoutable? ne s'est-on pas plu à faire remarquer les brillantes couleurs de ses yeux, dans lesquels on a voulu voir resplendir, comme dans ceux du dragon poétique, tous les feux des pierres les plus précieuses?

Il en est cependant du dragon marin comme du dragon terrestre (1). Son nom fameux se lie à d'immortels souvenirs : mais à peine l'a-t-on aperçu que toute idée de grandeur s'évanouit; il ne

(1) Voyez l'article du *Dragon* dans notre Histoire naturelle des Quadrupèdes ovipares.

lui reste plus que quelques rapports vagues avec la brillante chimère dont on lui a appliqué la fastueuse dénomination, et du volume gigantesque qu'on était porté à lui attribuer, il se trouve tout d'un coup réduit à de très-petites dimensions. Ce dragon des mers, ou, pour mieux dire, et pour éviter toute cause d'erreur, la trachine vive ne parvient, en effet, très-souvent qu'à la longueur de trois ou quatre décimètres.

Sa tête est comprimée et garnie dans plusieurs endroits de petites aspérités. Les yeux, rapprochés l'un de l'autre, ont la couleur et la vivacité de l'émeraude avec l'iris jaune tacheté de noir. L'ouverture de la bouche est assez grande, la langue pointue; et la mâchoire inférieure, qui est plus avancée que la supérieure, est armée, ainsi que cette dernière, de dents très-aiguës. Chaque opercule recouvre une large ouverture branchiale, et se termine par une longue pointe tournée vers la queue. Le dos présente deux nageoires : les rayons de la première ne sont qu'au nombre de cinq; mais ils sont non articulés, très-pointus et très-forts. La peau qui revêt l'animal est couverte d'écailles arrondies, petites et faiblement attachées : mais elle est si dure, qu'on peut écorcher une trachine vive presque aussi facilement qu'une murène anguille. Il en est de même de l'uranoscope rat; et c'est une nouvelle ressemblance entre la vive et cet uranoscope.

Le dos du poisson est d'un jaune-brun; ses côtés

et sa partie inférieure sont argentés et variés dans leurs nuances par des raies transversales ou obliques, brunâtres, et fréquemment dorées; la première nageoire dorsale est presque toujours noire (1).

On trouve dans son intérieur et auprès du pylore, au moins huit appendices ou petits *cœcum*.

La vive habite non seulement dans la Méditerranée, mais encore dans l'Océan. Elle se tient presque toujours dans le sable, ne laissant paraître qu'une partie de sa tête; et elle a tant de facilité à creuser son petit asyle dans le limon, que lorsqu'on la prend et qu'on la laisse échapper, elle disparaît en un clin d'œil, et s'enfonce dans la vase. Lorsque la vive est ainsi retirée dans le sable humide, elle n'en conserve pas moins la faculté de frapper autour d'elle avec force et promptitude par le moyen de ses aiguillons et particulièrement de ceux qui composent sa première nageoire dorsale. Aussi doit-on se garder de marcher nu-pieds sur le sable ou le limon au-dessous duquel on peut supposer des vives : leurs piquants font des blessures très-douloureuses. Mais malgré le danger de beaucoup souffrir, au-

---

(1) A la première nageoire dorsale................ 5 rayons.
A la seconde................................ 24
A chacune des nageoires pectorales............. 16
A chacune des jugulaires...................... 6
A la nageoire de l'anus........................ 25
A celle de la queue, qui est un peu fourchue 15

quel on s'expose lorsqu'on veut prendre ces trachines, leur chair est d'un goût si délicat, que l'on va très-fréquemment à la pêche de ces poissons, et qu'on emploie plusieurs moyens pour s'en procurer un grand nombre.

Pendant la fin du printemps et le commencement de l'été, temps où les vives s'approchent des rivages pour déposer leurs œufs, ou pour féconder ceux dont les femelles se sont débarrassées, on en trouve quelquefois dans les *manets* ou filets à nappes simples, dont on se sert pour la pêche des maquereaux. On emploie aussi pour les prendre, lorsque la nature du fond le permet, des *dréges* ou espèces de filets qui reposent légèrement sur ce même fond, et peuvent dériver avec la marée.

On s'efforce d'autant plus de pêcher une grande quantité de vives, que ces animaux non seulement donnent des signes très-marqués d'irritabilité après qu'ils ont été vidés ou qu'on leur a coupé la tête, mais encore peuvent vivre assez long-temps hors de l'eau, et par conséquent être transportés encore en vie à d'assez grandes distances. D'ailleurs, par un rapport remarquable entre l'irritabilité des muscles et leur résistance à la putridité, la chair des trachines vives ne se corrompt pas aisément, et peut être conservée pendant plusieurs jours, sans cesser d'être très-bonne à manger; et c'est à cause de ces trois propriétés qu'elles ont reçu le nom spécifique que j'ai cru devoir leur laisser.

Cependant, si plusieurs marins vont sans cesse à la recherche de ces trachines, la crainte fondée d'être cruellement blessés par les piquants de ces animaux, et surtout par les aiguillons de la première nageoire dorsale, leur fait prendre de grandes précautions; et les accidents occasionés par ces dards ont été regardés comme assez graves pour que, dans le temps, l'autorité publique ait cru, en France, devoir donner à ce sujet des ordres très-sévères. Les pêcheurs s'attachent surtout à briser ou arracher les aiguillons des vives qu'ils tirent de l'eau. Lorsque, malgré toute leur attention, ils ne peuvent pas parvenir à éviter la blessure qu'ils redoutent, ceux de leurs membres qui sont piqués, présentent une tumeur accompagnée de douleurs très-cuisantes et quelquefois de fièvre. La violence de ces symptômes dure ordinairement pendant douze heures; et comme cet intervalle de temps est celui qui sépare une haute marée de celle qui la suit, les pêcheurs de l'Océan n'ont pas manqué de dire que la durée des accidents occasionés par les piquants des vives avait un rapport très-marqué avec les phénomènes du flux et reflux, auxquels ils sont forcés de faire une attention continuelle, à cause de l'influence des mouvements de la mer sur toutes leurs opérations. Au reste, les moyens dont les marins de l'Océan ou de la Méditerranée se servent pour calmer leurs souffrances, lorsqu'ils ont été piqués par des trachines vives, ne sont pas peu nombreux; et plusieurs de ces remèdes sont très-anciennement connus. Les uns se contentent d'appliquer sur la partie malade le foie ou le cerveau encore frais du poisson; les autres, après avoir lavé la plaie avec beaucoup de soin, emploient une décoction de lentisque, ou les feuilles de ce végétal, ou des fèves de marais. Sur quelques côtes septentrionales, on a recours quelquefois à de l'urine chaude; le plus souvent on y substitue du sable mouillé dont on enveloppe la tumeur, en tâchant d'empêcher tout contact de l'air avec les membres blessés par la trachine.

L'enflure considérable et les douleurs longues et aiguës qui suivent la piqûre de la vive, ont fait penser que cette trachine était véritablement venimeuse; et voilà pourquoi, sans doute, on lui a donné le nom de l'araignée, dans laquelle on croyait devoir supposer un poison assez actif. Mais la vive ne lance dans la plaie qu'elle fait avec ses piquants, aucune liqueur particulière : elle n'a aucun instrument propre à déposer une humeur vénéneuse dans un corps étranger, aucun réservoir pour la contenir dans l'intérieur de son corps, ni aucun organe pour la filtrer ou la produire. Tous les effets douloureux de ses aiguillons doivent être attribués à la force avec laquelle elle se débat lorsqu'on la saisit, à la rapidité de ses mouvements, à l'adresse avec laquelle elle se sert de ses armes, à la promptitude avec laquelle elle redresse et enfonce ses petits dards dans la main, par exemple, qui s'efforce de la retenir, à la profondeur à laquelle elle les fait parvenir, et à la dureté ainsi qu'à la forme très-pointue de ces piquants.

La vive n'emploie pas seulement contre les marins qui la pêchent et les grands poissons qui l'attaquent, l'énergie, l'agilité et les armes dangereuses que nous venons de décrire : elle s'en sert aussi pour se procurer plus facilement sa nourriture, lorsque ne se contentant pas d'animaux à coquille, de mollusques, ou de crabes, elle cherche à dévorer des poissons d'une taille presque égale à la sienne.

Tels sont les faits certains dont on peut composer la véritable histoire de la trachine vive. Elle a eu aussi son histoire fabuleuse, comme toutes les espèces d'animaux qui ont présenté quelque phénomène remarquable. Nous ne la rapporterons pas, cette histoire fabuleuse. Nous ne parlerons pas des opinions contraires aux lois de la physique maintenant les plus connues, ni des contes ridicules que l'on trouve, au sujet de la vive, dans plusieurs auteurs anciens, particulièrement dans Élien, ainsi que dans quelques écrivains modernes, et qui doivent principalement leur origine au nom de *Dragon* que porte cette trachine, et à toutes les fictions vers lesquelles ce nom ramène l'imagination; nous ne dirons rien du pouvoir merveilleux de la main droite ou de la main gauche lorsqu'on touche une vive, ni d'autres observations presque du même genre: en tâchant de découvrir les propriétés des ouvrages de la nature, et les divers effets de sa puissance, nous n'avons qu'un trop grand nombre d'occasions d'ajouter à l'énumération des erreurs de l'esprit humain.

Il paraît que selon les mers qu'elle habite, la vive présente dans ses dimensions, ou dans la disposition et les nuances de ses couleurs, des variétés plus ou moins constantes. Voici les deux plus dignes d'attention.

La première est d'un gris-cendré avec des raies transversales, d'un brun tirant sur le bleu. Elle a trois décimètres, ou à-peu-près, de longueur.

La seconde est blanche, parsemée, sur sa partie supérieure, de points brunâtres, et distinguée d'ailleurs par des taches de la même teinte, mais grandes et ovales, que l'on voit également sur sa partie supérieure. Elle parvient à une longueur de plus de trois décimètres.

C'est vraisemblablement de cette variété qu'il faut rapprocher les trachines vives de quelques côtes de l'Océan, que l'on nomme *Saccarailles blancs* (1), et qui sont longues de cinq ou six décimètres.

(1) Duhamel, à l'endroit déja cité.

LA TRACHINE OSBECK.(1)

Trachinus Osbeck, Lacep. (2).

C'EST dans l'océan Atlantique, et auprès de l'île de l'Ascension, qu'habite cette trachine, dont la description a été publiée par le savant voyageur Osbeck. Les deux mâchoires de ce poisson sont également avancées, et garnies de plusieurs rangs de dents longues et pointues, dont trois en haut et trois en bas sont plus grandes que les autres; des dents aiguës sont aussi placées auprès du gosier. Chaque opercule se termine par deux aiguillons inégaux en longueur. La nageoire de la queue est rectiligne (3). Tout l'animal est blanc avec des taches noires. Telles sont les principales différences qui écartent cette espèce de la trachine vive.

(1) Osbeck, Voy. to China, p. 96.

Trachine ponctuée, Bonnaterre, planches de l'Encyclopédie méthodique.

(2) M. Cuvier ne fait pas mention de ce poisson. DESM. 1829.

(3) A la membrane des branchies.................. 6 rayons.
A chacune des nageoires pectorales............. 18
A chacune des jugulaires..................... 5
A la nageoire de l'anus...................... 11
A celle de la queue.......................... 16

QUARANTE-HUITIÈME GENRE.

LES GADES.

La tête comprimée ; les yeux peu rapprochés l'un de l'autre, et placés sur les côtés de la tête ; le corps allongé, peu comprimé, et revêtu de petites écailles ; les opercules composés de plusieurs pièces, et bordés d'une membrane non ciliée.

PREMIER SOUS-GENRE.

Trois nageoires sur le dos ; un ou plusieurs barbillons au bout du museau.

ESPÈCES.	CARACTÈRES.
1. LE GADE MORUE.	La nageoire de la queue, fourchue; la mâchoire supérieure plus avancée que l'inférieure; le premier rayon de la première nageoire de l'anus, non articulé et épineux.
2. LE GADE ÆGLEFIN.	La nageoire de la queue, fourchue; la mâchoire supérieure plus avancée que l'inférieure; la couleur blanchâtre; la ligne latérale noire.
3. LE GADE BIB.	La nageoire de la queue, fourchue; la mâchoire supérieure un peu plus avancée que l'inférieure; le premier rayon de chaque nageoire jugulaire, terminé par un long filament.
4. LE GADE SAIDA.	La nageoire de la queue, fourchue; la mâchoire inférieure un peu plus avancée que la supérieure; le second rayon de chaque nageoire jugulaire, terminé par un long filament.
5. LE GADE BLENNIOÏDE.	La nageoire de la queue, fourchue; le premier rayon de chaque nageoire jugulaire plus long que les autres, et divisé en deux.

ESPÈCES.	CARACTÈRES.
6. Le Gade callarias.	La nageoire de la queue en croissant; la mâchoire supérieure plus avancée que l'inférieure; la ligne latérale large et tachetée.
7. Le Gade tacaud.	La nageoire de la queue en croissant; la mâchoire supérieure plus avancée que l'inférieure; la hauteur du corps égale à-peu-près au tiers de la longueur totale de l'animal.
8. Le Gade rouge.	La nageoire de la queue, rectiligne et sans échancrure; un enfoncement auprès du bout du museau; le second rayon de chaque jugulaire plus long que les autres, et terminé par un filament; le premier rayon de la première nageoire de l'anus non épineux.
9. Le Gade capelan.	La nageoire de la queue, arrondie; la mâchoire supérieure plus avancée que l'inférieure; le ventre très-caréné; l'anus placé à-peu-près à une égale distance de la tête et de l'extrémité de la queue.

SECOND SOUS-GENRE.

Trois nageoires sur le dos; point de barbillons au bout du museau.

ESPÈCES.	CARACTÈRES.
10. Le Gade colin.	La nageoire de la queue, fourchue; la mâchoire inférieure plus avancée que la supérieure; la ligne latérale presque droite; la bouche noire.
11. Le Gade pollack.	La nageoire de la queue, fourchue; la mâchoire inférieure plus avancée que la supérieure; la ligne latérale très-courbe.
12. Le Gade sey.	La nageoire de la queue, fourchue; les deux mâchoires également avancées; la couleur du dos verdâtre.
13. Le Gade merlan.	La nageoire de la queue en croissant; la mâchoire supérieure plus avancée que l'inférieure; la couleur blanche.

TROISIÈME SOUS-GENRE.

Deux nageoires dorsales; un ou plusieurs barbillons au bout du museau.

ESPÈCES.	CARACTÈRES.
14. LE GADE NÈGRE.	La nageoire de la queue, fourchue; la dorsale adipeuse; cinquante-deux rayons à la nageoire de l'anus; toute la surface du poisson, d'un noir plus ou moins foncé.
15. LE GADE MOLVE.	La nageoire de la queue, arrondie; la mâchoire supérieure plus avancée que l'inférieure.
16. LE GADE DANOIS.	La mâchoire inférieure plus avancée que la supérieure; la nageoire de l'anus très-longue, et composée de soixante-dix rayons, ou environ.
17. LE GADE LOTE.	La nageoire de la queue, arrondie; les deux mâchoires également avancées.
18. LE GADE MUSTELLE.	La nageoire de la queue, arrondie; la première nageoire du dos très-basse, excepté le premier ou le second rayon; la ligne latérale très-courbe auprès des nageoires pectorales, et ensuite droite.
19. LE GADE CIMBRE.	La nageoire de la queue, arrondie; deux barbillons auprès des narines; un barbillon à la lèvre supérieure, et un à l'inférieure; le premier rayon de la première nageoire dorsale, terminé par deux filaments disposés horizontalement comme les branches d'un T.

QUATRIÈME SOUS-GENRE.

Deux nageoires dorsales; point de barbillons auprès du bout du museau.

ESPÈCE.	CARACTÈRES.
20. LE GADE MERLUS.	La nageoire de la queue, rectiligne; la mâchoire inférieure plus avancée que la supérieure.

CINQUIÈME SOUS-GENRE.

Une seule nageoire dorsale; des barbillons au bout du museau.

ESPÈCES.	CARACTÈRES.
21. Le Gade brosme.	La nageoire de la queue lancéolée; des bandes transversales sur les côtés.
22. Le Gade lubb.	La nageoire de la queue, arrondie; soixante-quinze rayons à l'anale; point de bandes ou taches transversales sur le corps ni sur la queue.

LE GADE MORUE.[1]

Gadus Morrhua, Linn., Gmel., Lacep., Cuv.

PARMI tous les animaux qui peuplent l'air, la

(1) *Morhuel*, dans plusieurs pays septentrionaux de l'Europe.
Molüe, dans plusieurs contrées de France.
Cabiliau, ibid.
Cabillau, ibid.
Cabillaud, ibid., et particulièrement dans les départements les plus septentrionaux.
Kablag, en Danemarck.
Ciblia, en Suède.
Gade morue, Daubenton, Encyclopédie méthodique.
Id. Bonnaterre, planches de l'Encyclopédie méthodique.
Gadus squamis majoribus, Bloch, pl. 64.
Gadus, dorso tripterygio, ore cirrato, etc., Artedi, gen. 6, syn. 35.
Morrhua vulgaris, maxima asellorum species, Belon, Aquat., p. 128.
Morrhua, sive *Molva altera*, Aldrov., lib. 3, cap. 6, p. 289.
Molva, morrhua, Jonst., lib. 1, tit. 1, cap. 1, art. 2, tab. 2, fig. 1.
Molva, vel *Morrhua altera, minor*, Gesner, p. 68, 102; Icon. anim., p. 71.
Molüe, ou *Morhue*, Rondelet, première partie, liv. 9, chap. 13.
Asellus major, Schonev., p. 18.
Charleton, p. 121.
« Asellus major vulgaris, Belgis cabiliau. » Willughby, p. 165.
« Asellus major vulgaris, » Rai., p. 53, n. 1.
Faun. suecic. 308.
Müller, Prodrom. Zool. danic., p. 42, n. 349.
Gadus kabbelja, It. Wgoth. 176.
Cabliau, Strom. sondm. 317.

terre ou les eaux, il n'est qu'un très-petit nombre d'espèces utiles dont l'histoire puisse paraître aussi digne d'intérêt que celle de la morue, à la philosophie attentive et bienfaisante qui médite sur la prospérité des peuples. L'homme a élevé le cheval pour la guerre, le bœuf pour le travail, la brebis pour l'industrie, l'éléphant pour la pompe, le chameau pour l'aider à traverser les déserts, le dogue pour sa garde, le chien courant pour la chasse, le barbet pour le sentiment, la poule pour sa table, le cormoran pour la pêche, l'aigrette pour sa parure, le serin pour ses plaisirs, l'abeille pour remplacer le jour; il a donné la morue au commerce maritime; et en répandant par ce seul bienfait, une nouvelle vie sur un des grands objets de la pensée, du courage et d'une noble ambition, il a doublé les liens fraternels qui unissaient les différentes parties du globe.

Dans toutes les contrées de l'Europe, et dans presque toutes celles de l'Amérique, il est bien peu de personnes qui ne connaissent le nom de

---

« Callarias sordidè olivaceus, maculis flavicantibus variis, etc. » Klein, Miss. pisc. 5, p. 5, n. 1.

Morue, Camper, Mémoires des savants étrangers, 6, p. 79.

Pennant, Brit. Zool. 3, p. 172, n. 73.

Morue franche, Duhamel, Traité des pêches, seconde partie, première section, chap. 1.

Morue, Valmont de Bomare, Dictionnaire d'histoire naturelle.

Gadus morhua, Ascagne, cah. 3, p. 5, pl. 27.

la morue, la bonté de son goût, la nature de ses muscles, et les qualités qui distinguent sa chair suivant les diverses opérations que ce gade a subies: mais combien d'hommes n'ont aucune idée précise de la forme extérieure, des organes intérieurs, des habitudes de cet animal fécond, ni des diverses précautions que l'on a imaginées pour le pêcher avec facilité! et parmi ceux qui s'occupent avec le plus d'assiduité d'étudier ou de régler les rapports politiques des nations, d'augmenter leurs moyens de subsistance, d'accroître leur population, de multiplier leurs objets d'échange, de créer ou de ranimer leur marine; parmi ceux même qui ont consacré leur existence aux voyages de long cours, ou aux vastes spéculations commerciales, n'est-il pas plusieurs esprits élevés et très-instruits, aux yeux desquels cependant une histoire bien faite du gade morue dévoilerait des faits importants pour le sujet de leurs estimables méditations?

Aristote, Pline, ni aucun des anciens historiens de la nature, n'ont connu le gade morue : mais les naturalistes récents, les voyageurs, les pêcheurs, les préparateurs, les marins, les commerçants, presque tous les habitants des rivages, et même de l'intérieur des terres de l'Europe ainsi que de l'Amérique, particulièrement de l'Amérique et de l'Europe septentrionales, se sont occupés si fréquemment et sous tant de rapports de ce poisson;

ils l'ont vu, si je puis employer cette expression, sous tant de faces et sous tant de formes, qu'ils ont dû nécessairement donner à cet animal un très-grand nombre de dénominations différentes. Néanmoins sous ces divers noms, aussi bien que sous les déguisements que l'art a pu produire, et même sous les dissemblances plus ou moins variables et plus ou moins considérables que la nature a créées dans les différents climats, il sera toujours aisé de distinguer la morue non seulement des autres jugulaires de la première division des osseux, mais encore de tous les autres gades, pour peu qu'on veuille rappeler les caractères que nous allons indiquer.

Comme tous les poissons de son genre, la morue a la tête comprimée; les yeux, placés sur les côtés, sont très-peu rapprochés l'un de l'autre, très-gros, voilés par une membrane transparente; et cette dernière conformation donne à l'animal la faculté de nager à la surface des mers septentrionales, au milieu des montagnes de glace, auprès des rivages couverts de neige congelée et resplendissante, sans être ébloui par la grande quantité de lumière réfléchie sur ces plages boréales : mais hors de ces régions voisines du cercle polaire, la morue doit voir avec plus de difficulté que la plupart des poissons, dont les yeux ne sont pas ainsi recouverts par une pellicule diaphane; et de là est venue l'expression d'*yeux de morue* dont on s'est servi pour désigner des yeux grands, à fleur de tête et cependant mauvais.

Les mâchoires sont inégales en longueur : la supérieure est plus avancée que l'inférieure, au bout de laquelle on voit pendre un assez grand barbillon. Elles sont armées toutes les deux de plusieurs rangées de dents fortes et aiguës. La première rangée en présente de beaucoup plus longues que les autres ; et toutes ne sont pas articulées avec l'un des os maxillaires, de manière à ne se prêter à aucun mouvement. Plusieurs de ces dents sont au contraire très-mobiles, c'est-à-dire peuvent être, comme celles des squales, couchées et relevées sous différents angles, à la volonté de l'animal, et lui donner ainsi des armes plus appropriées à la nature, au volume et à la résistance de la proie qu'il cherche à dévorer.

La langue est large, arrondie par devant, molle et lisse : mais on voit des dents petites et serrées au palais et auprès du gosier.

Les opercules des branchies sont composés chacun de trois pièces, et bordés d'une bande souple et non ciliée. Sept rayons soutiennent chaque membrane branchiale.

Le corps est allongé, légèrement comprimé, et revêtu d'écailles plus grandes que celles qui recouvrent presque tous les autres gades. La ligne latérale suit à-peu-près la courbure du dos jusque vers les deux tiers de la longueur totale du poisson.

On voit sur la morue trois grandes nageoires dorsales. Ce nombre de trois, dans les nageoires du dos, distingue les gades du premier et du second sous-genre, ainsi que l'indique le tableau qui est à la tête de cet article; et il est d'autant plus remarquable, qu'excepté les espèces renfermées dans ces deux sous-genres, les eaux douces, aussi bien que les eaux salées, doivent comprendre un très-petit nombre de poissons osseux ou cartilagineux dont les nageoires dorsales soient plus que doubles, et qu'on n'en trouve particulièrement aucun à trois nageoires dorsales parmi les habitants des mers ou des rivières que nous avons déjà décrits dans cet ouvrage.

Les poissons qui ont trois nageoires du dos, ont deux nageoires de l'anus placées comme les dorsales, à la suite l'une de l'autre. La morue a donc deux nageoires anales comme tous les gades du premier et du second sous-genre; et on a pu voir sur le tableau de sa famille que le premier aiguillon de la première de ces deux nageoires est épineux et non articulé.

Les nageoires jugulaires sont étroites et terminées en pointe, comme celles de presque tous les gades; la caudale est un peu fourchue (1).

(1) A la première nageoire du dos.................. 15 rayons.
A la seconde.............................. 19
A la troisième............................ 21
A chacune des nageoires pectorales............. 16
A chacune des jugulaires..................... 6

Les morues parviennent très-souvent à une grandeur assez considérable pour peser un myriagramme : mais ce n'est pas ce poids qui indique la dernière limite de leurs dimensions. Suivant le savant Pennant, on en a vu, auprès des côtes d'Angleterre, une qui pesait près de quatre myriagrammes, et qui avait plus de dix-huit décimètres de longueur, sur seize décimètres de circonférence à l'endroit le plus gros du corps.

L'espèce que nous décrivons est d'ailleurs d'un gris-cendré, tacheté de jaunâtre sur le dos. La partie inférieure du corps est blanche, et quelquefois rougeâtre, avec des taches couleur d'or dans les jeunes individus. Les nageoires pectorales sont jaunâtres; une teinte grise distingue les jugulaires, ainsi que la seconde de l'anus. Toutes les autres nageoires présentent des taches jaunes.

C'est principalement en examinant avec soin les organes intérieurs de la morue, que Camper, Monro et d'autres habiles anatomistes, sont parvenus à jeter un grand jour sur la structure interne des poissons, et particulièrement sur celle de leurs sens. On peut voir, par exemple, dans Monro, une très-belle description de l'ouïe de la morue : mais nous nous sommes déjà assez occupés de l'organe auditif des poissons, pour devoir nous contenter d'ajouter à tout ce que nous avons

---

A la première de l'anus.................... 17
A la seconde.............. 16
A la nageoire de la queue.................. 30

dit, et relativement au gade morue, que le grand os auditif contenu dans un sac placé à côté des canaux appelés *demi-circulaires*, et le petit os renfermé dans la cavité qui réunit le canal supérieur au canal moyen, présentent un volume assez considérable, proportionnellement à celui de l'animal; que c'est à ces deux os qu'il faut rapporter les petits corps que l'on trouve dans les cabinets d'histoire naturelle, sous le nom de *pierres de morue;* qu'un troisième os que l'on a découvert aussi dans l'anguille et dans d'autres osseux dont nous traiterons avant de terminer cet ouvrage, est situé dans le creux qui sert de communication aux trois canaux demi-circulaires; et que la grande cavité qui comprend ces mêmes canaux, est remplie d'une matière visqueuse, au milieu de laquelle sont dispersés de petits corps sphériques auxquels aboutissent des ramifications nerveuses.

De petits corps semblables sont attachés à la cervelle, et aux principaux rameaux des nerfs.

Si de la considération de l'ouïe de la morue nous passons à celle de ses organes digestifs, nous trouverons qu'elle peut avaler dans un très-court espace de temps une assez grande quantité d'aliments : elle a en effet un estomac très-volumineux; et l'on voit auprès du pylore six appendices ou petits canaux branchus. Elle est très-vorace; elle se nourrit de poissons, de mollusques et de crabes. Elle a des sucs digestifs si puissants et d'une action si prompte, qu'en moins de six heures un petit poisson peut être digéré en entier dans son canal intestinal. De gros crabes y sont aussi bientôt réduits en chyle; et avant qu'ils ne soient amenés à l'état de bouillie épaisse, leur têt s'altère, rougit comme celui des écrevisses que l'on met dans de l'eau bouillante, et devient très-mou (1).

La morue est même si goulue, qu'elle avale souvent des morceaux de bois ou d'autres substances qui ne peuvent pas servir à sa nourriture: mais elle jouit de la faculté qu'ont reçue les squales, d'autres poissons destructeurs, et les oiseaux de proie; elle peut rejeter facilement les corps qui l'incommodent.

L'eau douce ne paraît pas lui convenir; on ne la voit jamais dans les fleuves ou les rivières: elle ne s'approche même des rivages, au moins ordinairement, que dans le temps du frai; pendant le reste de l'année elle se tient dans les profondeurs des mers, et par conséquent elle doit être placée parmi les véritables poissons pélagiens. Elle habite particulièrement dans la portion de l'Océan septentrional comprise entre le quarantième degré de latitude et le soixante-sixième: plus au nord ou plus au sud, elle perd de ses qualités; et voilà pourquoi apparemment elle ne doit pas être comptée parmi les poissons de la Méditerranée, ou des autres mers intérieures,

(1) Voyez l'Histoire d'Islande, par Anderson.

dont l'entrée, plus rapprochée de l'équateur que le quarantième degré, est située hors des plages qu'elle fréquente.

On la pêche dans la Manche, et on la prend auprès des côtes du Kamtschatka, vers le soixantième degré (1): mais dans la vaste étendue de l'Océan boréal qu'occupe cette espèce, on peut distinguer deux grands espaces qu'elle semble préférer. Le premier de ces espaces remarquables peut être conçu comme limité d'un côté par le Groenland et par l'Islande de l'autre; par la Norwége, les côtes du Danemarck, de l'Allemagne, de la Hollande, de l'est et du nord de la Grande-Bretagne, ainsi que des îles Orcades; il comprend les endroits désignés par les noms de *Dogger-bank, Well-bank* et *Cromer;* et on peut y rapporter les petits lacs d'eau salée des îles de l'ouest de l'Écosse, où des troupes considérables de grandes morues attirent, principalement vers Gare-loch, les pêcheurs des Orcades, de Peterhead, de Portsoy, de Firth et de Murray.

Le second espace, moins anciennement connu, mais plus célèbre parmi les marins, renferme les plages voisines de la Nouvelle-Angleterre, du cap Breton, de la Nouvelle-Écosse, et surtout de l'île de Terre-Neuve, auprès de laquelle est ce fameux banc de sable désigné par le nom de *Grand Banc,* qui a près de cinquante myriamètres de longueur

(1) Voyage de Lesseps, du Kamtschatka en France.

sur trente ou environ de largeur, au-dessus duquel on trouve depuis vingt jusqu'à cent mètres d'eau, et près duquel les morues forment des légions très-nombreuses, parce qu'elles y rencontrent en très-grande abondance les harengs et les autres animaux marins dont elles aiment à se nourrir.

Lorsque, dans ces deux immenses portions de mer, le besoin de se débarrasser de la laite ou des œufs, ou la nécessité de pourvoir à leur subsistance, chassent les morues vers les côtes, c'est principalement près des rives et des bancs couverts de crabes ou de moules qu'elles se rassemblent; et elles déposent souvent leurs œufs sur des fonds rudes au milieu des rochers.

Ce temps du frai qui entraîne les morues vers les rivages, est très-variable, suivant les contrées qu'elles habitent, et l'époque à laquelle le printemps ou l'été commence à régner dans ces mêmes contrées. Communément c'est vers le mois de février que ce frai a lieu auprès de la Norwége, du Danemarck, de l'Angleterre, de l'Écosse, etc.: mais comme l'île de Terre-Neuve appartient à l'Amérique septentrionale, et par conséquent à un continent beaucoup plus froid que l'ancien, l'époque de la ponte et de la fécondation des œufs y est reculée jusqu'en avril.

Il est évident, d'après tout ce que nous venons de dire, que cette époque du frai est celle que l'on a dû choisir pour celle de la pêche. Il y a donc eu diversité de temps pour cette grande opération de la recherche des morues, selon le lieu où on a désiré de les prendre; et de plus, il y a eu différence dans les moyens de parvenir à les saisir, suivant les nations qui se sont occupées de leur poursuite : mais depuis plusieurs siècles les peuples industrieux et marins de l'Europe ont senti l'importance de la pêche des morues, et s'y sont livrés avec ardeur. Dès le quatorzième siècle, les Anglais et les habitants d'Amsterdam ont entrepris cette pêche, pour laquelle les Islandais, les Norwégiens, les Français et les Espagnols ont rivalisé avec eux plus ou moins heureusement; et vers le commencement du seizième, les Français ont envoyé sur le grand banc de Terre-Neuve les premiers vaisseaux destinés à en rapporter des morues. Puisse cet exemple mémorable n'être pas perdu pour les descendants de ces Français! et lorsque la grande nation verra luire le jour fortuné où l'olivier de la paix balancera sa tête sacrée, au milieu des lauriers de la victoire et des palmes éclatantes du génie, au-dessus des innombrables monuments élevés à sa gloire, qu'elle n'oublie pas que son zèle éclairé pour les entreprises relatives aux pêches importantes, sera toujours suivi de l'accroissement le plus rapide de ses subsistances, de son commerce, de son industrie, de sa population, de sa marine, de sa puissance, de son bonheur!

Dans la première des deux grandes surfaces où

l'on rencontre des troupes très-nombreuses de morues, et par conséquent dans celle où l'on s'est livré plus anciennement à leur recherche, on n'a pas toujours employé les moyens les plus propres à atteindre le but que l'on aurait dû se proposer. Il a été un temps, par exemple, où sur les côtes de Norwége on s'était servi de filets composés de manière à détruire une si grande quantité de jeunes morues, et à dépeupler si vîte les plages qu'elles avaient affectionnées, que, par une suite de ce sacrifice mal entendu de l'avenir au présent, un bateau monté de quatre hommes ne rapportait plus que six ou sept cents de ces poissons, de tel endroit où il en aurait pris quelques années auparavant, près de six mille.

Mais rien n'a été négligé pour les pêches faites dans les dix-septième et dix-huitième siècles, aux environs de l'île de Terre-Neuve.

Premièrement, on a recherché avec le plus grand soin les temps les plus favorables; c'est d'après les résultats des observations faites à ce sujet, que, vers ces parages, il est très-rare qu'on continue la poursuite des morues après le mois de juin, époque à laquelle les gades dont nous écrivons l'histoire, s'éloignent à de grandes distances de ces plages, pour chercher une nourriture plus abondante, ou éviter la dent meurtrière des squales et d'autres habitants des mers redoutables par leur férocité. Les morues reparaissent auprès des côtes dans le mois de septembre, ou aux environs de ce mois: mais dans cette saison, qui touche d'un côté à l'équinoxe de l'automne, et de l'autre aux frimas de l'hiver, et d'ailleurs auprès de l'Amérique septentrionale, où les froids sont plus rigoureux et se font sentir plus tôt que sous le même degré de la partie boréale de l'ancien continent, les tempêtes et même les glaces peuvent rendre très-souvent la pêche trop incertaine et trop dangereuse, pour qu'on se détermine à s'y livrer de nouveau, sans attendre le printemps suivant.

En second lieu, les préparatifs de cette importante et lointaine recherche des morues qui se montrent auprès de Terre-Neuve, ont été faits, depuis un très-grand nombre d'années, avec une prévoyance très-attentive. C'est dans ces opérations préliminaires qu'on a suivi avec une exactitude remarquable le principe de diviser le travail pour le rendre plus prompt et plus voisin de la perfection que l'on désire; et ce sont les Anglais qui ont donné à cet égard l'exemple à l'Europe commerçante.

La force des cordes ou lignes, la nature des hameçons, les dimensions des bâtiments, tous ces objets ont été déterminés avec précision. Les lignes ont eu depuis un jusqu'à deux centimètres, ou à-peu-près, de circonférence, et quelquefois cent quarante-cinq mètres de longueur: elles ont été faites d'un très-bon chanvre, et composées de fils très-fins, et cependant très-forts, afin que les morues ne fussent pas trop effrayées, et que les pêcheurs pussent sentir aisément l'agitation du poisson pris, relever avec facilité les cordes et les retirer sans les rompre.

Le bout de ces lignes a été garni d'un plomb qui a eu la forme d'une poire ou d'un cylindre, a pesé deux ou trois kilogrammes selon la grosseur de ces cordes, et a soutenu une empile longue de quatre à cinq mètres (1). Communément les vaisseaux employés pour la pêche des morues ont été de cent cinquante tonneaux au plus, et de trente hommes d'équipage. On a emporté des vivres pour deux, trois et jusqu'à huit mois, selon la longueur du temps que l'on a cru devoir consacrer au voyage. On n'a pas manqué de se pourvoir de bois pour aider le desséchement des morues, de sel pour les conserver, de tonnes et de petits barils pour y renfermer les différentes parties de ces animaux déjà préparées.

Des bateaux particuliers ont été destinés à aller pêcher, même au loin, les mollusques et les poissons propres à faire des appâts, tels que des sépies, des harengs, des éperlans, des trigles, des maquereaux, des capelans, etc.

On se sert de ces poissons quelquefois lorsqu'ils sont salés, d'autres fois lorsqu'ils n'ont pas été imprégnés de sel. On en emploie souvent avec

(1) Nous avons vu, dans l'article de la *Raie bouclée*, que l'empile est un fil de chanvre, de crin, ou de métal, auquel le *haim* ou *hameçon* est attaché.

avantage de digérés à demi. On remplace avec succès ces poissons corrompus par des fragments d'écrevisse ou d'autres crabes, du lard et de la viande gâtée. Les morues sont même si imprudemment goulues, qu'on les trompe aussi en ne leur présentant que du plomb ou de l'étain façonné en poisson, et des morceaux de drap rouge semblables par la couleur à de la chair ensanglantée; et si l'on a besoin d'avoir recours aux appâts les plus puissants, on attache aux hameçons le cœur de quelque oiseau d'eau, ou même une jeune morue encore saignante; car la voracité des gades que nous décrivons est telle, que, dans les moments où la faim les aiguillonne, ils ne sont retenus que par une force supérieure à la leur, et n'épargnent pas leur propre espèce.

Lorsque les précautions convenables n'ont pas été oubliées, que l'on n'est contrarié ni par de gros temps ni par des circonstances extraordinaires, et qu'on a bien choisi le rivage ou le banc, quatre hommes suffisent pour prendre par jour cinq ou six cents morues.

L'usage le plus généralement suivi sur le grand banc, est que chaque pêcheur établi dans un baril dont les bords sont garnis d'un bourrelet de paille, laisse plus ou moins filer sa ligne, en raison de la profondeur de l'eau, de la force du courant, de la vîtesse de la dérive, et fasse suivre à cette corde les mouvements du vaisseau, en la traînant sur le fond contre lequel elle est retenue par le poids de plomb dont elle est lestée. Néanmoins d'autres marins halent ou retirent de temps en temps leur ligne de quelques mètres, et la laissent ensuite retomber tout-à-coup, pour empêcher les morues de flairer les appâts et de les éviter, et pour leur faire plus d'illusion par les divers tournoiements de ces mêmes appâts, qui dès-lors ont plus de rapports avec leur proie ordinaire.

Les morues devant être consommées à des distances immenses du lieu où on les pêche, on a été obligé d'employer divers moyens propres à garantir de toute altération leur chair et plusieurs autres de leurs parties. Ces moyens se réduisent à les faire saler ou sécher. Ces opérations sont souvent exécutées par les pêcheurs, sur les vaisseaux qui les ont amenés; et on imagine bien, surtout d'après ce que nous avons déjà dit, qu'afin de ne rien perdre de la durée ni des objets du voyage, on a établi sur ces bâtiments le plus grand ordre dans la disposition du local, dans la succession des procédés, et dans la distribution des travaux entre plusieurs personnes dont chacune n'est jamais chargée que des mêmes détails.

Les mêmes arrangements ont lieu sur la côte, mais avec de bien plus grands avantages, lorsque les marins occupés de la pêche des morues ont à terre, comme les Anglais, des établissements plus ou moins commodes, et dans lesquels on est garanti des effets nuisibles que peuvent produire les vicissitudes de l'atmosphère.

Mais soit à terre, soit sur les vaisseaux, on commence ordinairement toutes les préparations de la morue par détacher la langue et couper la tête de l'animal. Lorsque ensuite on veut saler ce gade, on l'ouvre dans sa partie inférieure; on met à part le foie; et si c'est une femelle qu'on a prise, on ôte les œufs de l'intérieur du poisson: on *habille* ensuite la morue, c'est-à-dire, en termes de pêcheur, on achève de l'ouvrir depuis la gorge jusqu'à l'anus, que les marins nomment *nombril*, et on sépare des muscles, dans cette étendue, la colonne vertébrale, ce qu'on nomme *désosser* la morue.

Pour mettre les gades dont nous nous occupons, dans leur premier sel, on remplit, le plus qu'on peut, l'intérieur de leur corps de sel marin, ou muriate de soude; on en frotte leur peau; on les range par lits dans un endroit particulier de l'établissement construit à terre, ou de l'entrepont ou encore de la cale du bâtiment, si elles sont préparées sur un vaisseau, et on place une couche de sel au-dessus de chaque lit. Les morues restent ainsi en piles pendant un, deux ou plusieurs jours, et quelquefois aussi entassées sur une sorte de gril, jusqu'à ce qu'elles aient jeté leur sang et leur eau; puis on les change de place, et on les sale à demeure, en les arrangeant une seconde fois par lits, entre lesquels on étend de nouvelles couches de sel.

Lorsqu'en habillant les morues, on se contente de les ouvrir depuis la gorge jusqu'à l'anus, ainsi que nous venons de le dire, elles conservent une forme arrondie du côté de la queue, et on les nomme *Morues rondes :* mais le plus grand nombre des marins occupés de la pêche de Terre-Neuve remplacent cette opération par la suivante, surtout lorsqu'ils salent de grands individus. Ils ouvrent la morue dans toute sa longueur, enlèvent la colonne vertébrale tout entière, habillent le poisson à plat; et la morue ainsi habillée se nomme *Morue plate.*

Si au lieu de saler les gades morues, on veut les faire sécher, on emploie tous les procédés que nous avons exposés, jusqu'à celui par lequel elles reçoivent leur premier sel. On les lave alors, et on les étend une à une sur la grève ou sur des rochers (1), la chair en haut, de manière qu'elles ne se touchent pas; quelques heures après on les retourne. On recommence ces opérations pendant plusieurs jours, avec cette différence, qu'au lieu d'arranger les morues une à une, on les met par piles, dont on accroît successivement la hauteur, de telle sorte que, le sixième jour, ces paquets

(1) Le nom allemand de *Klipfisch* (poisson de rocher), que l'on donne aux morues sèches, vient de la nature du terrain sur lequel elles sont souvent desséchées.

sont de cent cinquante, ou deux cents, et même quelquefois de cinq cents myriagrammes. On empile de nouveau les morues à plusieurs reprises, mais à des intervalles de temps beaucoup plus grands, et qui croissent successivement; et le nombre ainsi que la durée de ces reprises sont proportionnés à la nature du vent, à la sécheresse de l'air, à la chaleur de l'atmosphère, à la force du soleil.

Le plus souvent, avant chacune de ces reprises, on étend les morues une à une, et pendant quelques heures. On désigne les divers empilements, en disant que les morues sont *à leur premier, à leur second, à leur troisième soleil,* suivant qu'on les met en tas pour la première, la seconde ou la troisième fois; et communément les morues reçoivent dix soleils, avant d'être entièrement séchées.

Lorsque l'on craint la pluie, on les porte sur des tas de pierre placés dans des cabanes, ou, pour mieux dire, sous des hangars qui n'arrêtent point l'action des courants d'air.

Quelques peuples du nord de l'Europe emploient, pour préparer ces poissons, quelques procédés, dont un des plus connus consiste à dessécher ces gades sans sel, en les suspendant au-dessus d'un fourneau, ou en les exposant aux vents qui règnent dans leurs contrées pendant le printemps. Les morues acquièrent par cette opération une dureté égale à celle du bois, d'où leur est venu le nom de *Stock-fish*, (poisson en bâton); dénomination qui, selon quelques auteurs, dérive aussi de l'usage où l'on est, avant d'apprêter du *stock-fish* pour le manger, de le rendre plus tendre en le battant sur un billot.

Les commerçants appellent dans plusieurs pays, *Morue blanche*, celle qui a été salée, mais séchée promptement, et sur laquelle le sel a laissé une sorte de croûte blanchâtre. La *Morue noire*, *pinnée* ou *brumée*, est celle qui, par un desséchement plus lent, a éprouvé un commencement de décomposition, de telle sorte qu'une partie de sa graisse, se portant à la surface, et s'y combinant avec le sel, y a produit une espèce de poussière grise ou brune, répandue par taches.

On donne aussi le nom de *Morue verte* à la morue salée, de *Merluche* à la morue sèche, et de *Cabillaud* à la morue préparée et arrangée dans des barils du poids de dix à quinze myriagrammes, et dont une douzaine s'appelle un *Leth*, dans plusieurs ports septentrionaux d'Europe.

Mais d'ailleurs un grand nombre de places de commerce ont eu, ou ont encore, différentes manières de désigner les morues distribuées en assortiments, d'après les divers degrés de leurs dimensions ou de leur bonté. A Nantes, par exemple, on appelait *grandes Morues*, les morues salées qui étaient assez longues pour que cent de ces poissons pesassent quarante-cinq myriagrammes; *Morues moyennes*, celles dont le cent ne pesait que trente myriagrammes; *Raguets*, ou *petites Morues*, celles de l'assortiment suivant; et *Rebuts*, *Lingues*, ou *très-petites Morues*, celles d'un assortiment plus inférieur encore.

Sur quelques côtes de la Manche, le nom de *Morue gaffe* indiquait les très-grandes morues; cinq autres assortiments inférieurs étaient indiqués par les dénominations de *Morue marchande*, de *Morue trie*, de *Raguet* ou *Lingue*, de *Morue valide* ou *Patelet*, et de *Morue viciée*, appellation qui appartenait en effet à la plus mauvaise qualité.

Dans ce même port de Nantes dont nous venons de parler, les morues sèches étaient divisées en sept assortiments, dont les noms étaient, suivant l'ordre de la supériorité des uns sur les autres, *Morue pivée*, *Morue grise*, *Grand marchand*, *Moyen marchand*, *Petit marchand* ou *Fourillon*, *grand Rebut* et *petit Rebut*.

A Bordeaux, à Bayonne, et dans plusieurs ports de l'Espagne occidentale, on ne distinguait que trois assortiments de morue, le *Marchand*, le *Moyen* et le *Rebut*.

Au reste, les muscles des morues ne sont pas les seules portions de ces poissons dont on fasse un grand usage; il n'est presque aucune de leurs parties qui ne puisse servir à la nourriture de l'homme, ou des animaux.

Leur langue fraîche et même salée est un morceau délicat; et voilà pourquoi on la coupe avec soin, dès le commencement de la préparation de ces poissons.

Les branchies de la morue peuvent être employées avec avantage comme appât dans la pêche que l'on fait de ce gade.

Son foie peut être mangé avec plaisir : mais d'ailleurs il est très-grand relativement au volume de l'animal, comme celui de presque tous les poissons; et on en retire une huile plus utile dans beaucoup de circonstances que celle des baleines, laquelle cependant est très-recherchée dans le commerce. Elle conserve bien plus long-temps que ce dernier fluide, la souplesse des cuirs qui en ont été pénétrés; et lorsqu'elle a été clarifiée, elle répand, en brûlant, une bien moindre quantité de vapeurs.

On obtient avec la vessie natatoire de la morue une colle qui ne le cède guère à celle de l'acipensère huso, que l'on fait venir de Russie dans un si grand nombre de contrées d'Europe (1). Pour la réduire ainsi en colle, on la prépare à-peu-près de la même manière que celle du huso; on la détache avec attention de la colonne vertébrale, on en sépare toutes les parties étrangères, on en ôte la première peau, on la met dans l'eau de chaux pour achever de la dégraisser, on la lave, on la ramollit, on la pétrit, on la façonne, on la fait sécher avec soin; on suit enfin tous les pro-

(1) Voyez, dans cette Histoire, l'article de l'*Acipensère huso*.

cédés que nous avons indiqués dans l'histoire du huso : et si des circonstances de temps et de lieu ne permettent pas aux pêcheurs, comme, par exemple, à ceux de Terre-Neuve, de s'occuper de tous ces détails immédiatement après la prise de la morue, on mange la vessie natatoire, dont le goût n'est pas désagréable, ou bien on la sale; on la transporte ainsi imprégnée de muriate de soude à des distances plus ou moins grandes; on la conserve plus ou moins long-temps; et lorsqu'on veut en faire usage, il suffit presque toujours de la faire dessaler et ramollir, pour la rendre susceptible de se prêter aux mêmes opérations que lorsqu'elle est fraîche.

La tête des morues nourrit les pêcheurs de ces gades et leurs familles. En Norwége, on la donne aux vaches; et on y a éprouvé que mêlée avec des plantes marines, elle augmente la quantité du lait de ces animaux, et doit être préférée, pour leur aliment, à la paille et au foin.

Les vertèbres, les côtes et les autres os ou arêtes des gades morues, ne sont pas non plus inutiles : ils servent à nourrir le bétail des Islandais. On en donne à ces chiens de Kamtschatka que l'on attelle aux traîneaux destinés à glisser sur la glace, dans cette partie septentrionale de l'Asie; et dans d'autres contrées boréales, ils sont assez imprégnés de substance huileuse pour être employés à faire du feu, surtout lorsqu'ils ont été séchés au point convenable.

On ne néglige même pas les intestins de la morue, que l'on a nommés dans plusieurs endroits, *noues*, ou *nos*; et enfin on prépare avec soin, et on conserve pour la table, les œufs de ce gade, auxquels on a donné la dénomination de *rogues*, ou de *raves*.

Tels sont les procédés et les fruits de ces pêches importantes et fameuses, qui ont employé dans la même année jusqu'à vingt mille matelots d'une seule nation (1).

On aura remarqué sans doute que nous n'avons parlé que des pêcheries établies dans l'hémisphère boréal, soit auprès des côtes de l'ancien continent, soit auprès de celles du nouveau. A mesure que l'on connaîtra mieux la nature des rivages des îles ou des continents particuliers de l'hémisphère austral, et particulièrement de ceux de l'Amérique méridionale, tant du côté de l'orient que du côté de l'occident, il est à présumer que l'on découvrira des plages où la température de la mer, la profondeur des eaux, la nature du fond, l'abondance des petits poissons, l'absence d'animaux dangereux, et la rareté de tempêtes très-violentes et de très-grands bouleversements de l'Océan, ont appelé, nourrissent et multiplient l'espèce de la morue, que certains peuples pourraient aller y pêcher avec moins de peine et plus

(1) La nation anglaise.

de succès que sur les rives boréales de l'hémisphère arctique.

De nouveaux pays profiteraient ainsi d'un des plus grands bienfaits de la nature; et l'espèce de la morue, qui alimente une si grande quantité d'hommes et d'animaux en Islande, en Norwége, en Suède, en Russie, et dans d'autres régions asiatiques ou européennes, pourrait d'autant plus suffire aussi aux besoins des habitants des rives antarctiques, qu'elle est très-remarquable par sa fécondité. L'on est étonné du nombre prodigieux d'œufs que portent les poissons femelles; aucune de ces femelles n'a cependant été favorisée à cet égard comme celle de la morue. Ascagne parle d'un individu de cette dernière espèce, qui avait treize décimètres de longueur, et pesait vingt-cinq kilogrammes; l'ovaire de ce gade en pesait sept, et renfermait neuf millions d'œufs. On en a compté neuf millions trois cent quarante-quatre mille dans une autre morue. Quelle immense quantité de moyens de reproduction! Si le plus grand nombre de ces œufs n'étaient ni privés de la laite fécondante du mâle, ni détruits par divers accidents, ni dévorés par différents animaux, on voit aisément combien peu d'années il faudrait pour que l'espèce de la morue eût, pour ainsi dire, comblé le vaste bassin des mers.

Quelque agréables au goût que l'on puisse rendre les diverses préparations de la morue séchée, ou de la morue salée, on a toujours préféré avec raison de la manger fraîche. Pour jouir de ce dernier avantage sur plusieurs côtes de l'Europe, et particulièrement sur celles d'Angleterre et de France, on ne s'est pas contenté d'y pêcher les morues que l'on y voit de temps en temps; mais afin d'être plus sûr d'en avoir de plus grandes à sa disposition, on est parvenu à y apporter en vie un assez grand nombre de celles que l'on avait prises sur les bancs de Terre-Neuve: on les a placées, pour cet objet, dans de grands vases fermés, mais attachés aux vaisseaux, plongés dans la mer, et percés de manière que l'eau salée pût aisément parvenir dans leur intérieur. Des pêcheurs anglais ont ajouté à cette précaution un procédé dont nous avons déjà parlé dans notre premier Discours: ils ont adroitement fait parvenir une aiguille jusqu'à la vessie natatoire de la morue, et l'ont percée, afin que l'animal, ne pouvant plus se servir de ce moyen d'ascension, demeurât plus long-temps au fond du vase, et fût moins exposé aux divers accidents funestes à la vie des poissons.

Au reste, il est convenable d'observer ici que dans quelques gades, Monro n'a pas pu trouver la communication de la vessie natatoire avec l'estomac ou quelque autre partie du canal intestinal, mais qu'il a vu autour de cette vessie un organe rougeâtre composé d'un très-grand nombre de membranes pliées et extensibles, et qu'il le croit propre à la sécrétion de l'air ou des gaz de la vessie; sécrétion qui aurait beaucoup de rapports, selon ce célèbre naturaliste anglais, avec celle qui a lieu pour les vésicules à gaz ou aériennes des œufs d'oiseau, et des plantes aquatiques. Cet organe rougeâtre ne pourrait-il pas être au contraire destiné à recevoir et transmettre, par les diverses ramifications du système artériel et veineux que sa couleur seule indiquerait, une portion des gaz de la vessie natatoire, dans les différentes parties du corps de l'animal? ce qui, réuni aux résultats d'observations très-voisines de celles de Monro, faites sur d'autres poissons que des gades, et que nous rapporterons dans la suite, confirmerait l'opinion de M. Fischer, bibliothécaire de Mayence, sur les usages de la vessie natatoire, qu'il considère comme étant, dans plusieurs circonstances, un supplément des branchies, et un organe auxiliaire de respiration (1).

On trouve dans les environs de l'île de Man, entre l'Angleterre et l'Irlande, un gade que l'on y nomme *red cod* ou *rock-cod* (morue rouge et morue de roche). Nous pensons avec M. Noël de Rouen, qui nous a écrit au sujet de ce poisson, que ce gade n'est qu'une variété de la morue grise ou ordinaire que nous venons de décrire; mais nous croyons devoir insérer dans l'article que nous allons terminer, l'extrait suivant de la lettre de M. Noël.

(1) Nous avons déja parlé de cette opinion de M. Fischer.

« J'ai lu, dit cet observateur, dans un ouvrage « sur l'île de Man, que la couleur de la peau du « *Red cod* est d'un rouge de vermillon. Quelques « habitants de l'île de Man pensent que cette morue « acquiert cette couleur brillante, parce qu'elle se « nourrit de jeunes écrevisses de mer : mais les « écrevisses de mer sont, dans l'eau, d'une couleur « noirâtre ; elles ne deviennent rouges qu'après « avoir été cuites. La morue rouge n'est qu'une « variété de l'espèce commune : je suis disposé à « croire que la couleur rouge qui la distingue, « lui est communiquée par les algues et les mous- « ses marines qui couvrent les rochers sur lesquels « on la pêche, puisque ces mousses sont de cou- « leur rouge ; je le crois d'autant plus volontiers, « que les baies de l'île de Man ont aussi une va- « riété de *mules* et de *gourneaux*, dont la couleur « est rouge.... Cette morue rouge est très-estimée « pour l'usage de la table. »

LE GADE ÆGLEFIN.(1)

Gadus Æglefinus, Linn., Gmel., Bloch., Lacep., Cuv.

CE gade a beaucoup de rapports avec la morue;

(1) *Kallior*, en Suède.
Kallie, ibid.
Kaljor, ibid.
Kollia, ibid.
Koll, en Danemarck.
Haddock, en Angleterre.
Églefins, par quelques auteurs français.
Égrefin, idem.
Gade ânon, Daubenton, Encyclopédie méthodique.
Id. Bonnaterre, planches de l'Encyclopédie méthodique.
« Gadus dorso tripterygio, ore cirrato, corpore albicante, etc. » Artedi, gen. 20, syn. 36, spec. 64.
Æglefinus, Belon, Aquat., p. 127.
Ægrefinus, ibid.
« Tertia asellorum species, æglefinus. » Gesner, Aquat., p. 86, 100, et (Germ.) fol. 40, *a*.
« Tertia asellorum species Rondeletii, asellus major. » Aldrov., lib. 3, cap. 1, p. 282.
Asellus minor, Schonev., p. 18.
Willughby, p. 170, tab. L, membr. 1, n. 2.
Rai., p. 55, n. 7.
Fauna suec., p. 306.
Müller, Prodrom. Zool. danic., p. 42, n. 348.
Gadus kolja, It. scan. 325.
It. Wgoth. 178.

sa chair s'enlève facilement par feuillets, ainsi que celle de ce dernier animal, et de presque tous les autres poissons du même genre. On le trouve, comme la morue, dans l'Océan septentrional; mais il ne parvient communément qu'à la longueur de quatre ou cinq décimètres. Il voyage par grandes troupes qui couvrent quelquefois un espace de plusieurs myriares carrés. Et ce qu'il ne faut pas négliger de faire observer, on assure qu'il ne va jamais dans la Baltique, et que par conséquent il ne passe point par le Sund. On ne peut pas dire cependant qu'il redoute le voisinage des terres; car, chaque année, il s'approche, vers les mois de février et mars, des rivages septentrionaux de l'Europe pour la ponte ou la fécondation de ses œufs. S'il survient de grandes tempêtes pendant son séjour auprès des côtes, il s'éloigne de la surface des eaux, et cherche dans le sable du fond de la mer, ou au milieu des plantes marines qui tapissent ce sable, un asyle contre les violentes agita-

---

Bloch, pl. 62.

« Gadus dorso tripterygio, maxillâ inferiore breviore.... lineâ laterali « atrâ, etc. » Gronov., Mus. 1, p. 21, n. 59; Zooph., p. 99, n. 321.

« Callarias barbatus ex terreo albicans, etc. » Klein, Miss. pisc. 5, p. 6, n. 2.

« Callarias asellus minor. » Jonston, de Piscib., p. 1, tab. 1, fig. 1.

Schell fisch, Anders. Island., p. 79.

Hadock, Pennant, Brit. Zool. 3, p. 179.

Égrefin, Rondelet, première partie, liv. 9, chap. 10, édition de Lyon, 1558.

Églefin, Valmont de Bomare, Dictionnaire d'histoire naturelle.

tions des flots. Lorsque les ondes sont calmées, il sort de sa retraite soumarine, et reparaît encore tout couvert ou d'algues ou de limon.

Un assez grand nombre d'æglefins restent même auprès des terres pendant l'hiver, ou s'avancent, pendant cette saison, vers les rivages auprès desquels ils trouvent plus aisément que dans les grandes eaux, la nourriture qui leur convient. M. Noël m'écrit que, depuis 1766, les pêcheurs anglais des côtes d'York ont été frappés de l'exactitude avec laquelle ces gades se sont montrés dans les eaux côtières, vers le 10 décembre. L'étendue du banc qu'ils forment alors, est d'environ trois milles en largeur, à compter de la côte, et de quatre-vingts milles en longueur, depuis Flamboroughead jusqu'à l'embouchure de la Fine, au-dessous de Newcastle. L'espace marin occupé par ces poissons est si bien connu des pêcheurs, qu'ils ne jettent leurs lignes que dans ce même espace, hors de la circonférence duquel ils ne trouveraient pas d'æglefin, et ne pêcheraient le plus souvent, à la place, que des squales attirés par cet immense banc de gades, dont ces cartilagineux sont très-avides.

Lorsque la surface de la mer est gelée auprès des rivages, les pêcheurs profitent des fentes ou crevasses que la glace peut présenter dans un nombre d'endroits plus ou moins considérable de la croûte solide de l'Océan, pour prendre facilement une plus grande quantité de ces poissons.

Ces gades ont, en effet, l'habitude de se rassembler dans les intervalles qui séparent les différentes portions de glaces, non pas, comme on l'a cru, pour y respirer l'air très-froid de l'atmosphère, mais pour se trouver dans la couche d'eau la plus élevée, par conséquent dans la plus tempérée, et dans celle où doivent se réunir plusieurs des petits animaux dont ils aiment à se nourrir.

Si les pêcheurs de ces côtes voisines du cercle polaire ne rencontrent pas à leur portée, des fentes naturelles et suffisantes dans la surface de l'Océan durcie par le froid, ils cassent la glace et produisent, dans l'enveloppe qu'elle forme, les anfractuosités qui leur conviennent.

C'est aussi autour de ces vides naturels ou artificiels qu'on voit des phoques chercher à dévorer des æglefins pendant la saison rigoureuse.

Mais ces gades peuvent être la proie de beaucoup d'autres ennemis. Les grandes morues les poursuivent; et suivant Anderson, que nous avons déjà cité, la pêche des æglefins, que l'on fait auprès de l'embouchure de l'Elbe, a donné le moyen d'observer, d'une manière très-particulière, combien la morue est vorace, et avec quelle promptitude elle digère ses aliments. Dans ces parages, les pêcheurs d'æglefins laissent leurs hameçons sous l'eau pendant une marée, c'est-à-dire, pendant six heures. Si un æglefin est pris dès le commencement de ces six heures, et qu'une morue se jette ensuite sur ce poisson, on trouve en retirant la ligne, au changement de la marée, que l'æglefin est déjà digéré: la morue est à la place de ce gade, arrêtée par l'hameçon; et ce fait mérite d'autant plus quelque attention, qu'il paraît prouver que c'est particulièrement dans l'estomac et dans les sucs gastriques qui arrosent ce viscère, que réside cette grande faculté si souvent remarquée dans les morues, de décomposer avec rapidité les substances alimentaires. Si, au contraire, la morue n'a cherché à dévorer l'æglefin que peu de temps avant l'expiration des six heures, elle s'opiniâtre tellement à ne pas s'en séparer, qu'elle se laisse enlever en l'air avec sa proie.

L'æglefin, quoique petit, est aussi goulu et aussi destructeur que la morue, au moins à proportion de ses forces. Il se nourrit non seulement de serpules, de mollusques, de crabes, mais encore de poissons plus faibles que lui, et particulièrement de harengs. Les pêcheurs anglais nomment *Haddock-meat,* c'est-à-dire *Mets de Haddock* ou *Æglefin*, les vers qui pendant l'hiver lui servent d'aliment, surtout lorsqu'il ne rencontre ni harengs, ni œufs de poisson.

Il a cependant l'ouverture de la bouche un peu plus petite que celle des animaux de son genre; un barbillon pend à l'extrémité de sa mâchoire inférieure, qui est plus courte que celle de dessus. Ses yeux sont grands; ses écailles petites, arrondies, plus fortement attachées que celles de la morue. La première nageoire du dos est triangulaire : elle est d'ailleurs bleuâtre, ainsi que les autres nageoires ; la ligne latérale voisine du dos est noire, ou tachetée de noir ; l'iris a l'éclat de l'argent ; et cette même couleur blanchâtre ou argentée règne sur le corps et sur la queue, excepté leur partie supérieure, qui est plus ou moins brunâtre (1).

La qualité de la chair des æglefins varie suivant les parages où on les trouve, leur âge, leur sexe, et les époques de l'année où on les pêche : mais on en a vu assez fréquemment dont la chair était blanche, ferme, très-agréable au goût, et très-facile à faire cuire. En mai, et dans les mois suivants, celle des æglefins de moyenne grandeur est quelquefois d'autant plus délicate, que le frai de ces gades a lieu en hiver, et que par conséquent ils ont eu le temps de réparer leurs forces, de recouvrer leur santé, et de reprendre leur graisse.

(1) A la première nageoire dorsale................ 16 rayons.
A la seconde.............................. 20
A la troisième............................ 19
A chacune des pectorales.................. 19
A chacune des jugulaires.................. 6
A la première de l'anus................... 22
A la seconde.............................. 21
A celle de la queue, qui est fourchue..... 27

LE GADE BIB.[1]

Gadus luscus, Penn., Linn., Gmel., Cuv.

De même que l'æglefin, le gade bib habite dans l'Océan d'Europe. Sa longueur ordinaire est de trois ou quatre décimètres. L'ouverture de sa bouche est petite, sa mâchoire inférieure garnie d'un barbillon, son anus plus rapproché de la tête que de l'extrémité de la queue, sa seconde nageoire dorsale très-longue, et le premier rayon de chacune des nageoires jugulaires, terminé par un filament (2). Ses écailles sont très-adhérentes

(1) *Bib*, sur les côtes d'Angleterre.
Blinds, ibid.
Mus. ad. fr. 2, p. 60.
« Gadus.... ossiculo pinnarum ventralium, primo, in setam longam « producto. » Artedi, gen. 21, syn. 35.
Asellus fuscus, Rai., Pisc., p. 54.
Willughby, Ichthyol., p. 169.
Gade bibe, Daubenton, Encyclopédie méthodique.
Id. Bonnaterre, planches de l'Encyclopédie méthodique.
Bib, Brit. Zool. 3, p. 149, tab. 60.

(2) A la première nageoire dorsale . . . . 13 rayons.
A la seconde 23
A la troisième 10
A chacune des pectorales 11
A chacune des jugulaires 6
A la première de l'anus 31
A la seconde 18
A celle de la queue, qui est fourchue 17

à la peau, et plus grandes à proportion de son volume que celles même de la morue. Sa partie supérieure est jaunâtre ou couleur d'olive, et sa partie inférieure argentée. Sa chair est exquise.

Ses yeux sont voilés par une membrane, comme ceux des autres gades; on a même cru que le bib pouvait à volonté enfler cette pellicule diaphane, et former ainsi une sorte de poche au-dessus de chacun ou d'un seul de ses organes de la vue. N'aurait-on pas pris les suites de quelque accident pour l'effet régulier d'une faculté particulière attribuée à l'animal? Quoi qu'il en soit, c'est de cette propriété vraie ou fausse que viennent le nom de *Borgne* et celui d'*Aveugle*, donnés au gade dont nous parlons.

LE GADE SAIDA,[1]

Gadus Saida, Lepech., Linn., Gmel., Cuv.

ET

LE GADE BLENNIOÏDE.[2]

Gadus blennioides, Penn., Linn., Gmel., Lacep., Cuv.

CES deux gades ont la nageoire de la queue fourchue. Le premier a été découvert par le savant Lepéchin, et le second par le célèbre Pallas.

Le saida a les deux mâchoires armées de dents aiguës et crochues; deux rangées de dents garnissent le palais, et l'on voit auprès du gosier deux os lenticulaires hérissés de petites dents. La mâchoire inférieure est plus avancée que la supérieure, tandis que, dans la morue, l'æglefin et le bib, celle de dessus est plus longue que celle de dessous. Chaque opercule branchial présente trois lames, l'une triangulaire et garnie de deux aiguillons, l'autre elliptique, et la dernière figurée en croissant. La ligne latérale est droite et voisine du dos. Les nageoires dorsales et celles de

(1) Lepechin, Nov. Comment. petropol. 18, p. 512.
Gade saida, Bonnaterre, planches de l'Encyclopédie méthodique.

(2) Pallas, Spicileg. zoolog. 8, p. 47, tab. 5, fig. 2.
Gade blennoïde, Bonnaterre, planches de l'Encyclopédie méthodique.

l'anus sont triangulaires (1). Le quatrième rayon de la troisième dorsale, le cinquième de la première de l'anus, et le second des jugulaires, sont terminés par un long filament.

Une couleur obscure règne sur la partie supérieure de l'animal, qui d'ailleurs est parsemée de points noirâtres distribués irrégulièrement. Des points de la même nuance relèvent l'éclat argentin des opercules; les côtés du poisson sont bleuâtres. Sa partie inférieure est blanche; et le sommet de sa tête, très-noir.

Le saida ne dépasse guère en longueur deux ou trois décimètres. Sa chair est peu succulente, mais cependant très-fréquemment mangeable. Il habite la mer Blanche au nord de l'Europe.

Dans une autre mer également intérieure, mais bien éloignée des contrées hyperboréennes, se trouve le blennioïde. Ce dernier gade vit en effet dans la Méditerranée: mais comme il n'a presque jamais plus de trois décimètres de longueur, et qu'il n'est pas d'un goût très-exquis, il n'est pas surprenant qu'il ait été dans tous les temps très-peu recherché des pêcheurs, et qu'il ait échappé

(1) A la première nageoire du dos du saida, de.... 10 à 11 rayons.
A la seconde, de........................ 16 à 17
A la troisième........................ 20
A chacune des pectorales.................. 16
A chacune des jugulaires.................. 6
A la première nageoire de l'anus............ 18
A la seconde.......................... 20
A celle de la queue, de.................. 24 à 26

aux observateurs de l'ancienne Grèce, à ceux de l'ancienne Rome, et même aux naturalistes modernes, jusqu'à Pallas, qui en a le premier publié la description, ainsi que nous venons de le dire (1).

Il a beaucoup de rapports avec le merlan, et peut avoir été souvent confondu avec ce dernier poisson. Ses écailles sont petites : la couleur de la partie supérieure de son corps et de sa queue est argentée ; toutes les autres portions de la surface de l'animal sont d'un blanc d'argent, excepté les nageoires, sur lesquelles on voit des teintes jaunâtres ou dorées.

Les lèvres sont doubles et charnues ; les dents très-petites et inégales ; la ligne latérale est courbée vers la tête. Le premier rayon de chacune des nageoires jugulaires est divisé en deux ; et comme il est plus long que les autres rayons, il paraît, au premier coup-d'œil, composer toute la nageoire : dès-lors on croit ne devoir compter que deux rayons dans chacune des jugulaires du gade

(1) A la membrane branchiale du blennioïde . . . . 6 rayons.
A la première nageoire dorsale . . . . 10 à 11
A la seconde 17
A la troisième 16
A chacune des pectorales 19
A chacune des jugulaires 5
A la première de l'anus 27
A la seconde 19
A celle de la queue 27

que nous décrivons, et de là vient la dénomination de *Blennioïde*, qui lui a été donnée, parce que la plupart des blennies n'ont que deux rayons à chacune des nageoires que l'on voit sous leur gorge.

LE GADE CALLARIAS,[1]

Gadus Callarias, Linn., Gmel., Bl., Lacep., Cuv.

LE GADE TACAUD,[2]

Gadus barbatus, Linn., Gmel., Cuv.; *Gadus Tacaud*, Lac.

ET LE GADE CAPELAN.[3]

Gadus minutus, Bl., Linn., Gmel.; *Gadus Capellanus*, Lac.

Le callarias habite non seulement dans la partie

(1) *Smä torsk*, en Suède.
Græs torsk, en Danemarck.
Dorsch, par les Allemands.
Cod, en Angleterre.
Cod fish, ibid.
Gade narvaga, Daubenton, Encyclopédie méthodique.
Id. Bonnaterre, planches de l'Encyclopédie méthodique.
Faun. suecic. 307.
Bloch, pl. 63.
« Gadus, dorso tripterygio, ore cirroso, colore vario, etc. » Artedi, gen. 20, spec. 63, syn. 35.

de l'Océan qui baigne les côtes de l'Europe bo-

Asellus varius, vel *striatus*, Schonev., p. 19.
Willughby, p. 172, tab. L, memb. 1, fig. 1.
Rai., p. 54, n. 5.
Asellus varius, Jonston, tab. 46, fig. 7.
Roberg., Dissert. de pisc. Upsal., p. 14.
Gadus callarias, *torsk*, Ascagne, pl. 4.
Gronov., Mus. 1, p. 21, n. 58; Zooph., p. 99, n. 319.
Gadus balthicus, *torsk*, It. Oel. 87.
Gadus callarias balthicus, It. scan. 220.
Callarias barbatus, etc., Klein, Miss. pisc. 5, p. 6, n. 5; et p. 7, n. 7.
« Piscis.... Russis nawaga dictus. » Koelreuter, Nov. Comment. petrop. 14, 1, p. 484.
Muschebout, et *Léopard*, Rondelet, première partie, liv. 9, chap. 12.
Muschebout, Valmont de Bomare, Dictionnaire d'histoire naturelle.

(2) *Pouting*, en Angleterre.
Pout, ibid.
Whiting pout, ibid.
Fico, à Rome.
Faun. suecic. 311.
« Gadus lineâ excavatâ ponè caput. » It. Wgoth. 178.
Strom. sondm. 316, n. B.
« Gadus.... longitudine ad latitudinem triplâ. » Artedi, gen. 21, syn. 37, spec. 65.
Asellus mollis latus, Lister, apud Willughby, p. 22.
Rai., p. 55, n. 9.
Asellus barbatus, Charleton, p. 121.
Bloch, pl. 165.
Gade tacaud, Daubenton, Encyclopédie méthodique.
Id. Bonnaterre, planches de l'Encyclopédie méthodique.
Gronov., Mus. 1, p. 21, n. 160; Zooph., p. 99, n. 320.
« Callarias barbatus, dilutè olivacei coloris, etc. » Klein, Miss. pisc. 5 p. 6, n. 3.
Whiting pout, Brit. Zool. 3, p. 348.
Gadus titling, Ascagne, pl. 5.
Tacaud, Duhamel, Traité des pêches, seconde partie, section première, chap. 5, art. 1, p. 136, pl. 23, fig. 2.

réale, mais encore dans la Baltique. Il se tient fréquemment à l'embouchure des grands fleuves, dans le lit desquels il remonte même quelquefoi avec l'eau salée. Il est rare qu'il ait plus de trois décimètres de longueur, et qu'il pèse plus d'un kilogramme. Il se nourrit de vers marins, de crabes, de petits mollusques, de jeunes poissons : sa chair est tendre et d'un goût très-agréable; quelquefois elle est très-blanche; d'autres fois elle est verte, et Ascagne rapporte qu'on attribue cette dernière nuance au séjour que le callarias fait souvent près des rivages au-dessus de ces sortes de prairies marines formées par des algues qui se pressent sur un fond sablonneux. Nous avons vu

---

Morue molle, Valmont de Bomare, Dictionnaire d'histoire naturelle.

(3) *Mollo*, à Venise.

Poor, dans le comté de Cornouailles.

Power, ibid.

Gade capelan, Daubenton, Encyclopédie méthodique.

Id. Bonnaterre, planches de l'Encyclopédie méthodique.

« Gadus.... corpore sesquiunciali, ano in medio corporis. » Artedi, gen. 21, syn. 36.

Capelan, Rondelet, première partie, liv. 6, chap. 12.

« Anthiæ secunda species, » Gesner, p. 56; Icon. anim., p. 241 (Germ.), fol. 13.

« Asellus mollis minor, *seu* Asellus omnium minimus. » Willughby, p. 171, tab. L.

Rai., p. 56, n. 10.

Bloch, pl. 67, fig. 1.

Capelan, Valmont de Bomare, Dictionnaire d'histoire naturelle.

« Callarias barbatus corpore contracto, *et* Callarias.... omnium mini-« mus, etc. » Klein, Miss. pisc.

Poor, Brit. Zool. 3, p. 185, n. 77, t. 30.

les tortues franches devoir la couleur verte de leur chair à des plantes marines plus ou moins verdâtres; mais ces tortues en font leur nourriture, et l'on n'a point observé que dans aucune circonstance le callarias préférât, pour son aliment, des végétaux aux substances animales. Le nombre, la forme et la distribution ainsi que la disposition de ses dents, empêchent de le présumer. Sa mâchoire supérieure est, en effet, garnie de plusieurs rangs de dents aiguës: on n'en voit quelquefois qu'un rang à la mâchoire de dessous, mais il y en a au palais; et de plus, l'ouverture de la bouche est très-grande.

Les écailles qui recouvrent le callarias, sont petites, minces et molles: la ligne latérale est large, et voisine du dos; elle est d'ailleurs tachetée, et voici la nuance des couleurs des autres parties de l'animal. La tête est grise avec des taches brunes; l'iris jaunâtre; la partie supérieure de l'animal, grise et tachetée de brun comme la tête; la partie inférieure est blanche, et l'on remarque un ton plus ou moins brunâtre sur toutes les nageoires (1). Mais ce qu'il faut observer, et ce qui a fait donner au gade dont nous parlons, le nom de *Variable*, c'est qu'il est de ces teintes du callarias qui varient avec l'âge, ou avec les saisons. Les nageoires, et même le dessous de l'animal, sont quelquefois rougeâtres; le ventre n'est

(1) On a compté, dans un callarias, 53 vertèbres et 18 côtes.

pas toujours sans petites taches; celles du corps et de la queue des callarias encore jeunes sont souvent dorées, au lieu d'être brunes; et pendant l'hiver on voit les taches brunâtres de la tête acquérir, sur presque tous les individus de l'espèce que nous décrivons, une couleur d'un beau noir (1).

Le tacaud est remarquable par la hauteur de son corps qui égale à-peu-près le tiers de sa longueur totale; les lèvres renferment des portions cartilagineuses; la mâchoire inférieure présente neuf ou dix points de chaque côté; les yeux sont grands et saillants, les ouvertures branchiales étendues, les écailles petites et fortement attachées; l'anus est voisin de la gorge, et la ligne latérale se fléchit vers le bas au-dessous de la seconde nageoire dorsale (2).

---

(1) A la première nageoire dorsale du callarias....... 15 rayons.
A la seconde............................... 16
A la troisième.............................. 18.
A chacune des pectorales.................... 17
A chacune des jugulaires.................... 6
A la première de l'anus..................... 18
A la seconde................................ 17
A celle de la queue......................... 26

(2) A la première nageoire dorsale du tacaud .... 13 rayons.
A la seconde................................ 19
A la troisième.............................. 18
A chacune des pectorales.................... 18
A chacune des jugulaires.................... 6
A la première de l'anus..................... 25
A la seconde................................ 17
A celle de la queue......................... 30

L'iris est argenté ou couleur de citron; le dos d'un verdâtre-foncé; les côtés sont d'un blanc-rougeâtre; la nageoire de la queue est également d'un rouge-pâle; toutes les autres sont olivâtres et bordées de noir; une tache noire paraît souvent à la base des pectorales, et une teinte très-foncée fait aisément distinguer la ligne latérale.

Le tacaud parvient à une longueur de cinq ou six décimètres : il s'approche des rivages au moins pendant la saison de la ponte; il s'y tient dans le sable, ou au milieu de très-hauts fucus, à des profondeurs quelquefois très-considérables au-dessous de la surface de la mer. Il vit de crabes, de saumons, de blennies. Sa chair est blanche et bonne à manger, mais souvent un peu molle et sèche. On le trouve dans l'océan de l'Europe septentrionale.

Le capelan vit dans les mêmes mers que le tacaud et le callarias; mais il habite aussi dans la Méditerranée. Il en parcourt les eaux en troupes extrêmement nombreuses; il en occupe pendant l'hiver les profondeurs, et vers le printemps il s'y rapproche des rivages, pour déposer ou féconder ses œufs au milieu des graviers, des galets, ou des fucus. Il est très-petit, et surpasse à peine deux décimètres en longueur. On voit au bout de sa mâchoire inférieure, comme à l'extrémité de celle du callarias et du tacaud, un assez long filament. La ligne latérale est droite; le ventre très-caréné, c'est-à-dire terminé longitudinalement en en-bas par une arête presque aiguë; l'anus placé à-peu-près à une égale distance de la tête et de l'extrémité de la queue. Son dos est d'un jaune brunâtre, et tout le reste de son corps d'une couleur d'argent plus ou moins parsemée de points noirâtres; l'intérieur de son abdomen est noir. Il se nourrit de crabes, d'animaux à coquille, et d'autres petits habitants de la mer. Les pêcheurs le recherchent peu pour la bonté de sa chair: mais il est la proie des grands poissons; il est même fréquemment dévoré par plusieurs espèces de gades; et c'est parce qu'on a vu souvent des morues, des æglefins et des callarias, suivre avec constance des bandes de capelans qui pouvaient leur fournir une nourriture copieuse et facile à saisir, qu'on a donné à ces derniers gades le nom de *Conducteurs des Callarias, des Æglefins et des Morues* (1).

---

(1) A la première nageoire dorsale du capelan....... 12 rayons.
A la seconde.............................. 19
A la troisième............................ 17
A chacune des pectorales.................. 14
A chacune des jugulaires.................. 6
A la première de l'anus................... 27
A la seconde.............................. 17
A celle de la queue....................... 18

LE GADE ROUGE,[1]

Gadus ruber, Lacep.

LE GADE NÈGRE, ET LE GADE LUBB.

Gadus niger, Lacep. et *Gadus Lubb*, Lacep. (2).

Nous avons dit, à la fin de l'article du gade morue, que nous adoptions l'opinion de M. Noël au sujet du gade rouge, et que nous regardions avec lui ce dernier poisson comme une variété de la morue proprement dite: mais depuis la publication de cet article, M. Noël a fait un voyage dans la Grande-Bretagne; il a observé en Écosse un très-grand nombre de gades rouges; il m'a envoyé les résultats de ses recherches. Nous avons examiné ce travail avec beaucoup d'attention; et nous pensons maintenant, ainsi que cet habile naturaliste, que les gades rouges forment une espèce distincte de celle des gades morues.

---

(1) Red cod.
Tanny cod.
Rock cod.

(2) M. Cuvier ne fait pas mention des deux premières de ces espèces. Le *Lubb* est pour lui du sous-genre Brosme dans le genre Gade.

DESM. 1829.

Les gades rouges sont très-communs dans la mer qui baigne les îles du nord-ouest de l'Écosse. La fermeté de leur chair leur a fait donner le nom de *Gades rochers.* Ils parviennent souvent à une longueur de plus d'un mètre. Ils ont le ventre large; la tête longue; des dents petites et aiguës aux mâchoires, à l'entrée du palais, dans le voisinage de l'œsophage; un barbillon; une sorte de rainure auprès de la nuque; une caudale élevée; la ligne latérale courbée et blanche. M. Noël m'écrit qu'on prend de ces poissons à Fécamp, à Dieppe et à Boulogne; qu'on les y nomme *Merluches*, et *petites Merluches;* mais qu'ils n'y présentent pas ordinairement les teintes rouges qui ont fait donner à leur espèce le nom qu'elle porte.

Le gade nègre a été vu par M. Noël, dans les eaux de l'île de Bute en Écosse, dans le frith de Solway, à Liverpool, dans la rivière de Mersey. Il est long de deux ou trois décimètres; sa mâchoire inférieure est garnie d'un barbillon; deux filaments assez longs distinguent chaque jugulaire; la première dorsale ne renferme qu'un rayon qui est articulé.

Il ne faut pas confondre le gade nègre avec des morues nommées *Noires*, qui ne sont qu'une variété de la morue ordinaire, et dont la peau est en effet noire ou noirâtre (1). Ces morues noires

(1) Notes manuscrites communiquées par M. Noël de Rouen.

habitent dans le lac de Strome, en Mainland, une des îles de Shetland, à un mille ou environ du détroit qui fait communiquer ce lac avec la mer. On les y pêche dans des endroits dont l'eau est entièrement douce. Leur chair est de très-bon goût; ce qui prouve la facilité avec laquelle on pourrait acclimater, dans des eaux non salées, des morues et d'autres gades, ainsi que plusieurs autres poissons que l'on ne rencontre encore que dans la mer (1).

Le *Lubb* aime les eaux du Kategat, et les lacs salés de la côte de Bohus en Suède (2). Il est encore inconnu des naturalistes, ainsi que le gade nègre. Son corps est presque conique; sa queue aplatie; sa longueur de plus d'un mètre (3). Les

---

(1) Voyez le Discours intitulé : *Des effets de l'art de l'homme sur la nature des poissons.*

(2) Notes manuscrites de M. Noël.

(3) 7 rayons à la membrane branchiale du gade rouge.
13 à la première dorsale.
19 à la seconde.
18 à la troisième.
18 à chaque pectorale.
6 à chaque jugulaire.
19 à la première nageoire de l'anus.
17 à la seconde.
54 à la nageoire de la queue.

7 rayons à la membrane des branchies du gade nègre.
60 à la seconde nageoire du dos.
20 à chaque pectorale.
4 à chaque jugulaire.
26 à la caudale.

deux mâchoires sont presque également avancées: on voit à la mâchoire inférieure un barbillon court et délié. L'œil est grand, l'iris jaune. Les mâchoires, le palais et les environs de l'œsophage, sont garnis de dents; la langue est lisse, blanche et charnue; la ligne latérale, d'abord courbe, et ensuite droite; la couleur générale plus ou moins brune ou verdâtre. Une bande noirâtre s'étend le long de la nageoire du dos, et borde souvent celle de l'anus; une bandelette blanche et une bandelette noire relèvent les nuances de la caudale.

7	rayons à la membrane branchiale du gade lubb.
103	à la dorsale.
21	à chaque pectorale.
5	à chaque jugulaire.
36	à la nageoire de la queue.

LE GADE COLIN.(1)

Gadus carbonarius, Linn., Gmel., Bl., Cuv.; *Gadus Colinus*, Lacep.

LE GADE POLLACK,(2)

Gadus Pollachius, Linn., Gmel., Cuv., Lacep.

ET LE GADE SEY.(3)

Gadus virens, Ascan., Lacep., Cuv.

Ces trois poissons appartiennent au second sous-

(1) *Colefish*, dans plusieurs parties septentrionales de l'Angleterre.

Raw pollack, dans plusieurs parties méridionales de l'Angleterre.

Gade colin, Daubenton, Encyclopédie méthodique.

Id. Bonnaterre, planches de l'Encyclopédie méthodique.

« Gadus dorso tripterygio, imberbis, maxillâ inferiore longiore, lineâ « laterali rectâ. » Artedi, gen. 20, syn. 34.

Bloch, pl. 66.

« Callarias imberbis, capite et dorso, carbonis instar, nigricantibus. » Klein, Miss. pisc. 5, p. 8, n. 2.

Piscis colfish Anglorum, Belon, Aquat., p. 133.

Colfish Anglorum, Gesner, Aquat., p. 89 (Germ.), fol. 41, *a*, Icon. anim., p. 79.

Asellus niger carbonarius, Schonev., p. 19.

Asellus niger, seu *Carbonarius*, Charlet., p. 121.

Asellus niger, Aldrov., lib. 3, cap. 7, p. 28.

Asellus niger, sive *Mollis nigricans*, Willughby, p. 168, tab. L, m. 1, n. 3.

genre des gades : ils ont trois nageoires dorsales, et leurs mâchoires sont dénuées de barbillons; plusieurs ressemblances frappantes rapprochent d'ailleurs ces trois espèces. Voyons ce qui les sépare; et commençons par décrire le colin.

Rai., p. 54, n. 3.
Coalfish, Brit. Zool. 3, p. 152, n. 7.
(2) *A whiting pollack*, en Angleterre.
Lyr, dans plusieurs contrées du Nord.
Lyr blek, dans plusieurs parties de la Suède.
Lerbleking, ibid.
Gade lieu, Daubenton, Encyclopédie méthodique.
Id. Bonnaterre, planches de l'Encyclopédie méthodique.
Faun. suecic., p. 312.
Müller, Prodrom. Zool. dan., p. 42, n. 353.
Gadus lyrblek, It. Wgoth., p. 177.
« Gadus dorso tripterygio, imberbis, maxillâ inferiore longiore, lineâ « laterali curvâ. » Artedi, gen. 20, syn. 35.
Asellus whiting pollachius, Willughby, p. 167.
Rai., p. 53, n. 2.
Gadus pollachius, Ascagne, cah. 3, pl. 20.
Gronov., Mus. 1, n. 57.
Bloch, pl. 68.
Gelbes kohlmaul, Walbaum, Schr. der Berl. naturf. 4, p. 147.
Pollack, Brit. Zool. 3, p. 154, n. 8.
(3) A l'âge d'un an, *Mort*, sur plusieurs côtes boréales de l'Europe.
A l'âge de deux ans, *Palle*, ibid.
A l'âge de trois ans, *Treærin*, ibid.
A l'âge de quatre ans, *Sey* ou *Graasey*, ibid.
Dans la vieillesse, *Ufs*, ibid.
Gade sey, Daubenton, Encyclopédie méthodique.
Id. Bonnaterre, planches de l'Encyclopédie méthodique.
Faun. suecic., p. 309.
Müller, Prodrom. Zool. dan., p. 43, n. 354.
Gronov., Act. Upsal. 1742, p. 90.
Gadus virens, et *Sey*, Ascagne, cah. 3, pl. 21.

Il ne faut pas confondre ce poisson avec des individus de l'espèce de la morue que des pêcheurs partis de plusieurs ports occidentaux de France ont souvent appelés *Colins*, parce qu'ils les avaient pris dans une saison trop avancée pour qu'on pût les faire sécher.

Le vrai colin a ordinairement près d'un mètre de longueur ; sa tête est étroite, l'ouverture de sa bouche petite, son museau pointu ; ses écailles sont ovales, et ses nageoires jugulaires très-peu étendues (1).

On l'a nommé *Poisson charbon* ou *Charbonnier*, à cause de ses couleurs. En effet, la teinte olivâtre qu'il présente dans sa jeunesse, se change en noir lorsqu'il est adulte ; les nageoires sont entièrement noires, excepté celle de la queue, qui n'est que brune, et les deux premières dorsales, ainsi que les pectorales, dont la base est un peu olivâtre ; une tache noire très-marquée est placée au-dessous de chaque nageoire pectorale ; la bouche est même noire dans son intérieur ; et ces nuances si voisines de celles du charbon, parais-

(1) A la première nageoire dorsale du colin . . . . 14 rayons.
A la seconde 19
A la troisième 20
A chacune des pectorale 21
A chacune des jugulaires 6
A la première de l'anus 25
A la seconde 20
A celle de la queue 26

sent d'autant plus foncées, que la ligne latérale est blanche, que les opercules brillent de l'éclat de l'argent, et que la langue a aussi la blancheur de ce métal.

On trouve le colin non seulement dans l'Océan d'Europe, mais encore dans la mer Pacifique. Dès les mois de février et de mars, il s'approche des côtes d'Angleterre pour y déposer ou féconder des œufs qui ont la couleur et la petitesse des grains de millet, et desquels sortent, au bout de quelques mois, de petits poissons que l'on dit assez bons dans leur jeunesse.

On le pêche non seulement avec des haims, mais encore avec différentes sortes de filets, tels que des verveux (1), des guideaux (2), des demi-folles (3), des trémaux (4), etc.

---

(1) Le *verveux*, ou *vermier*, est un filet en forme de manche, et à l'entrée duquel on ajoute un second filet intérieur, nommé *goulet*, terminé en pointe, ouvert dans son extrémité de manière à laisser pénétrer le poisson dans le premier filet, mais propre d'ailleurs à l'empêcher d'en sortir.

(2-3-4) Le *guideau* est aussi un filet en forme de manche : il va en diminuant depuis son embouchure jusqu'à son extrémité. On peut le tendre sur un châssis qui en maintient l'embouchure ouverte. Le plus souvent cependant on se contente d'enfoncer dans le sable, à la basse mer, des piquets sur lesquels on attache deux traverses, l'une en haut et l'autre en bas; ce qui produit à-peu-près le même effet qu'un châssis. Pour que le poisson soit entraîné dans la manche, on oppose au courant l'embouchure du guideau; mais la force de l'eau, qui en parcourt toute la longueur, comprime tellement les poissons qui s'y renferment, que les gros y sont tués, et les petits réduits en une espèce de bouillie. Les piquets sur lesquels on tend le guideau, portent le nom d'*étaliers*. Quelquefois ils sont longs de près de trois mètres; d'autres fois ils ne s'élèvent que de dix ou douze décimètres, et alors le guideau est beaucoup plus

Lorsque la morue est abondante près des côtes du Nord, on y recherche très-peu les colins; mais lorsqu'on y pêche un petit nombre de morues, on y sale les colins, qu'il est assez difficile de distinguer de ces dernières après cette préparation.

Le pollack a, comme le colin, la nageoire de la queue fourchue, et la mâchoire inférieure plus avancée que la supérieure; mais la ligne latérale est droite dans le colin, et courbe dans le pollack (1). Ce dernier poisson habite, comme le colin, dans les mers septentrionales de l'Europe : il se plaît dans les parages où la tempête soulève violemment les flots. Il voyage par troupes extrêmement nombreuses, cherche moins les asyles

---

petit. De là sont venues les expressions de *guideau à hauts étaliers*, et de *guideau à bas étaliers*.

— Nous avons placé une courte description de la *demi-folle*, dans l'article de la *Raie bouclée*.

— Le *trémail* est un filet composé de trois *nappes*, dont deux, qui sont de fil fort et à grandes mailles, se nomment *hamaux*, et dont la troisième, qui flotte entre les deux autres, est d'un fil fin, à petites mailles, et s'appelle *toile* ou *flue*.

(1) A la membrane des branchies du pollack	7 rayons.
A la première nageoire dorsale	13
A la seconde	18
A la troisième	19
A chacune des pectorales	19
A chacune des jugulaires	6
A la première de l'anus	28
A la seconde	19
A celle de la queue	42

profonds, paraît plus fréquemment à la surface de l'Océan que la plupart des autres gades, et sait cependant aller chercher dans le sable des rivages l'ammodyte appât, dont il aime à se nourrir. Sa longueur ordinaire est de cinq décimètres. Sa couleur, qui est d'un brun-noirâtre sur le dos, s'éclaircit sur les côtés, y devient argentée, et se change, sur la partie inférieure de l'animal, en blanc pointillé de brun; l'iris, d'ailleurs, est jaune, avec des points noirs; chaque écaille est petite, mince, ovale, et liserée de jaune; les nageoires pectorales sont jaunâtres, les jugulaires couleur d'or, et celles de l'anus olivâtres et pointillées de noir.

On prend, toute l'année, des pollacks sur plusieurs des rivages occidentaux de France; on y en trouve souvent de pris dans les divers filets préparés pour la pêche d'autres espèces de poissons: mais, de plus, il y a sur ces côtes des endroits où vers le printemps il est très-recherché. On s'est servi pendant long-temps pour le prendre, de petits bateaux portant une ou deux voiles carrées, et montés de six ou huit hommes. On jetait à la mer des lignes dont chacune était garnie d'un haim amorcé avec une sardine, ou avec un morceau de peau d'anguille. Comme le bateau qui était sous voile, voguait rapidement, et que les pêcheurs secouaient continuellement leurs haims, les pollacks, qui sont voraces, prenaient l'appât pour un petit poisson qui fuyait, se jetaient sur cette fausse proie et restaient accrochés à l'hameçon.

Le sey ressemble beaucoup au pollack; il a même été confondu pendant long-temps avec ce dernier gade : mais il en diffère par plusieurs caractères, et principalement par les dimensions de ses mâchoires, qui sont toutes les deux également avancées, trait de conformation qui le sépare aussi de l'espèce du colin; sa ligne latérale est droite, et la couleur de sa partie supérieure est verdâtre (1).

Les seys sont très-nombreux pendant toute l'année sur les côtes de Norwége. Ils y sont l'objet d'un commerce assez étendu; et voilà pourquoi ils y ont été observés assez fréquemment et avec assez de soin pour qu'on leur ait donné, selon leur âge, les cinq noms différents que nous avons rapportés dans la troisième note de cet article, et pour que l'on ait su que communément ils avaient cent trente-cinq millimètres au bout d'un an, quatre cent trente-trois millimètres à la

---

(1) A la première nageoire du dos du sey. . . . . 13 rayons.
A la seconde. 20
A la troisième. 19
A chacune des pectorales. 17
A chacune des jugulaires. 6
A la première de l'anus. 24
A la seconde. 20
A celle de la queue, qui est fourchue. 40

fin de la troisième année, et six cent quarante-neuf millimètres après la quatrième.

Pendant l'été, ils y recherchent beaucoup une variété de hareng nommée *Brisling;* et on les y a souvent pêchés avec un filet fait en forme de nappe carrée, interrompu dans son milieu par une sorte de sac ou d'enfoncement, et attaché par les coins à quatre cordes qui aboutissent à autant de bateaux. Ce filet n'est point garni de *flottes*, ni de *lest:* le poids du fil dont il est formé, et des cordes qui le bordent, suffit pour le maintenir. Quand les pêcheurs croient avoir pris une quantité suffisante de seys, ils se rapprochent du filet, et en retirent, avec un *manet* (1), les poissons qui sont au fond du sac placé au milieu de la nappe.

---

(1) Voyez, pour la description du *manet*, l'article de la *Trachine vive*.

LE GADE MERLAN.(1)

Gadus Merlangus, Linn., Gmel., Bl., Lacep., Cuv.

De toutes les espèces de gades, le merlan est

(1) *Hwitling*, en Suède et en Danemarck.
Whiting, en Angleterre.
Gade merlan, Daubenton, Encyclopédie méthodique.
Id. Bonnaterre, planches de l'Encyclopédie méthodique.
Faun. suecic. 310.
Gadus hoitling, It. scan. 326, tab. 2, fig. 2.
Id., It. Wgoth., p. 176.
« Gadus dorso tripterygio, ore imberbi,... maxillâ superiore longiore. » Artedi, gen. 19, syn. 34, spec. 62.
« Secunda asellorum species, merlangus. » Gesner, Aquat., p. 65, et Germ., fol. 40, 2.
Asellus candidus primus, Schonev., p. 17.
Asellus minor alter, Aldrov., lib. 3, cap. 3, p. 287.
Asellus minor et mollis, Charleton, p. 121.
Asellus mollis, Jonston, Pisc., tab. 2, fig. 3.
Asellus mollis major, seu *albus*, Willughby, p. 170, tab. L, m. 1, fig. 5.
Rai., p. 55, n. 8.
Molenaer, Gronov. Mus. 1, p. 20, n. 55; Zooph., p. 98, n. 316.
Bloch, pl. 65.
« Callarias imberbis, argentei splendoris, etc. » Klein, Miss. pisc. 5, p. 8, n. 3, tab. 3, fig. 2.
Merlan, Rondelet, première partie, liv. 9, chap. 9, édit. de Lyon, 1558.
Whiting, Brit. Zool. 3, p. 155, n. 9.
Merlan, Valmont de Bomare, Dictionnaire d'histoire naturelle.

celle dont le nom et la forme extérieure sont le mieux connus dans une grande partie de l'Europe, et particulièrement dans la plupart des départements septentrionaux de France. La morue même n'y est pas un objet aussi familier, à tous égards, que le poisson dont il est question dans cet article; on l'y nomme souvent, on la sert sur toutes les tables, et cependant sa véritable figure y est ignorée dans les endroits éloignés des rivages de la mer, parce qu'elle n'y parvient presque jamais que préparée, salée, ou séchée, altérée, déformée, et souvent tronquée. Le merlan, au contraire, est transporté entier dans ces mêmes endroits; et la grande consommation qu'on en a faite, l'a mis si souvent sous les yeux, et l'a fait examiner si fréquemment, qu'il a frappé l'imagination des personnes même les moins instruites, et que ses attributs, principalement sa couleur, sont devenus des sujets de proverbes vulgaires. Les nuances qu'il présente sont en effet très-brillantes: presque tout son corps resplendit de la blancheur de l'argent; et l'éclat de cette couleur est relevé, au lieu d'être affaibli, par l'olivâtre qui règne quelquefois sur le dos, par la teinte noirâtre qui distingue les nageoires pectorales ainsi que celle de la queue, et par une tache noire que l'on voit sur quelques individus, à l'origine de ces mêmes pectorales.

Tout le monde sait d'ailleurs que le corps du merlan est allongé, et revêtu d'écailles petites, minces et arrondies; que ses nageoires dorsales sont au nombre de trois; qu'il n'a pas de barbillons; que sa mâchoire supérieure est plus avancée que l'inférieure. Il nous suffira d'ajouter, relativement à ses formes extérieures, que cette même mâchoire d'en-haut est armée de plusieurs rangs de dents, dont les antérieures sont les plus longues; qu'on n'en voit qu'une rangée à la mâchoire d'en-bas, qui d'ailleurs montre de chaque côté neuf ou dix points ou très-petits enfoncements; que l'on aperçoit sur le palais deux os triangulaires, et auprès du gosier quatre os arrondis ou allongés, lesquels sont tous les six hérissés de petites dents ou aspérités; et enfin que la ligne latérale est presque droite (1).

Si nous jetons maintenant un coup-d'œil sur l'intérieur du merlan, nous verrons que ce poisson a cinquante-quatre vertèbres. Nous en avons compté cent seize dans l'anguille; mais aussi, quelque allongé que soit le merlan, il présente une forme bien éloignée de celle que montre le corps très-délié des murènes.

---

(1) A la membrane des branchies . . . . 7 rayons.
A la première dorsale 16
A la seconde 18
A la troisième 19
A chacune des pectorales 20
A chacune des jugulaires 6
A la première de l'anus 30
A la seconde 20
A celle de la queue 31

Le cœur a la figure d'un quadrilatère, avec des angles très-obtus. L'oreillette est grande, ainsi que l'aorte.

L'estomac est allongé, assez large, un peu recourbé vers le pylore, autour duquel est un très-grand nombre d'appendices intestinaux, ou de petits *cœcum*, formant une sorte de couronne. Le canal intestinal proprement dit est presque de la longueur de l'animal; il se réfléchit vers le diaphragme, va de nouveau vers la queue, se recourbe du côté de l'œsophage, et tend ensuite directement vers l'anus, où il parvient très-élargi.

Le foie, dont la couleur est blanchâtre, se divise en deux lobes principaux : le droit est court et étroit; le second très-long et répandu dans une très-grande partie de l'abdomen.

La vésicule du fiel communique par un canal avec le foie, et par un canal plus grand, avec le tube intestinal auprès des appendices.

Un viscère triangulaire et analogue à la rate est situé au-dessous de l'estomac.

Les reins, d'une couleur sanguinolente, et étendus le long de l'épine du dos, se déchargent dans une vessie urinaire double, voisine de l'anus, et que l'on a souvent trouvée remplie d'une eau claire.

La vessie natatoire est visqueuse, longue, simple, attachée à l'épine du dos. Le canal pneumatique, par lequel elle communique à l'extérieur, part de la partie la plus antérieure de cette vessie, et aboutit à l'œsophage.

Enfin on voit dans les femelles deux ovaires très-longs, et remplis, lors de la saison convenable, d'un très-grand nombre de petits œufs ordinairement jaunâtres.

Le merlan habite dans l'océan qui baigne les côtes européennes. Il se nourrit de vers, de mollusques, de crabes, de jeunes poissons. Il s'approche souvent des rivages, et voilà pourquoi on le prend pendant presque toute l'année : mais il abandonne particulièrement la haute mer, non seulement lorsqu'il va se débarrasser du poids de ses œufs ou les féconder, mais encore lorsqu'il est attiré vers la terre par une nourriture plus agréable et plus abondante, et lorsqu'il y cherche un asyle contre les gros animaux marins qui en font leur proie; et comme ces diverses circonstances dépendent des saisons, il n'est pas surprenant que, suivant les pays, le temps de le pêcher avec succès soit plus ou moins avancé. On a préféré pour cet objet, sur certaines côtes de France, les mois de janvier et de février; et sur plusieurs de celles d'Angleterre ou de Hollande, on a choisi les mois de l'été.

On le trouve très-gras lorsque les harengs ont déposé leurs œufs, et qu'il a pu en dévorer une grande quantité (1). Mais, excepté dans le temps

(1) Lettre de M. Noël, de Rouen, à M. de Lacépède, du 12 novembre 1799.

où il fraie lui-même, sa chair écailleuse est agréable au goût: elle n'a pas de qualité malfaisante; et comme elle est molle, tendre et légère, on la digère avec facilité, et elle est un des aliments que l'on peut donner avec le moins d'inconvénient à ceux qui éprouvent un grand besoin de manger, sans avoir cependant des sucs digestifs très-puissants.

Dans quelques endroits de l'Angleterre et des environs d'Ostende, de Bruges et de Gand, on a fait sécher et saler des merlans après les avoir vidés; et on les a rendus, par cette préparation, au moins suivant le témoignage de plusieurs observateurs, un mets très-délicat.

On a écrit qu'il y avait des merlans hermaphrodites. On en a vu, en effet, dont l'intérieur présentait en même temps un ovaire rempli d'œufs, et un corps assez semblable, au premier coup-d'œil, à la laite des poissons mâles: mais cet aspect n'est qu'une fausse apparence; l'on s'est assuré que cette prétendue laite n'était que le foie, qui est très-gros dans tous les merlans, et particulièrement dans ceux qui sont très-gras.

On prend quelquefois des merlans avec des filets, et notamment avec celui que l'on a nommé *Drége*, et dont nous avons fait connaître la forme dans l'article de la *Trachine vive*. Le plus souvent néanmoins on pêche le gade dont nous parlons, avec une vingtaine de lignes, dont chacune, garnie de deux cents hameçons, est longue de plus de cent mètres, et qu'on laisse au fond de l'eau environ pendant trois heures.

Au reste, non seulement la qualité de la chair du merlan varie suivant les saisons et les parages qu'il fréquente, mais encore ses caractères extérieurs sont assez différents, selon les eaux qu'il habite, pour qu'on ait compté dans cette espèce plusieurs variétés remarquables et constantes. Nous pouvons en donner un exemple, en rapportant une observation très-intéressante qui nous a été transmise au sujet des merlans que l'on trouve sur les côtes du département de la Seine-Inférieure, par un naturaliste habile et très-zélé, M. Noël, de Rouen, que j'ai déjà eu occasion de citer dans cet ouvrage.

Cet ichthyologiste m'a écrit (1) qu'on apercevait une assez grande différence entre les merlans que l'on prend sur les fonds voisins d'Yport et des Dalles, près de Fécamp, et ceux que l'on pêche depuis la pointe de l'Ailly jusqu'au Tréport et au-delà. Les merlans d'Yport et des Dalles sont plus courts; leur ventre est plus large, leur tête plus grosse, leur museau moins aigu; la ligne que décrit leur dos, légèrement courbée en dedans, au lieu d'être droite; la couleur des parties voisines du museau et de la nageoire de la queue, plus brunâtre; la chair plus ferme, plus agréable et plus recherchée.

---

(1) Lettre de M. Noël à M. de Lacépède, du 12 novembre 1799.

M. Noël pense, avec raison, qu'on doit attribuer cette diversité dans les qualités de la chair, ainsi que dans les nuances et les formes extérieures, à la nature des fonds au-dessus desquels les merlans habitent, et par conséquent à celle des aliments qu'ils trouvent à leur portée. Auprès d'Yport et de Fécamp, les fonds sont presque tous de roche, tandis que ceux des eaux de l'Ailly, de Dieppe et de Tréport, sont presque tous de vase ou de gravier. En général, M. Noël pense que le merlan est plus petit et plus délicat sur les bas-fonds très-voisins des rivages, que sur les bancs que l'on trouve à de grandes distances des côtes.

LE GADE MOLVE,[1]

Gadus Molva, Linn., Gmel., Cuv., Lacep. (2).

ET

LE GADE DANOIS.[3]

Gadus danicus, Lacep. (4).

De tous les gades, la molve est celui qui parvient

(1) *Langa*, en Suède.
Lenge, en Allemagne.
Ling, en Angleterre.
Gade lingue, Daubenton, Encyclopédie méthodique.
Id. Bonnaterre, planches de l'Encyclopédie méthodique.
« Gadus dorso dipterygio, ore cirrato, maxillâ superiore longiore. » Artedi, gen. 22, syn. 36.
Molva major, Charleton, p. 121.
Asellus longus, Schonev., p. 18.
Asellus longus, Willughby, p. 175, tab. L, m. 2, n. 2.
Rai., p. 56.
Faun. suecic. 312.
Müller, Prodrom. Zool. danic., p. 41, n. 343.
Gadus longa, It. Wgoth. 177.
Bloch, pl. 69.
Enchelyopus, Klein, Miss. pisc. 4, p. 58, n. 16.
Belon, Aquat., p. 135.
Gesner, Aquat., p. 95; Icon. anim., p. 78.
Ling, Brit. Zool. 3, p. 160, n. 13.

(2) Du sous-genre des Lottes dans le genre Gade, Cuv.
DESM. 1829.

(3) Müller, Zool. danic. prodrom., p. 42.
Gade danois, Bonnaterre, planches de l'Encyclopédie méthodique.

(4) M. Cuvier ne cite pas cette espèce. DESM. 1829.

à la longueur la plus considérable, surtout relativement à ses autres dimensions, et particulièrement à sa largeur : elle surpasse souvent celle de vingt-quatre décimètres ; et voilà pourquoi elle a été nommée, dans un grand nombre de contrées et par plusieurs auteurs, *le Gade long*. Elle habite à-peu-près dans les mêmes mers que la morue. Elle se trouve abondamment, comme ce gade, autour de la Grande-Bretagne, auprès des côtes de l'Irlande, entre les Hébrides, vers le comté d'York. On la pêche de la même manière, on lui donne les mêmes préparations ; et comme cette espèce présente un grand volume, et d'ailleurs est douée d'une grande fécondité, elle est, après la morue et le hareng, un des poissons les plus précieux pour le commerce et les plus utiles à l'industrie.

Dans les mers qui baignent la Grande-Bretagne, elle jouit principalement de toutes ses qualités, depuis le milieu de février jusque vers la fin de mai, c'est-à-dire dans la saison qui précède son frai, lequel a lieu dans ces mêmes mers aux approches du solstice. Elle aime à déposer ses œufs le long des marais que l'on y voit à l'embouchure des rivières.

Elle se nourrit de crabes, de jeunes ou petits poissons, notamment de pleuronectes plies.

Sa chair contient une huile douce, facile à obtenir par le moyen d'un feu modéré, et plus abondante que celle que peuvent donner la morue ou les autres gades.

Sa couleur est brune par-dessus, blanchâtre par-dessous, verdâtre sur les côtés. La nageoire de l'anus est d'un gris de cendre; les autres sont noires et bordées de blanc : on voit de plus une tache noire au sommet de chacune des dorsales (1).

Les écailles sont allongées, petites, fortement attachées; la tête est grande, le museau un peu arrondi, la langue étroite et pointue.

Le gade danois n'est pas dénué de barbillons, non plus que la molve : comme la molve, il n'a que deux nageoires sur le dos, et appartient par ce double caractère au troisième sous-genre des gades. Sa mâchoire inférieure est plus avancée que la supérieure, ce qui le sépare de la molve; et sa nageoire de l'anus renferme jusqu'à soixante-dix rayons, ce qui le distingue de toutes les espèces comprises dans le sous-genre où nous l'avons inscrit, et même de tous les gades connus jusqu'à présent. On en doit la première description au savant Müller, auteur du *Prodrome de la Zoologie danoise*.

(1) A la membrane des branchies de la molve........ 7 rayons.
A la première nageoire dorsale................ 15
A la seconde.......................... 63
A chacune des pectorales.................. 19
A chacune des jugulaires.................. 6
A celle de l'anus....................... 59
A celle de la queue, qui est arrondie.......... 38

LE GADE LOTE.[1]

Gadus Lota, Linn., Gmel., Cuv., Lacep. (2).

La lote mérite une attention particulière des

---

(1) *Motelle*, dans quelques départements de France.
Barbotte, ibid.
Barbot, et *Burbot*, en Angleterre.
Eel pout, ibid.
Putael, dans la Belgique ou France septentrionale.
Alraupe, en Allemagne.
Olrūppe, ibid.
Trūsch, ibid.
Treischen, ibid.
Rutten, ibid.
Aalquabbe, en Danemarck.
Franske giedder, ibid.
Lake, en Suède et en Norvége.
Nalim, en Russie.
Gade lotte, Daubenton, Encyclopédie méthodique.
Id. Bonnaterre, planches de l'Encyclopédie méthodique.
Gadus lota, Ascagne, cah. 3, 5, pl. 28.
Lote, Valmont de Bomare, Dictionnaire d'histoire naturelle.
Fauna suecica, 315.
Müller, Prodrom. Zool. danic., p. 41, n. 343.
Kœlreuter, nov. Comment. petropol. 19, p. 424.
Meidinger, Icon. piscium austral., t. 8.
Bloch, pl. 70.

(2) Ce poisson est le type du sous-genre Lote dans le genre Gade de M. Cuvier. Desm. 1829.

naturalistes. Elle présente tous les caractères génériques qui appartiennent aux gades; elle doit être inscrite dans le même genre que ces poissons; elle y a toujours été comprise : elle fait véritablement partie de leur famille; et cependant, par un de ces exemples qui prouvent combien les êtres animés sont liés par d'innombrables chaînes de rapports, elle s'écarte des gades par des différences très-frappantes dans les formes, dans les facultés, dans les habitudes, dans les goûts, et ne s'éloigne ainsi de ses congénères que pour se rapprocher non seulement des blennies, qui par leur nature touchent aux gades de très-près, mais en-

---

« Gadus dorso dipterygio, ore cirrato, maxillis æqualibus. » Artedi, gen. 22, syn. 38.

« Silurus cirro unico in mento. » Artedi, spec. 107.

Lote, Rondelet, deuxième partie des poissons des lacs, chap. 18.

Barbote, Id. ibid., chap. 19.

Aldrov., lib. 5, cap. 46, fol. 648.

Lota, et *Mustella fluviatilis*, Willughby, p. 125.

Rai., p. 67.

Lota Gallis dicta, Gesner, p. 599.

Lota Gallorum, Jonston, lib. 3, tit. 3, cap. 11, p. 168, tab. 29, fig. 10.

Strinsia, sive *Botatrissa*, Belon, Aquat., p. 302.

Claria fluviatilis, Id. ibid., p. 304.

Borbotha, Cub., lib. 3, cap. 12, fig. 72 B.

Borbocha, Magni (Olai), lib. 20, cap. 20.

Bottatria, et *Triseus*, Salvian., fol. 213, *a*, ad iconem, et B.

Alropa, Hildegard., lib. 1, part. 4, cap. 25.

Gronov., Mus. 1, p. 21, n. 61; Zooph., p. 97, n. 313.

Enchelyopus subcinereus, etc., Klein, Miss. pisc. 4, p. 57, n. 13, tab. 15, fig. 2.

Barbot, Brit. Zoolog. 3, p. 163, n. 14.

core de plusieurs apodes osseux, particulièrement des murènes, et notamment des anguilles.

Comme ces derniers apodes, la lote a le corps très-allongé et serpentiforme. On voit sur son dos deux nageoires dorsales, mais très-basses et très-longues, ainsi que celle de l'anus; elles ressemblent à celles qui garnissent le dos et la queue des murènes. Les écailles qui la recouvrent sont plus facilement visibles que celles de ces mêmes murènes; mais elles sont très-minces, molles, très-petites, quelquefois séparées les unes des autres; et la peau à laquelle elles sont attachées, est enduite d'une humeur visqueuse très-abondante, comme celle de l'anguille : aussi échappe-t-elle facilement, de même que ce dernier poisson, à la main de ceux qui la serrent avec trop de force et veulent la retenir avec trop peu d'adresse; elle glisse entre leurs doigts, parce qu'elle est perpétuellement arrosée d'une liqueur gluante; et elle se dérobe encore à ses ennemis, parce que son corps, très-allongé et très-mobile, se contourne avec promptitude en différents sens, et imite si parfaitement toutes les positions et tous les mouvements d'un reptile, qu'elle a reçu plusieurs noms donnés depuis long-temps aux animaux qui rampent.

La lote est, de plus, d'une couleur assez semblable à celle de plusieurs murènes, ou de quelques murénophis. Elle est variée, dans sa partie supérieure (1), de jaune et de brun; et le blanc règne sur sa partie inférieure.

Au lieu d'habiter dans les profondeurs de l'Océan ou près des rivages de la mer, comme la plupart des osseux apodes ou jugulaires, et particulièrement comme tous les autres gades connus jusqu'à présent, elle passe sa vie dans les lacs, dans les rivières, au milieu de l'eau douce, à de très-grandes distances de l'Océan; et ce nouveau rapport avec l'anguille n'est pas peu remarquable.

On la trouve dans un très-grand nombre de contrées, non seulement en Europe et dans les pays les plus septentrionaux de cette partie du monde, mais encore dans l'Asie boréale et dans les Indes.

Elle préfère, le plus souvent, les eaux les plus claires; et afin qu'indépendamment de sa légèreté, les animaux dont elle fait sa proie puissent plus difficilement se soustraire à sa poursuite, elle s'y cache dans des creux ou sous des pierres; elle cherche à attirer ses petites victimes par l'agita-

(1) Sa ligne est droite.

On compte à sa première nageoire dorsale	14 rayons.
A la seconde	68
A chacune des pectorales	20
A chacune des jugulaires	6
A celle de l'anus	67
A celle de la queue, qui est arrondie	36

tion du barbillon ou des barbillons qui garnissent le bout de sa mâchoire inférieure, et qui ressemblent à de petits vers : elle y demeure patiemment en embuscade, ouvrant presque toujours sa bouche, qui est assez grande, et dont les mâchoires, hérissées de sept rangées de dents aiguës, peuvent aisément retenir les insectes aquatiques et les jeunes poissons dont elle se nourrit (1).

On a écrit que, dans quelques circonstances, la lote était *Vipère*, c'est-à-dire que les œufs de cette espèce de gade éclosaient quelquefois dans le ventre même de la mère, et par conséquent avant d'avoir été pondus. Cette manière de venir à la lumière n'a été observée dans les poissons osseux que lorsque ces animaux ont réuni un corps allongé, délié et serpentiforme, à une grande abondance d'humeur viqueuse, comme la lote. Au reste, elle supposerait dans ce gade un véritable accouplement du mâle et de la femelle, et lui donnerait une nouvelle conformité avec l'anguille, les blennies et les silures.

La lote croît beaucoup plus vîte que plusieurs autres osseux; elle parvient jusqu'à la longueur d'un mètre, et M. Valmont-de-Bomare en a vu une qu'on avait apportée du Danube à Chantilly, et qui était longue de plus de douze décimètres.

Sa chair est blanche, agréable au goût, facile à cuire; son foie, qui est très-volumineux, est re-

(1) Il y a auprès du pylore, 39 ou 40 appendices intestinaux.

gardé comme un mets délicat. Sa vessie natatoire est très-grande, souvent égale en longueur au tiers de la longueur totale de l'animal, un peu rétrécie dans son milieu, terminée par deux prolongations dans sa partie antérieure, formée d'une membrane qui n'est qu'une continuation du péritoine, attachée par conséquent à l'épine du dos, de manière à ne pouvoir pas en être séparée entière, et employée dans quelques pays à faire de la colle, comme la vessie à gaz de l'acipensère huso.

Ses œufs sont presque toujours, comme ceux du brochet et du barbeau, difficiles à digérer, plus ou moins malfaisants; et, par un dernier rapport avec l'anguille et la plupart des autres poissons serpentiformes, elle ne perd que difficilement la vie.

LE GADE MUSTELLE,[1]

Gadus Mustela, Linn., Gmel., Lacep., Cuv.; *Gadus tricirratus*, Bloch (2).

ET

LE GADE CIMBRE.[3]

Gadus cimbricus, Schn., Lacep., Cuv. (4).

La mustelle a beaucoup de ressemblance avec la

(1) *Galea*, sur plusieurs côtes d'Italie.
Pesce moro, ibid.
Donzellina, ibid.
Sorge marina, ibid.
Gouderopsaro, sur plusieurs rivages de la Grèce.
Whistle fish, en Angleterre.
Krullquappen, auprès de Hambourg, et dans quelques autres contrées septentrionales.
« Gadus mustella, Gadus tricirratus β, *et* Gadus russicus γ. » Linnée, édition de Gmelin.
Gade mustelle, Daubenton, Encyclopédie méthodique.
Id. Bonnaterre, planches de l'Encyclopédie méthodique.
Gade la brune, Id. ibid.
Bloch, pl. 165.
Mustelle, Valmont de Bomare, Dictionnaire d'histoire naturelle.
Müller, Prodrom. Zool. danic., p. 42, n. 345.
« Gadus dorso dipterygio, cirris maxillæ superioris quatuor; inferioris uno. » Mus. ad. fr. 1.

(2) Type du sous-genre Motelle dans le genre Gade, selon M. Cuvier.
DESM. 1829.

lote par l'allongement de son corps, la petitesse de ses écailles, et l'humeur visqueuse dont elle est imprégnée: mais elle n'habite pas, comme ce poisson, au milieu de l'eau douce; elle vit dans l'Océan atlantique et dans la Méditerranée. Elle y parvient jusqu'à la longueur de six décimètres. Elle s'y nourrit de cancres et d'animaux à coquille; et pendant qu'elle est jeune, petite et faible, elle devient souvent la proie de grands poissons, particulièrement de quelques gades et de plusieurs scombres. Le temps de la ponte et de la fécon-

---

« Gadus dorso dipterygio, sulco ad pinnam dorsi primam, ore cirrato. » Artedi, gen. 22, syn. 37.

« Galea Venetorum, *seu* Asellorum altera species. » Belon.

« Id. Mustella vulgaris, *et* Mustella marina tertia. » Gesner, p. 89, 90 et 103, (Germ.) fol. 41, B, et 42, A.

Mustelle vulgaire, Rondelet, première partie, liv. 9, chap. 14.

Id. Aldrov., lib. 3, cap. 8, fol. 290.

Willughby, p. 121.

Rai., p. 67, n. 1.

Mustela, Jonston, lib. 1, tit. 1, cap. 1, A, 2, tab. 1, fig. 4.

Mustela altera, Schonev., p. 49.

Mustela marina tertia.

Gronov. Zooph., n. 314; Mus. 1, p. 21, n. 2; Act. ups. 1742, p. 93, tab. 3.

Spotted whistle fish, et *Brow whistle fish*, Brit. Zoolog. 3, p. 164, n. 15, et 165, n. 16.

« Enchelyopus cirris tribus, altero è mento, etc. » Klein, Miss. pisc. 4, p. 57, n. 14.

Walbaum, Schrif. der Berl. naturf. ges. 5.

(3) *Gade cimbre*, Bonnaterre, planches de l'Encyclopédie méthodique.

(4) Le gade peintre est encore du sous-genre Motelle de M. Cuvier. DESM. 1829.

dation des œufs de cette espèce est quelquefois retardé jusque dans l'automne, ou se renouvelle dans cette saison. La mustelle est blanche par-dessous, d'un brun-jaunâtre par-dessus, avec des taches noires et d'un argenté violet sur la tête. Les nageoires pectorales et jugulaires sont rougeâtres; les autres sont brunes avec des taches allongées, excepté la nageoire de la queue, dont les taches sont rondes. L'on trouve cependant plusieurs individus sur lesquels la nuance et la figure de ces diverses taches est constamment différente, et même d'autres individus qui n'en présentent aucune. Il est aussi des mustelles qui ont quatre barbillons à la mâchoire supérieure, d'autres qui n'y en montrent que deux, d'autres encore qui n'y en ont aucun; et ces diversités dans la forme plus ou moins transmissibles par la génération, ayant été comparées, par plusieurs naturalistes, avec les variétés de couleurs que l'on peut remarquer dans l'espèce que nous examinons, ils ont cru devoir diviser les mustelles en trois espèces, la première distinguée par quatre barbillons placés à une distance plus ou moins petite des narines, la seconde par deux barbillons situés à-peu-près de même, et la troisième par l'absence de tout barbillon à la mâchoire supérieure. Mais après avoir cherché à peser les témoignages, et à comparer les raisons de cette multiplication d'espèces, nous avons préféré l'opinion du savant professeur Gmelin; et nous ne considérons l'absence ou le nombre des barbillons de la mâchoire d'en-haut, ainsi que les dissemblances dans les teintes, que comme des signes de variétés plus ou moins permanentes dans l'espèce de la mustelle.

Au reste, ce gade a toujours un barbillon attaché vers l'extrémité de la mâchoire inférieure, soit que la mâchoire supérieure en soit dénuée, ou en montre deux, ou en présente quatre. De plus, la langue est étroite et assez libre dans ses mouvements. La ligne latérale se courbe vers les nageoires pectorales, et s'étend ensuite directement jusqu'à la queue. Mais ce qu'il ne faut pas passer sous silence, c'est que la première nageoire dorsale est composée de rayons si petits et si courts, qu'il est très-difficile de les compter exactement, et qu'ils disparaissent presque en entier dans une sorte de sillon ou de rainure longitudinale. Un seul de ces rayons, le premier ou le second, est très-allongé, s'élève par conséquent beaucoup au-dessus des autres ; et c'est cette longueur ainsi que l'excessive brièveté des autres, qui ont fait dire à plusieurs naturalistes que la première dorsale de la mustelle ne comprenait qu'un rayon (1).

(1) 5 rayons à la membrane branchiale de la mustelle.

1 rayon très-allongé et plusieurs rayons très-courts à la première nageoire dorsale.

56 rayons à la seconde.

18 à chacune des pectorales.

La première nageoire du dos est conformée de la même manière dans le gade cimbre, qui ressemble beaucoup à la mustelle : néanmoins on trouve dans cette même partie un des caractères distinctifs de l'espèce du cimbre. En effet, le rayon qui seul est très-allongé, se termine dans ce gade par deux filaments placés l'un à droite et l'autre à gauche, et disposés horizontalement comme les branches de la lettre T (1).

De plus, on compte sur les mâchoires de la mustelle cinq, ou trois, ou un seul barbillon. Il y en a quatre sur celles du cimbre : deux de ces derniers filaments partent des environs des narines ; le troisième pend de la lèvre supérieure ; et le quatrième, de la lèvre inférieure.

Le cimbre habite dans l'Océan atlantique, et particulièrement dans une partie de la mer qui baigne les rivages de la Suède. Il a été découvert et très-bien décrit par M. de Strussenfeld (2).

6	à chacune des jugulaires.
46	à celle de l'anus.
20	à celle de la queue.

(1) 1 rayon très-allongé et plusieurs rayons très-courts à la première nageoire dorsale du gade cimbre.

48 rayons	à la seconde.
16	à chacune des pectorales.
7	à chacune des jugulaires.
42	à celle de l'anus.
25	à celle de la queue.

(2) Mémoires de l'Académie de Stockholm, tome XXXIII, page 46.

LE GADE MERLUS.[1]

Gadus Merluccius, Linn., Bl., Cuv., Lacep. (2).

Ce poisson vit dans la Méditerranée ainsi que

(1) *Merluzo*, en Italie.
Asello, ibid.
Asino, ibid.
Nasello, ibid.
Hake, en Angleterre.
Bloch, pl. 154.
Gade grand merlus, Daubenton, Encyclopédie méthodique.
Id. Bonnaterre, planches de l'Encyclopédie méthodique.
Le *grand Merlus*, Duhamel, Traité des pêches, seconde partie, sect. 1, chap. 1, pl. 24.
Merlu, et *Merluche*, Valmont de Bomare, Dictionnaire d'histoire naturelle.
Mus. ad. fr. 2, p. 60.
Faun. suecic. 314.
Forsk. Faun. Arabic., p. 19.
Gronov. Zooph., p. 397, n. 315.
Mull. Prodrom. Zool. danic., p. 41, n. 342.
Ot. Fabric. Faun. groenl., p. 148.
« Gadus dorso dipterygio, maxillâ inferiore longiore. » Artedi, gen. 22, syn. 36.
Lysing, Strom. sondm. 295.
Asellus primus, sive *Merlucius*, Rai., p. 56.
Asellus primus Rondeletii, sive *Merlucius*, Willughby, p. 174, tab. L, m. 2, n. 1.

(2) Type du sous-genre Merluche dans le genre Gade de M. Cuvier.
DESM. 1829.

dans l'Océan septentrional; et voilà pourquoi il a pu être connu d'Aristote, de Pline, et des autres naturalistes de la Grèce ou de Rome, qui, en effet, ont traité de ce gade dans leurs ouvrages. Il y parvient jusqu'à la grandeur de huit ou dix décimètres. Il est très-vorace : il poursuit, par exemple, avec acharnement, les scombres et les clupées; cependant, comme il trouve assez facilement de quoi se nourrir, il n'est pas, au moins fréquemment, obligé de se jeter sur des animaux de sa famille. Il ne redoute pas l'approche de son semblable. Il va par troupes très-nombreuses; et par conséquent il est l'objet d'une pêche très-abondante et peu pénible. Sa chair est blanche et lamelleuse; et dans les endroits où l'on prend une

---

Ὄνος, Arist., lib. 8, cap. 15; et lib. 9, cap. 37.
Ὄνος, γαδος, Athen., lib. 7, p. 315.
Θαλάττιος, Ælian, lib. 5, cap. 20, p. 276; lib. 9, cap. 38.
Oppian., Hal., lib. 1, p. 5; et lib. 2, p. 59.
Asellus, Plin., Hist. mundi, lib. 9, cap. 16 et 17.
Asellus, Ovid., v. 131.
Varro, lib. 4, De lingua latina.
Jôv., cap. 20, p. 87.
Merlus, Rondelet, première partie, liv. 9, chap. 8.
Salv., fol. 73.
« Merluccius, asellus, et primùm de merlucio. » Gesner, p. 84, 97; Icon. anim., p. 76; et (Germ.) fol. 39, B.
Merluccius, Belon, Aquat., p. 123.
Asellus alter, etc., Aldrov., lib. 3, cap. 2, p. 286.
Asellus fuscus, Charlet., p. 122.
Hake, Brit. Zool. 3, p. 156, n. 10.
Jonston, De piscibus, p. 7, tab. 1, fig. 3.

grande quantité d'individus de cette espèce, on les sale ou on les sèche, comme on prépare les morues, les seys et d'autres gades, pour pouvoir les envoyer au loin. Les merlus sont ainsi recherchés dans un grand nombre de parages : mais dans d'autres portions de la mer où ils ne peuvent pas se procurer les mêmes aliments, il arrive que leurs muscles deviennent gluants et de mauvais goût; ce fait était connu dès le temps de Galien. Au reste, le foie du merlus est presque toujours un morceau très-délicat.

Ce poisson est allongé, revêtu de petites écailles, blanc par-dessous, d'un gris plus ou moins blanchâtre par-dessus; et c'est à cause de ces couleurs comparées souvent à celles de l'âne, qu'il a été nommé *Anon* par Aristote, Oppien, Athénée, Élien, Pline, et d'autres auteurs anciens et modernes. Le mot d'*Anon* est même devenu, pour plusieurs naturalistes, un mot générique qu'ils ont appliqué à plusieurs espèces de gades.

La tête du merlus est comprimée et déprimée; l'ouverture de sa bouche, grande; sa ligne latérale plus voisine du dos que du bas-ventre, et garnie auprès de la tête, de petites verrues dont le nombre varie depuis cinq jusqu'à neuf ou dix : des dents inégales, aiguës, et dont plusieurs sont crochues, garnissent les mâchoires, le palais et le gosier (1).

(1) A la membrane des branchies.................. 7 rayons.

J'ai trouvé dans les papiers de Commerson une courte description d'un gade à deux nageoires, sans barbillons, et dont tous les autres caractères conviennent au merlus. Commerson l'a vu dans les mers australes; ce qui confirme mes conjectures sur la possibilité d'établir dans plusieurs parages de l'hémisphère méridional, des pêches abondantes de morues et d'autres gades.

Le merlus est si abondant dans la baie de Galloway, sur la côte occidentale de l'Irlande, que cette baie est nommée, dans quelques anciennes cartes, la baie des *Hakes*, nom donné par les Anglais aux merlus.

A la première nageoire du dos	10
A la seconde	39
A chacune des pectorales	12
A chacune des jugulaires	7
A celle de l'anus	37
A celle de la queue	20

LE GADE BROSME.(1)

Gadus Brosme, Linn., Gmel., Penn., Cuv. Lacep. (2).

Nous avons maintenant sous les yeux le cinquième sous-genre des gades. Les caractères qui le distinguent, sont un ou plusieurs barbillons, avec une seule nageoire dorsale. On ne peut encore rapporter qu'une espèce à ce sous-genre, et cette espèce est le brosme.

Ce gade préfère les mers qui arrosent le Groenland, ou l'Europe septentrionale.

Il a la nageoire de la queue en forme de fer de lance, et quelquefois une longueur de près d'un mètre. La couleur de son dos est d'un brun-foncé; ses nageoires et sa partie inférieure sont d'une

(1) *Gadus brosme*, Ascagne, Icon. rerum natural., tab. 17.
Müll., Prodrom. Zool. danic., p. 41, n. 341.
Brosme, Pontoppid. Norveg. 2, p. 178.
Strom. sondm. 1, p. 272, tab. 1, fig. 19.
Kaila, Olafs. Island., p. 358, tab. 27.
Gade brosme, Bonnaterre, planches de l'Encyclopédie méthodique.

(2) Type du sous-genre Brosme, *Brosmius*, de M. Cuvier.
DESM. 1829.

teinte plus claire; on voit sur ses côtés des taches transversales (1).

---

(1) A la nageoire du dos du brosme............106 rayons.
A chacune des pectorales.................... 20
A chacune des jugulaires..................... 5
A celle de l'anus............................ 60
A celle de la queue.......................... 30

QUARANTE-NEUVIÈME GENRE.

LES BATRACHOÏDES.

La tête très-déprimée et très-large; l'ouverture de la bouche très-grande; un ou plusieurs barbillons attachés autour ou au-dessous de la mâchoire inférieure.

ESPÈCES.	CARACTÈRES.
1. Le Batrachoïde tau.	Un grand nombre de filaments à la mâchoire inférieure; trois aiguillons à la première nageoire dorsale et à chaque opercule.
2. Le Batrachoïde blennioïde.	Un ou plusieurs barbillons au-dessous de la mâchoire d'en-bas; les deux premiers rayons de chaque nageoire jugulaire, terminés par un long filament.

LE BATRACHOÏDE TAU.(1)

Batrachoïdes Tau, Lacep.; *Batrachus Tau*, Sch., Cuv.; *Lophius Bufo*, Mitchill. (2).

Nous avons séparé le tau des gades, et le blennioïde des blennies, non seulement parce que ces poissons n'ont pas tous les traits caractéristiques des genres dans lesquels on les avait inscrits en plaçant le dernier parmi les blennies et le premier parmi les gades, mais encore parce que des formes très-frappantes les distinguent de toutes les espèces que peuvent embrasser ces mêmes genres, au moins lorsqu'on a le soin nécessaire de n'établir ces cadres que d'après les principes réguliers auxquels nous tâchons toujours de nous conformer. Nous avons de plus rapproché l'un de l'autre le tau et le blennioïde, parce qu'ils ont ensemble beaucoup de rapports; nous les

(1) *Expausançon.*

Bloch, pl. 6, fig. 2 et 3.

Gade tau, Bonnaterre, planches de l'Encyclopédie méthodique.

(2) Le genre Batrachoïde de Lacépède, ou *Batrachus* de Schneider, est admis par M. Cuvier. Quant à la figure de ce poisson, donnée par M. de Lacépède, il la rapporte au *Batrachus surinamensis* de Bloch et de Schneider. Desm. 1829.

avons compris dans un genre particulier, et nous avons donné à ce genre le nom de *Batrachoïde*, qui désigne la ressemblance vague qu'ont ces animaux avec une grenouille, en grec βατράχος, et qui rappelle d'ailleurs les dénominations de *Grenouiller* et de *Raninus*, appliquées par Linnée, Daubenton, et plusieurs autres célèbres naturalistes, au blennioïde.

Le tau habite dans l'Océan atlantique, comme presque tous les gades, dans le genre desquels on avait cru devoir le faire entrer; mais on l'y a pêché à des latitudes beaucoup plus rapprochées de l'équateur que celles où l'on a rencontré la plupart de ces poissons. On l'a vu vers les côtes de la Caroline, où il a été observé par le docteur Garden, et d'où il a été envoyé en Europe.

Ses formes et ses couleurs, qui sont très-remarquables, ont été fort bien décrites par le célèbre ichthyologiste et mon savant confrère le docteur Bloch.

Il est revêtu d'écailles molles, petites, minces, rondes, brunes, bordées de blanc, et arrosées par une mucosité très-abondante, comme celles de la lote et de la mustelle. Le dos et les nageoires sont tachetés de blanc ou d'autres nuances.

La tête est grande et large, le museau très-arrondi. Les yeux, placés vers le sommet de cette partie et très-rapprochés l'un de l'autre, sont gros, saillants, brillants par l'éclat de l'or que présente l'iris, et entourés d'un double rang de petites verrues. Entre ces organes de la vue et la nuque, s'étend transversalement une fossette et une bande plus ou moins irrégulière, de couleur jaune, sur les deux bouts de laquelle on peut observer quelquefois une tache ronde et très-foncée.

Les dents sont aiguës. Il n'y en a que deux rangées de chaque côté de la mâchoire inférieure; mais la mâchoire d'en-haut, qui est beaucoup plus courte, en montre un plus grand nombre de rangs. Une double série de ces mêmes dents hérisse chaque côté du palais.

Plusieurs barbillons sont placés sur les côtés de la mâchoire supérieure; un grand nombre d'autres filaments sont attachés à la mâchoire d'en-bas, et disposés à-peu-près en portion de cercle.

Chaque opercule, composé de deux lames, est de plus armé de trois aiguillons.

Le tau a deux nageoires dorsales; la première est soutenue par trois rayons très-forts et non articulés. Celle de la queue est arrondie.

Le *Tau* a été nommé ainsi, à cause de la ressemblance de la bande jaune et transversale qu'il a auprès de la nuque, avec la traverse d'un T grec, ou *tau* (1).

(1) A la membrane branchiale du tau.............. 6 rayons.
A la première dorsale...................... 3
A la seconde.............................. 23
A chacune des pectorales.................... 20
A chacune des jugulaires.................... 6
A celle de l'anus........................... 13
A celle de la queue......................... 12

Le dessin qui représente ce poisson, et que nous avons fait graver, en donne une idée très-exacte.

LE BATRACHOÏDE BLENNIOÏDE.[1]

Bastrachoides blennioides, Lacep.; *Gadus Raninus*, Mull.; *Blennius Raninus*, Gmel.; *Phycis Ranina*, Bl. (2).

Ce batrachoïde a un ou plusieurs barbillons au-dessous de la mâchoire inférieure. Les deux premiers rayons de chacune de ses nageoires jugulaires sont beaucoup plus longs que les autres; ce qui, au premier coup-d'œil, pourrait faire croire qu'il n'en a que deux dans chacune de ces nageoires, comme la plupart des blennies, dans le genre desquels on l'a souvent placé, et ce qui m'a engagé à lui donner le nom spécifique de *Blennioïde*. On le trouve dans les lacs de la Suède, où il paraît qu'il est redouté de tous les poissons moins forts que lui, qui s'écartent le plus qu'ils peuvent, des endroits qu'il fréquente. Quoiqu'il

(1) Faun. suecic. 316.

Blenne grenouiller, Daubenton, Encyclopédie méthodique.

Id. Bonnaterre, planches de l'Encyclopédie méthodique.

Müll., Prodrom. Zool. danic., n. 359.

Strom. sondm. 1, p. 359.

(2) M. Cuvier place ce poisson dans le sous-genre Raniceps, du genre des Gades. DESM. 1829.

tienne, pour ainsi dire, le milieu entre les gades et les blennies, il n'est pas bon à manger (1).

C'est avec toute raison, ce me semble, que le professeur Gmelin regarde comme une simple variété de cette espèce qu'il rapporte au genre des blennies, un poisson de l'Océan septentrional, dont voici une très-courte description (2).

Il est d'un brun très-foncé. Ses nageoires sont noires et charnues; son iris est jaune; une mucosité abondante, semblable à celle dont le tau est imprégné, humecte ses écailles, qui sont petites. Sa tête, très-aplatie, est plus large que son corps; l'ouverture de sa bouche très-grande; chaque mâchoire armée d'un double rang de dents acérées et *rougeâtres*, suivant plusieurs observateurs; la langue épaisse, musculeuse, arrondie par devant; le premier rayon de chaque nageoire jugulaire terminé par une sorte de fil délié; et le second rayon des mêmes nageoires prolongé par un appendice analogue, mais ordinairement une fois plus long que ce filament.

---

(1) A la membrane branchiale . . . . 7 rayons.
A la nageoire dorsale. 66
A chacune des nageoires pectorales 22
A chacune des jugulaires. 6
A celle de l'anus 60
A celle de la queue. 30

(2) Gmelin, édit. de Linnée, article du *Blennius raninus.*
Müll., Zool. danic., p. 15, tab. 45.
Dansk. Vidensk. Selsk. Skrift. 12, p. 291.

CINQUANTIÈME GENRE.

LES BLENNIES.

Le corps et la queue allongés et comprimés; deux rayons au moins et quatre rayons au plus à chacune des nageoires jugulaires.

PREMIER SOUS-GENRE.

Deux nageoires sur le dos; des filaments ou appendices sur la tête.

ESPÈCES.	CARACTÈRES.
1. Le Blennie lièvre.	Un appendice non palmé au-dessus de chaque œil; une grande tache œillée sur la première nageoire du dos.
2. Le Blennie phycis.	Un appendice auprès de chaque narine; un barbillon à la lèvre inférieure.

SECOND SOUS-GENRE.

Une seule nageoire dorsale; des filaments ou appendices sur la tête.

ESPÈCES.	CARACTÈRES.
3. Le Blennie méditerranéen.	Deux barbillons à la mâchoire supérieure, et un à l'inférieure.
4. Le Blennie gattorugine.	Un appendice palmé auprès de chaque œil, et deux appendices semblables auprès de la nuque.
5. Le Blennie sourcilleux.	Un appendice palmé au-dessus de chaque œil; la ligne latérale courbe.

ESPÈCES.	CARACTÈRES.
6. Le Blennie cornu.	Un appendice non palmé au-dessus de chaque œil.
7. Le Blenn. tentaculé.	Un appendice non palmé au-dessus de chaque œil ; une tache œillée sur la nageoire du dos.
8. Le Blenn. sujéfien.	Un très-petit appendice non palmé au-dessus de chaque œil ; la ligne latérale courbe ; la nageoire du dos réunie à celle de la queue.
9. Le Blennie fascé.	Deux appendices non palmés entre les yeux ; quatre ou cinq bandes transversales.
10. Le Blennie coquillade.	Un appendice cutané et transversal.
11. Le Blennie sauteur.	Un appendice cartilagineux et longitudinal ; les nageoires pectorales presque aussi longues que le corps proprement dit ; deux rayons seulement à chacune des nageoires jugulaires.
12. Le Blennie pinaru.	Un appendice filamenteux et longitudinal ; trois rayons à chacune des nageoires jugulaires.

TROISIÈME SOUS-GENRE.

Deux nageoires dorsales ; point de barbillons ni d'appendices sur la tête.

ESPÈCES.	CARACTÈRES.
13. Le Blenn. gadoïde.	Un filament au-dessous de l'extrémité antérieure de la mâchoire d'en-bas ; deux rayons seulement à chacune des nageoires jugulaires.
14. Le Blenn. belette.	Point de filament à la mâchoire inférieure ; trois rayons à la première nageoire du dos ; deux rayons seulement à chacune des nageoires jugulaires.
15. Le Blennie tridactyle.	Un filament au-dessous de l'extrémité antérieure de la mâchoire inférieure ; trois rayons à chacune des nageoires jugulaires.

QUATRIÈME SOUS-GENRE.

Une seule nageoire dorsale; point de barbillons ni d'appendices sur la tête.

ESPÈCES.	CARACTÈRES.
16. Le Blennie pholis.	Les ouvertures des narines tuberculeuses et frangées; la ligne latérale courbe.
17. Le Blenn. bosquien.	La mâchoire inférieure plus avancée que la supérieure; l'ouverture de l'anus à une distance à-peu-près égale de la gorge et de la nageoire caudale; la nageoire de l'anus réunie à celle de la queue, et composée environ de dix-huit rayons.
18. Le Blennie ovovipare.	Les ouvertures des narines tuberculeuses, mais non frangées; la ligne latérale droite; la nageoire de l'anus réunie à celle de la queue, et composée de plus de soixante rayons.
19. Le Blen. gunnel.	Le corps très-allongé; les nageoires du dos, de la queue et de l'anus, distinctes l'une et l'autre; celle du dos très-longue et très-basse; neuf ou dix taches rondes, placées chacune à demi sur la base de la nageoire dorsale, et à demi sur le dos du blennie.
20. Le Blen. pointillé.	Les nageoires jugulaires presque aussi longues que les pectorales; une grande quantité de points autour des yeux, sur la nuque, et sur les opercules.
21. Le Blenn. garamit.	Quelques dents placées vers le bout du museau, plus crochues et plus longues que les autres.
22. Le Blenn. lumpène.	Des taches transversales; trois rayons à chaque nageoire jugulaire.
23. Le Blennie torsk.	Un barbillon à la mâchoire inférieure; des nageoires jugulaires charnues et divisées chacune en quatre lobes.

LE BLENNIE LIÈVRE.[1]

Blennius ocellaris, Bl., Cuv., Linn., Gmel.; *Blennius Lepus*, Lacep. (2).

L'HOMME d'état ne considérera pas avec autant

(1) *Lebre de mare*, dans plusieurs départements méridionaux de France.

Mesoro, dans quelques contrées d'Italie.

Butterfly fish, en Angleterre.

Blenne lièvre, Daubenton, Encyclopédie méthodique.

Id. Bonnaterre, planches de l'Encyclopédie méthodique.

Bloch, pl. 165, fig. 1.

Lièvre marin vulgaire, Valmont de Bomare, Dictionnaire d'histoire naturelle.

Mus. ad. fr. 2, p. 62.

Cetti, Pisc. sard., p. 112.

Brunn., Pisc. massil., p. 15, n. 35.

« Blennius.... maculâ magnâ in pinna dorsi. » Artedi, gen. 26, syn. 44.

Βλεννος, Oppian., lib. 1, fol. 108, 35, ed. Lippii.

Blennius, Plin., lib. 32, cap. 9.

Blennus, Salvian., fol. 218.

Belon, Aquat., p. 210.

Gesner (Germ.) fol. 3, *a*; et Aquat., p. 126, 147; Icon. anim., p. 9.

Blennus Bellonii, meliùs depictus, Aldrov., lib. 2, cap. 28, p. 203.

Willughby, p. 131, tab. H, 3, fig. 2.

Rai., p. 72, n. 13.

(2) Du sous-genre des Blennies proprement dites, dans le genre Blennie de M. Cuvier. DESM. 1829.

d'intérêt les blennies que les gades; il ne les verra pas aussi nombreux, aussi grands, aussi bons à manger, aussi salubres, aussi recherchés que ces derniers, faire naître, comme ces mêmes gades, des légions de pêcheurs, les attirer aux extrémités de l'Océan, les contraindre à braver les tempêtes, les glaces, les brumes, et les changer bientôt en navigateurs intrépides, en ouvriers industrieux, en marins habiles et expérimentés: mais le physicien étudiera avec curiosité tous les détails des habitudes des blennies; il voudra les suivre dans les différents climats qu'ils habitent; il desirera de connaître toutes les manières dont ils viennent à la lumière, se développent, croissent, attaquent leur proie ou l'attendent en embuscade, se dérobent à leurs ennemis par la ruse, ou leur échappent par leur agilité. Nous ne décrirons cependant d'une manière étendue que les formes et les mœurs des espèces remarquables par ces mêmes mœurs ou par ces mêmes formes; nous n'engagerons à jeter qu'un coup-d'œil sur les autres. Où il n'y a que peu de différences à noter, et, ce qui est la même chose, peu de rapports à saisir, avec des objets déja bien observés, il ne faut qu'un petit nombre de considérations pour parvenir à voir clairement le sujet de son examen.

Blennus pinniceps, Klein, Miss. pisc. 5, 31, n. 1.
Scorpioïdes, Rondelet, première partie, liv. 6, chap. 20.
Lièvre marin du vulgaire, Id. ibid.
Jonst., Pisc., p. 75, tab. 19, fig. 5.

Le blennie lièvre est une de ces espèces sur lesquelles nous appellerons pendant peu de temps l'attention des naturalistes. Il se trouve dans la Méditerranée; sa longueur ordinaire est de deux décimètres. Ses écailles sont très-petites, enduites d'une humeur visqueuse; et c'est de cette liqueur gluante dont sa surface est arrosée, que vient le nom de *Blennius* en latin, et de *Blennie* ou de *Blenne* en français, qui lui a été donné ainsi qu'aux autres poissons de son genre tous plus ou moins imprégnés d'une substance oléagineuse, le mot βλεννος en grec, signifiant *mucosité*.

Sa couleur générale est verdâtre, avec des bandes transversales et irrégulières d'une nuance de vert plus voisine de celle de l'olive; ce verdâtre est, sur plusieurs individus, remplacé par du bleu, particulièrement sur le dos. La première nageoire dorsale est ou bleue comme le dos, ou olivâtre avec de petites taches bleues et des points blancs; et indépendamment de ces points et de ces petites gouttes bleues, elle est ornée d'une tache grande, ronde, noire, ou d'un bleu très-foncé, entourée d'un liséré blanc, imitant une prunelle entourée de son iris, représentant vaguement un œil; et voilà pourquoi le blennie lièvre a été appelé *OEillé;* et voilà pourquoi aussi il a été nommé poisson papillon (*Butterfly fish* en anglais).

Sa tête est grosse; ses yeux sont saillants; son iris brille de l'éclat de l'or. L'ouverture de sa bouche est grande; ses mâchoires, toutes les deux également avancées, sont armées d'un seul rang de dents étroites et très-rapprochées. Un appendice s'élève au-dessus de chaque œil; la forme de ces appendices, qui ressemblent un peu à deux petites oreilles redressées, réunie avec la conformation générale du museau, ayant fait trouver par des marins peu difficiles plusieurs rapports entre la tête du lièvre et celle du blennie que nous décrivons, ils ont proclamé ce dernier *Lièvre marin*, et d'habiles naturalistes ont cru ne devoir pas rejeter cette expression.

La langue est large et courte. Il n'y a qu'une pièce à chaque opercule branchial; l'anus est plus près de la tête que de la nageoire caudale, et la ligne latérale plus voisine du dos que du ventre.

On compte sur ce blennie deux nageoires dorsales; mais ordinairement elles sont si rapprochées l'une de l'autre, que souvent on a cru n'en voir qu'une seule (1).

Pour ajouter au parallèle entre le poisson dont nous traitons et le vrai lièvre de nos champs, on a dit que sa chair était bonne à manger. Elle n'est

(1) A la première nageoire du dos . . . . 11 rayons.
A la seconde 15
A chacune des pectorales 12
A chacune des jugulaires 2
A celle de l'anus 16
A celle de la queue, qui est arrondie 11

pas, en effet, désagréable au goût; mais on y attache peu de prix. Au reste, c'est à cet animal qu'il faut appliquer ce que Pline rapporte de la vertu que l'on attribuait de son temps aux cendres des blennies, pour la guérison ou le soulagement des maux causés par la présence d'un calcul dans la vessie (1).

LE BLENNIE PHYCIS.(2)

Phycis Tinca, Schn.; *Phycis mediterraneus*, Laroche, Cuv.; *Blennius Phycis*, Linn., Gmel. (3).

Ce poisson est un des plus grands blennies : il

---

(1) Chap. déja cité dans cet article.

(2) *Mole*, dans quelques départements méridionaux de France.
Molere, en Espagne.
Phico, en Italie.
Blenne mole, Daubenton, Encyclopédie méthodique.
Id. Bonnaterre, planches de l'Encyclopédie méthodique.
Phycis, Artedi, gen. 84, syn. 111.
La Moule, Rondelet, première partie, liv. 6, chap. 10.
Gesner, Aquat., p. 718.
Willughby, Ichthyol., p. 205.
Tinca marina, Rai., Pisc., p. 75, et p. 164, f. 8.
Lesser hake, Brit. Zool. 3, p. 158, n. 11.
Lest hake, Ibid., p. 160, n. 12.

(3) M. Cuvier retire les phycis du genre Blennie, pour les reporter dans celui des Gades où ils forment un sous-genre particulier entre les Brotules et les Raniceps. Desm. 1829.

parvient quelquefois jusqu'à la longueur de cinq ou six décimètres. Un petit appendice s'élève au-dessus de l'ouverture de chaque narine; et sa mâchoire inférieure est garnie d'un barbillon. Ce dernier filament, ses deux nageoires dorsales et son volume, le font ressembler beaucoup à un gade; mais la forme de ses nageoires jugulaires, qui ne présentent que deux rayons, le place et le retient parmi les vrais blennies.

Les couleurs du phycis sont sujettes à varier, suivant les saisons. Dans le printemps, il a la tête d'un rouge plus ou moins foncé; presque toujours son dos est d'un brun plus ou moins noirâtre; ses nageoires pectorales sont rouges, et un cercle noir entoure son anus (1).

On trouve ce blennie dans la Méditerranée (2).

(1) Quinze appendices intestinaux sont disposés autour du pylore.

(2)

A la membrane branchiale	7	rayons.
A la première dorsale	10	
A la seconde	61	
A chacune des pectorales	15	
A chacune des jugulaires	2	
A celle de l'anus	57	
A celle de la queue, qui est arrondie	20	

LE BLENNIE MÉDITERRANÉEN.(1)

Blennius mediterraneus, Lacep. (2).

Cette espèce a été jusqu'à présent comprise parmi les gades sous le nom de *Méditerranéen* ou de *Monoptère* : mais elle n'a que deux rayons à chacune de ses nageoires jugulaires, et dès-lors nous avons dû l'inscrire parmi les blennies. Nous l'y avons placée dans le second sous-genre, parce qu'elle a des barbillons sur la tête, et que son dos n'est garni que d'une seule nageoire.

Elle tire son nom de la mer qu'elle habite. Elle vit dans les mêmes eaux salées que le gade capelan, le gade mustelle et le gade merlus, avec lesquels elle a beaucoup de rapports. Indépendamment des deux filaments situés sur sa mâchoire d'en-haut, il y en a un attaché à la mâchoire inférieure (3).

---

(1) Mus. ad. fr. 2, p. 60.
Gade monoptère, Daubenton, Encyclopédie méthodique.
Id. Bonnaterre, planches de l'Encyclopédie méthodique.

(2) M. Cuvier ne fait pas mention de cette espèce. Desm. 1829.

(3) A la nageoire du dos........................ 54 rayons.
A chacune des pectorales..................... 15
A chacune des jugulaires..................... 2
A celle de l'anus............................ 44

LE BLENNIE GATTORUGINE.[1]

Blennius palmicornis, Penn., Cuv.; *Blennius Gattorugine*, Lacep. (2).

Le gattorugine habite dans l'Océan atlantique et dans la Méditerranée. Il n'a guère plus de deux décimètres de longueur : aussi ne se nourrit-il que de petits vers marins, de petits crustacées, et de très-jeunes poissons. Sa chair est assez agréable au goût. Ses couleurs ne déplaisent pas. On voit sur sa partie supérieure des raies brunes, avec des taches, dont les unes sont d'une nuance claire, et les autres d'une teinte foncée. Les nageoires sont jaunâtres. Il n'y en a qu'une sur le dos dont

(1) *Blenne gattorugine*, Daubenton, Encyclopédie méthodique.

Id. Bonnaterre, planches de l'Encyclopédie méthodique.

Mus. ad. fr. 1, p. 68; et 2, p. 61.

« Blennius pinnulis duabus ad oculos, pinnâ ani ossiculorum 23. » Artedi, gen. 26, syn. 44.

« Blennius pinnis superciliorum palmatis, etc. » Brunn., Pisc. massil., p. 27, n. 37.

« Blennius capite cristato ex radio inermi, etc. » Gronov., Zooph., p. 76, n. 264.

Willughby, Ichth., p. 132, tab. H, 2, fig. 2.

Rai., Pisc. 72, n. 14.

Gattorugine, Brit. Zool. 3, p. 168, n. 2.

(2) Du sous-genre des Blennies proprement dites, dans le genre Blennie, Cuv. DESM. 1829.

les premiers rayons sont aiguillonnés (1), et les derniers très-longs. La tête est petite; les yeux sont saillants et très-rapprochés du sommet de la tête; l'iris est rougeâtre. Deux appendices palmés paraissent auprès de l'organe de la vue, et deux autres semblables sur la nuque. Les mâchoires également avancées l'une et l'autre, sont garnies d'un rang de dents aiguës, déliées, blanches et flexibles. La langue est courte; le palais lisse; l'opercule branchial composé d'une seule lame; l'anus assez voisin de la gorge, et la ligne latérale droite ainsi que rapprochée du dos.

---

(1) 16 rayons non articulés et 14 articulés à la nageoire dorsale.
14 rayons à chacune des pectorales.
2 à chacune des jugulaires.
23 à celle de l'anus.
13 à celle de la queue.

LE BLENNIE SOURCILLEUX.(1)

Blennius superciliosus, Bl., Cuv., Lacep. (2).

Les mers de l'Inde sont le séjour habituel de ce blennie. Comme presque tous les poissons des contrées équatoriales, il a des couleurs agréables et vives (3); un jaune plus ou moins foncé, plus ou moins voisin du brillant de l'or, ou de l'éclat de l'argent, et relevé par de belles taches rouges, règne sur tout son corps. Il se nourrit de jeunes crabes et de petits animaux à coquille; et dès-lors nous ne devons pas être surpris, d'après ce que nous avons déja indiqué plusieurs fois, que

(1) *Blenne sourcilleux*, Daubenton, Encyclopédie méthodique.

Id. Bonnaterre, planches de l'Encyclopédie méthodique.

« Blennius pinnulis ocularibus brevissimis palmatis, etc. » Amœnit. acad. 1, p. 317.

Gronov., Mus. 2, n. 172, tab. 5, fig. 5; Zooph., p. 75, n. 258.

Bloch, pl. 168.

Blennius varius, etc., Seb., mus. 3, tab. 30, fig. 3.

Indinnischer gottorugina, Seeligm., Voegel. 8, tab. 72.

(2) Du sous-genre Clinus dans le genre Blennie, Cuv. Desm. 1829.

(3) A la nageoire du dos . . . . 44 rayons.
A chacune des pectorales 14
A chacune des jugulaires 2
A celle de l'anus 28
A celle de la queue 12

ce sourcilleux présente des nuances riches et bien contrastées. Plusieurs causes se réunissent pour produire sur ses téguments ces teintes distinguées: la chaleur du climat qu'il habite, l'abondance de la lumière qui inonde la surface des mers dans lesquelles il vit, et la nature de l'aliment qu'il préfère, et qui nous a paru être un des principes de la brillante coloration des poissons. Mais quoique ce blennie, exposé aux rayons du soleil, puisse paraître quelquefois parsemé, pour ainsi dire, de rubis, de diamants et de topazes, il est encore moins remarquable par sa parure que par ses habitudes. Ses petits sortent de l'œuf dans le ventre de la mère, et viennent au jour tout formés. Il n'est pas le seul de son genre dont les œufs éclosent ainsi dans l'intérieur de la femelle. Ce phénomène a été particulièrement observé dans le blennie que les naturalistes ont nommé pendant long-temps le *Vivipare*. Nous reviendrons sur ce fait, en traitant, dans un moment, de ce dernier poisson. Considérons néanmoins déja que le sourcilleux, que sa manière de venir à la lumière lie, par une habitude peu commune parmi les poissons, avec l'anguille, avec les silures, et peut-être avec le gade lote, a, comme tous ces osseux, le corps très-allongé, recouvert d'écailles très-menues, et enduit d'une mucosité très-abondante.

Au reste, sa tête est étroite; ses yeux sont saillants, ronds, placés sur les côtés, et surmontés chacun d'un appendice palmé et divisé en trois, qui lui a fait donner le nom qu'il porte. L'ouverture de la bouche est grande; la langue courte; le palais lisse; la mâchoire d'en-haut aussi avancée que l'inférieure, et hérissée d'un rang extérieur de grosses dents, et de plusieurs rangées de dents intérieures plus petites et très-pointues; l'opercule branchial composé d'une seule lame, ainsi que dans presque tous les blennies; la ligne latérale courbe; l'anus large comme celui d'un grand nombre de poissons qui se nourrissent d'animaux à têt ou à coquille, et d'ailleurs plus voisin de la gorge que de la nageoire caudale. Tous les rayons de la nageoire du dos sont des aiguillons, excepté les cinq ou six derniers.

LE BLENNIE CORNU.[1]

Blennius cornutus, Linn., Lacep.

LE BLENNIE TENTACULÉ,[2]

Blennius tentacularis, Linn., Cuv.; *Bl. tentaculatus*, Lacep.

LE BLENNIE SUJÉFIEN,[3]

Blennius sujefianus, Lacep.; *Bl. simus*, Linn.

ET LE BLENNIE FASCÉ.[4]

Blennius fasciatus, Linn., Bl. (5).

Le cornu présente un appendice long, effilé,

(1) *Blenne cornu*, Daubenton, Encyclopédie méthodique.
Id. Bonnaterre, planches de l'Encyclopédie méthodique.
Mus. ad. fr. 2, p. 61.
Amœnit. acad. 1, p. 316.

(2) « Blennius radio supra oculos simplici, pinnâ dorsali integrâ, an« ticè inoculatâ. » Brunn., Pisc. massil., p. 26, n. 36.
Blenne nébuleuse, Bonnaterre, planches de l'Encyclopédie méthodique.

(3) Sujef, Act. petropolit. 1779, 2, p. 198, tab. 6, fig. 2, 4.

(4) Bloch, pl. 162, fig. 1.
Blenne perce-pierre, Bonnaterre, planches de l'Encyclopédie méthodique.

(5) Les deux premiers et le quatrième de ces poissons sont du sous-genre des Blennies proprement dites, dans le genre Blennie de M. Cuvier. Le troisième est de son sous-genre Salarias. Desm. 1829.

non palmé, placé au-dessus de chaque œil; une multitude de tubercules à peine visibles, et disséminés sur le devant ainsi que sur les côtés de la tête; une dent plus longue que les autres de chaque côté de la mâchoire inférieure; une peau visqueuse, parsemée de points ou de petites taches roussâtres: il vit dans les mers de l'Inde, et a été décrit, pour la première fois, par l'immortel Linnée (1).

Le tentaculé, que l'on pêche dans la Méditerranée, ressemble beaucoup au cornu; il est allongé, visqueux, orné d'un appendice non palmé au-dessus de chaque œil, coloré par points ou par petites taches très-nombreuses. Mais indépendamment que ces points sont d'une teinte très-brune, on voit sur la nageoire dorsale une grande tache ronde qui imite un œil, ou, pour mieux dire, une prunelle entourée de son iris. De plus, le dessous de la tête montre trois ou quatre bandes transversales et blanches; l'iris est argenté avec des points rouges; des bandes blanches et brunes s'étendent sur la nageoire de l'anus; les dents sont très-peu inégales; et enfin, en passant sous silence d'autres dissemblances moins faciles à saisir avec précision, le tentaculé paraît différer

---

(1) A la nageoire dorsale du blennie cornu . . . . 34 rayons.
A chacune des pectorales 15
A chacune des jugulaires 2
A celle de l'anus 26
A celle de la queue 12

du cornu par sa taille, ne parvenant guère qu'à une longueur moindre d'un décimètre. Au reste, peut-être, malgré ce que nous venons d'exposer, et l'autorité de plusieurs grands naturalistes, ne faudrait-il regarder le tentaculé que comme une variété du cornu, produite par la différence des eaux de la Méditerranée à celles des mers de l'Inde. Quoi qu'il en soit, c'est Brunnich qui a fait connaître le tentaculé, en décrivant les poissons des environs de Marseille (1).

Le sujéfien a un appendice non palmé au-dessus de chaque œil, comme le cornu et le tentaculé; mais cet appendice est très-petit. Nous lui avons donné le nom de *Sujéfien*, parce que le naturaliste Sujef en a publié la description. Il parvient à la longueur de plus d'un décimètre. Son corps est menu; l'ouverture de sa bouche placée au-dessous du museau; chacune de ses mâchoires garnie d'une rangée de dents très-courtes, égales et très-serrées; son opercule branchial composé de deux pièces; sa nageoire dorsale précédée d'une petite élévation ou loupe graisseuse, et réunie à celle de la queue, qui est arrondie (2).

(1) A la nageoire du dos du tentaculé . . . . 34 rayons.
A chacune des pectorales 14
A chacune des jugulaires 2
A celle de l'anus 25
A celle de la queue 11

(2) A la nageoire dorsale du blennie sujéfien . . . . 27 rayons.

Les mers de l'Inde, qui sont l'habitation ordinaire du cornu, nourrissent aussi le fascé. Ce dernier blennie est enduit d'une mucosité très-gluante. Sa partie supérieure est d'un bleu tirant sur le brun, sa partie inférieure jaunâtre : quatre ou cinq bandes brunes et transversales relèvent ce fond ; les intervalles qui séparent ces fascies, sont rayés de brunâtre ; d'autres bandes ou des taches brunes paraissent sur plusieurs nageoires ; celle de la queue, qui d'ailleurs est arrondie, montre une couleur grise (1).

Deux appendices non palmés s'élèvent entre les yeux ; la tête, brune par-dessus et jaunâtre par-dessous, est assez petite ; l'ouverture branchiale très-grande ; celle de l'anus un peu rapprochée de la gorge, et la ligne latérale peu éloignée du dos.

A chacune des pectorales 15
A chacune des jugulaires.................... 2
A celle de l'anus............................ 17
A celle de la queue......................... 15

(1) A la nageoire du dos du fascé................. 29 rayons.
A chacune des pectorales 13
A chacune des jugulaires..................... 2
A celle de l'anus........................... 19
A celle de la queue, qui est arrondie.......... 11

LE BLENNIE COQUILLADE.[1]

Blennius Galerita ; Blennius Coquillad, Lacep. (2).

ON pêche ce poisson dans l'Océan d'Europe, ainsi que dans la Méditerranée. Il n'a pas ordinairement deux décimètres de longueur. Sur sa tête paraît un appendice cutané, transversal, un peu mobile, et auquel on a donné le nom de

(1) *Blenne coquillade*, Daubenton, Encyclopédie méthodique.
Id. Bonnaterre, planches de l'Encyclopédie méthodique.
« Blennius cristâ capitis transversâ, cutaceâ. » Artedi, gen. 27, syn. 44.
Coquillade, Rondelet, première partie, liv. 6, chap. 21.
Alauda cristata, idem.
Galerita, id. ibid.
Aldrovand., lib. 1, cap. 25, p. 114.
Jonston, tab. 17, fig. 3.
Charlet., p. 137.
Galerita, Rai., p. 73.
Alauda cristata, sive *Galerita*, Gesner, p. 17, 20, (Germ.) fol. 4, *a*.
Willughby, Ichthyol., p. 134.
Adonis, Belon, Aquat. 219.
Crested blenny, Brit. Zool. 3, p. 167.
Strom. sondm. 322.
Blennus galerita, Ascagne, pl. 19.
Brosme toupée, id. ibid.

(2) Du sous-genre des Blennies proprement dites, dans le genre Blennie, Cuv. DESM. 1829.

Crête. Il habite parmi les rochers des rivages. Il échappe facilement à la main de ceux qui veulent le retenir, parce que son corps est délié et très-muqueux. Sa partie supérieure est brune et mouchetée, sa partie inférieure d'un vert-foncé et noirâtre. On a comparé à une émeraude la couleur et l'éclat de sa vésicule du fiel. Sa chair est molle (1). Il vit assez long-temps hors de l'eau, parce que, dit Rondelet, l'ouverture de ses branchies est fort petite; ce qui s'accorde avec les idées que nous avons exposées dans notre premier Discours, sur les causes de la mortalité des poissons au milieu de l'air de l'atmosphère. D'ailleurs on peut se souvenir que nous avons placé parmi ceux de ces animaux qui vivent avec plus de facilité hors de l'eau, les osseux et les cartilagineux qui sont pénétrés d'une plus grande quantité de matières huileuses propres à donner aux membranes la souplesse convenable.

---

(1) A la nageoire du dos........................ 60 rayons.
A chacune des pectorales...................... 10
A chacune des jugulaires...................... 2
A celle de l'anus.............................. 36
A celle de la queue........................... 16

LE BLENNIE SAUTEUR.[1]

Blennius saliens, Lacep. Cuv. (2).

Nous avons trouvé une description très-détaillée et très-bien faite de ce blennie dans les manuscrits de Commerson, que Buffon nous a confiés dans le temps, en nous invitant à continuer son immortel ouvrage. On n'a encore rien publié relativement à ce poisson, que le savant Commerson avait cru devoir inscrire dans un genre particulier, et nommer l'*Altique sauteur*. Mais il nous a paru impossible de ne pas le comprendre parmi les blennies, dont il a tous les caractères généraux, et avec lesquels l'habile voyageur qui l'a observé le premier, a trouvé lui-même qu'il offrait les plus grands rapports. Nous osons même penser que si Commerson avait été à portée de comparer autant d'espèces de blennies que nous, les caractères génériques qu'il aurait adoptés pour ces os-

(1) « Alticus saltatorius, pinnâ spuriâ in capitis vertice; seu pin-« nulâ longitudinali ponè oculos cartilagineâ; seu alticus desultor, occi-« pite cristato, ore circulari deorsum patulo. » Commerson, Manuscrits déja cités.

(2) Du sous-genre Salarias, dans le genre Blennie de M. Cuvier. Desm. 1829.

seux auraient été tels, qu'il aurait renfermé son sauteur dans leur groupe. Nous avons donc remplacé la dénomination d'*Altique sauteur* par celle de *Blennie sauteur*, et réuni dans le cadre que nous mettons sous les yeux de nos lecteurs, ce que présentent de plus remarquable les formes et les habitudes de ce poisson.

Ce blennie a été découvert auprès des rivages et particulièrement des récifs de la Nouvelle-Bretagne, dans la mer du Sud. Il y a été observé en juillet 1768, lors du célèbre voyage de notre confrère Bougainville. Commerson l'y a vu se montrer par centaines. Il est très-petit, puisque sa longueur totale n'est ordinairement que de soixante-six millimètres, sa plus grande largeur de cinq, et sa plus grande hauteur de huit.

Il s'élance avec agilité, glisse avec vîtesse, ou, pour mieux dire, et pour me servir de l'expression de Commerson, vole sur la surface des eaux salées; il préfère les rochers les plus exposés à être battus par les vagues agitées, et là, bondissant, sautant, ressautant, allant, revenant avec rapidité, il se dérobe en un clin d'œil à l'ennemi qui se croyait près de le saisir, et qui ne peut le prendre que très-difficilement.

Il a reçu un instrument très-propre à lui donner cette grande mobilité. Ses nageoires pectorales ont une surface très-étendue, relativement à son volume; elles représentent une sorte de disque lorsqu'elles sont déployées; et leur longueur, de douze millimètres, fait que, lorsqu'elles sont couchées le long du corps, elles atteignent à très-peu près jusqu'à l'anus. Ce rapport de forme avec des pégases, des scorpènes, des trigles, des exocets, et d'autres poissons volants, devait lui en donner aussi un d'habitude avec ces mêmes animaux, et le douer de la faculté de s'élancer avec plus ou moins de force.

La couleur du blennie sauteur est d'un brun rayé de noir, qui se change souvent en bleu-clair rayé ou non rayé, après la mort du poisson.

On a pu juger aisément, d'après les dimensions que nous avons rapportées, de la forme très-allongée du sauteur; mais de plus, il est assez comprimé par les côtés pour ressembler un peu à une lame.

La mâchoire supérieure étant plus longue que l'inférieure, l'ouverture de la bouche se trouve placée au-dessous du museau.

Les yeux sont situés très-près du sommet de la tête, gros, ronds, saillants, brillants par leur iris, qui a la couleur et l'éclat de l'or; et auprès de ces organes, on voit sur l'occiput une crête ou un appendice ferme, cartilagineux, non composé de rayons, parsemé de points, long de quatre millimètres ou environ, arrondi dans son contour, et élevé non pas transversalement, comme celui de la coquillade, mais longitudinalement.

Deux lames composent chaque opercule branchial.

La peau du sauteur est enduite d'une mucosité très-onctueuse.

Commerson dit qu'on n'aperçoit pas d'autre ligne latérale que celle qui indique l'intervalle longitudinal qui règne de chaque côté entre les muscles dorsaux et les muscles latéraux (1).

(1) 5 rayons, au moins, à la membrane des branchies.
35 articulés à la nageoire du dos.
13 à chacune des pectorales.
2 mous et filiformes à chacune des jugulaires.
26 à celle de l'anus.
10 à celle de la queue, qui est lancéolée.

LE BLENNIE PINARU.(1)

Blennius Pinaru, Lacep.; *Blennius pilicornis*, Cuv. (2).

Le pinaru ressemble beaucoup au blennie sauteur. Il habite, comme ce dernier poisson, dans les mers voisines de la ligne. Un appendice longitudinal s'élève entre ses yeux, de même qu'entre ceux du sauteur; mais cette sorte de crête est composée de petits filaments de couleur noire. De plus, le sauteur, ainsi que le plus grand nombre de blennies, n'a que deux rayons à chacune de ses nageoires jugulaires; et le pinaru a ses nageoires jugulaires soutenues par trois rayons (3).

La ligne latérale de ce dernier osseux est d'ail-

(1) *Blenne pinaru*, Daubenton, Encyclopédie méthodique.
Id. Bonnaterre, planches de l'Encyclopédie méthodique.
Gronov. Mus. 1, n. 75.
Pinaru, Rai., Pisc., p. 73.

(2) Du sous-genre des Blennies proprement dites dans le genre Blennie, Cuv. DESM. 1829.

(3) A la membrane branchiale.................... 5 rayons.
A la nageoire du dos........................ 26
A chacune des pectorales.................... 14
A chacune des jugulaires.................... 3
A celle de l'anus........................... 16
A celle de la queue, qui est arrondie....... 11

leurs courbe vers la tête, et droite dans le reste de sa longueur.

On le trouve dans les deux Indes.

LE BLENNIE GADOÏDE,(1)

Blennius gadoides, Lacep.

LE BLENNIE BELETTE,(2)

Blennius mustelaris, Linn.; *Blennius Mustela*, Lacep. (3).

ET LE BLENNIE TRIDACTYLE.(4)

Blennius tridactylus, Lacep. (5).

Ces trois poissons appartiennent au troisième sous-genre des blennies; ils ont deux nageoires sur le dos; et on ne voit pas de barbillons ni d'appendices sur la partie supérieure de leur tête.

(1) Brunn, Pisc. Massil., p. 24, n. 34.

Gade à deux doigts, Bonnaterre, planches de l'Encyclopédie méthodique.

(2) « Blennius pinnâ dorsali anteriore triradiatâ. » Mus. Ad. Frid. 1, p. 69.

« Blennius pinnâ dorsi anteriore triradiatâ, posteriore 40. » Ibid.

Blenne belette, Daubenton, Encyclopédie méthodique.

(3) Du sous-genre Clinus dans le genre Blennie, Cuv. DESM. 1829.

(4) *Trifurcated*, Pennant, Zoolog. Brit., tom. III, p. 196.

Gade trident, Bonnaterre, planches de l'Encyclopédie méthodique.

(5) M. Cuvier ne mentionne, ni cette espèce, ni celle du Blennie gadoïde. DESM. 1829.

Le gadoïde a été découvert par Brunnich. Ce naturaliste l'a considéré comme tenant le milieu entre les gades et les blennies ; et c'est pour désigner cette position dans l'ensemble des êtres vivants, que je lui ai donné le nom de *Gadoïde*. Il a été compris parmi les gades par plusieurs célèbres naturalistes : mais la nécessité de former les différents genres d'animaux conformément au plus grand nombre de rapports qu'il nous est possible d'entrevoir, et de les indiquer par des traits précis et faciles à distinguer, nous a forcés d'exiger pour les deux familles des blennies et des gades, des caractères d'après lesquels nous avons dû placer le gadoïde parmi les blennies.

Ce poisson habite dans la Méditerranée. Il est mou, étroit, légèrement comprimé. Sa longueur analogue à celle de la plupart des blennies, ne s'étend guère au-delà de deux décimètres. Sa mâchoire inférieure est plus courte que la supérieure, marquée de chaque côté de sept ou huit points ou petits enfoncements, et garnie, au-dessous de son bout antérieur, d'un filament souvent très-long.

On voit deux aiguillons sur la nuque ; la ligne latérale est droite.

L'animal est blanchâtre, avec la tête rougeâtre. Des teintes noires règnent sur le haut de la première nageoire dorsale, sur les bords et plusieurs autres portions de la seconde nageoire du dos, sur une partie de celle de l'anus, et sur celle de la queue (1).

Il est aisé de séparer de cette espèce de blennie celle à laquelle nous conservons le nom de *Belette*. En effet, ce dernier poisson n'a point de filament au-dessous du museau, et on ne compte que trois rayons à sa première nageoire dorsale (2). Il a été découvert dans l'Inde.

Le tridactyle a été considéré jusqu'à présent comme un *Gâde;* il a surtout beaucoup de ressemblance avec le gade mustelle et le cimbre. Il a, de même que ces derniers animaux, la première nageoire dorsale cachée presque en entier dans une sorte de sillon longitudinal, et composée de rayons qui tous, excepté un, sont extrêmement courts et difficiles à distinguer les uns des autres. Mais chacune de ses nageoires jugulaires n'est soutenue que par trois rayons; et cela seul aurait dû nous engager à le rapporter aux blennies plu-

(1) A la membrane branchiale du blennie gadoïde...... 7 rayons.
A la première nageoire dorsale.................. 10
A la seconde............................ 56
A chacune des pectorales.................. 11
A chacune des jugulaires.................. 2
A celle de l'anus.......................... 53
A celle de la queue........................ 16

(2) A la première nageoire dorsale du blennie belette.. 3 rayons.
A la seconde............................ 43
A chacune des pectorales.................. 17
A chacune des jugulaires.................. 2
A celle de l'anus.......................... 29
A celle de la queue........................ 13

tôt qu'aux gades. Les nageoires jugulaires, ou thoracines, ayant été comparées, aussi bien que les abdominales, aux pieds de derrière des quadrupèdes, les rayons de ces organes de mouvement ont été assimilés à des doigts; et c'est ce qui a déterminé à donner au blennie que nous examinons, le nom spécifique de *Tridactyle*, ou *à trois doigts*. D'ailleurs, dans cet osseux, les trois rayons de chaque nageoire jugulaire ne sont pas réunis par une membrane à leur extrémité, et cette séparation vers un de leurs bouts les fait paraître encore plus analogues aux doigts des quadrupèdes.

La tête du tridactyle est un peu aplatie. Ses mâchoires sont garnies de dents recourbées : celle d'en-bas présente un long barbillon au-dessous de son extrémité antérieure.

On voit au-dessus de chaque nageoire pectorale une rangée longitudinale de tubercules, qui sont, en quelque sorte, le commencement de la ligne latérale. Cette dernière ligne se fléchit très-près de son origine, forme un angle obtus, descend obliquement et se coude de nouveau pour tendre directement vers la nageoire de la queue (1).

---

(1) 5 rayons à la membrane des branchies du blennie tridactyle.

1 rayon très-allongé et plusieurs autres rayons très-courts à la première nageoire dorsale.

45 rayons à la seconde.

14 à chacune des pectorales.

3 à chacune des jugulaires.

20 à celle de l'anus.

16 à celle de la queue.

La couleur de la partie supérieure de l'animal est d'un brun foncé; les plis des lèvres, et les bords de la membrane branchiale, sont d'un blanc très-éclatant.

Ce blennie habite dans les mers qui entourent la Grande-Bretagne; le savant auteur de la Zoologie britannique l'a fait connaître aux naturalistes.

LE BLENNIE PHOLIS.(1)

Blennius Pholis, Linn., Gmel., Lacep., Cuv. (2).

Les blennies dont il nous reste à traiter, forment

(1) *Baveuse*, sur plusieurs côtes méridionales de France.

Galeetto, auprès de Livourne.

Mulgranoo, auprès des rivages de Cornouailles en Angleterre.

Bulcard, ibid.

Blenne baveuse, Daubenton, Encyclopédie méthodique.

Id. Bonnaterre, planches de l'Encyclopédie méthodique.

Mus. Ad. Frid. 2, p. 62.

« Blennius maxillâ superiore longiore, capite summo acuminato. » Artedi, gen. 27, syn. 45 et 116.

Φωλις. Arist., lib. 9, cap. 37.

Aldrov., lib. 1, cap. 25, p. 114 et 116.

Gesner, p. 18 et 714; et (germ.) fol. 4, *a*, et 5, *a*.

Jonston, lib. 1, tit. 2, cap. 2, *a*, 1, tab. 17, n. 4; et tab. 18, fig. 2.

Charlet., Onom. 137.

(2) Du sous-genre des Blennies proprement dites dans le genre Blennie, Cuv. DESM. 1829.

le quatrième sous-genre de la famille que nous considérons : ils n'ont ni barbillons ni appendices sur la tête, et leur dos ne présente qu'une seule nageoire.

Le premier de ces poissons dont nous allons parler, est le pholis. Cet osseux a l'ouverture de la bouche grande, les lèvres épaisses, la mâchoire supérieure plus avancée que l'inférieure, et garnie, ainsi que cette dernière, de dents aiguës, fortes et serrées. Les ouvertures des narines sont placées au bout d'un petit tube frangé. La langue est lisse, le palais rude, l'œil grand, l'iris rougeâtre, la ligne latérale courbe, et l'anus plus proche de la gorge que de la nageoire caudale (1).

La couleur du pholis est olivâtre avec de petites taches dont les unes sont blanches, et les autres d'une teinte foncée.

Willughby, Ichthyol., p. 133 et 135, tab. H, 6, fig. 2 et 4.
Raj, p. 73, n. 17 et 74.
Perce-pierre, Rondelet, première partie, liv. 6, chap. 22.
Empetrum, idem, ibid.
Alauda non cristata, id., ibid.
Baveuse, id., première partie, liv. 6, chap. 23.
Pholis, id., ibid.
Gronov. Mus. 2, n. 175 ; Zooph. 76, n. 279.
Bloch, pl. 71, fig. 2.
Smooth blenny, Brit. Zoolog. 3, p. 169, n. 3.

(1) A la membrane des branchies .... 7 rayons.
A la nageoire du dos 28
A chacune des pectorales 14
A chacune des jugulaires 2
A celle de l'anus 19
A celle de la queue 10

Ce blennie vit dans l'Océan et dans la Méditerranée. Il s'y tient auprès des rivages, souvent vers les embouchures des fleuves ; il s'y plaît au milieu des algues ; il y nage avec agilité ; il dérobe aisément à ses ennemis son corps enduit d'une humeur ou bave très-abondante et très-visqueuse, qui lui a fait donner un de ses noms ; et quoiqu'il n'ait que deux décimètres de longueur, il se débat avec courage contre ceux qui l'attaquent, les mord avec obstination, et défend de toutes ses forces une vie qu'il ne perd d'ailleurs que difficilement.

Il n'aime pas seulement à se cacher au-dessous des plantes marines, mais encore dans la vase ; il s'y enfonce comme dans un asyle, ou s'y place comme dans une embuscade. Il se retire aussi très-souvent dans des trous de rocher, y pénètre fort avant, et de là vient le nom de *Perce-pierre* qu'on a donné à presque tous les blennies, mais qu'on lui a particulièrement appliqué. Il se nourrit de très-jeunes poissons, de très-petits crabes, ou d'œufs de leurs espèces ; il recherche aussi les animaux à coquille et principalement les bivalves, sur lesquels la faim et sa grande hardiesse le portent quelquefois à se jeter sans précaution à l'instant où il voit leurs battants entr'ouverts : mais il peut devenir la victime de sa témérité, être saisi entre les deux battants refermés avec force sur lui ; et c'est ainsi que fut pris comme dans un piége, un petit poisson que nous croyons devoir rapporter à l'espèce du blennie pholis, qui fut trouvé dans une huître au moment où l'on en écarta les deux valves, qui devait y être renfermé depuis long-temps, puisque l'huître avait été apportée à un très-grand nombre de myriamètres de la mer, et que découvrit ainsi, il y a plus de vingt ans, dans une sorte d'habitation très-extraordinaire, mon compatriote et mon ancien ami M. Saint-Amans, professeur d'histoire naturelle dans l'école centrale du département de Lot-et-Garonne, connu depuis long-temps du public par plusieurs ouvrages très-intéressants, ainsi que par d'utiles et courageux voyages dans les hautes Pyrénées (1).

(1) Voyez le Journal de physique, du mois d'octobre 1778.

LE BLENNIE BOSQUIEN.[1]

Blennius boscianus, Lacep.

M. Bosc, l'un de nos plus savants et plus zélés naturalistes, qui vient de passer plusieurs années dans les États-Unis d'Amérique, où il a exercé les fonctions de consul de la république française, a découvert dans la Caroline ce blennie, auquel j'ai cru devoir donner une dénomination spécifique qui rappelât le nom de cet habile naturaliste. M. Bosc a bien voulu me communiquer la description et le dessin qu'il avait faits de ce blennie: l'une m'a servi à faire cet article; j'ai fait graver l'autre avec soin; et je m'empresse d'autant plus de témoigner ici ma reconnaissance à mon ancien confrère pour cette bienveillante communication, que, peu de temps avant son retour en Europe, il m'a fait remettre tous les dessins et toutes les descriptions dont il s'était occupé dans l'Amérique septentrionale relativement aux quadrupèdes ovipares, aux serpents et aux poissons,

(1) *Blennius morsitans*, Bosc, manuscrits.

« Blennius morsitans, capite cristâ nullâ, corpore alepidoto, viridi « fusco, alboque variegato, pinnâ anali radiis apice recurvis. Habitat in « Carolinâ. » Note communiquée par L. Bosc.

en m'invitant à les publier dans l'Histoire naturelle dont cet article fait partie. J'aurai une grande satisfaction à placer dans mon ouvrage les résultats des observations d'un naturaliste aussi éclairé et aussi exact que M. Bosc.

Le blennie qu'il a décrit ressemble beaucoup au pholis dont nous venons de parler; mais il en diffère par plusieurs traits de sa conformation, et notamment par la proportion de ses mâchoires, dont l'inférieure est la plus longue, pendant que la supérieure du pholis est la plus avancée. D'ailleurs l'anus du pholis est plus près de la gorge que de la nageoire caudale, et celui du bosquien est à une distance à-peu-près égale de ces deux portions du corps de l'animal (1).

La tête du bosquien est, en quelque sorte, triangulaire; le front blanchâtre et un peu aplati; l'œil petit; l'iris jaune; chaque mâchoire garnie de dents menues, très-nombreuses et très-recourbées; la membrane branchiale étendue et peu cachée par l'opercule; le corps comprimé, dénué en apparence d'écailles, gluant, d'une couleur verte foncée, variée de blanc, et relevée par des bandes brunes cependant peu marquées.

Les nageoires sont d'une teinte obscure, et ta-

---

(1) A la nageoire du dos........................ 30 rayons.
A chacune des pectorales.................... 12
A chacune des jugulaires.................... 2
A celle de l'anus.......................... 18
A celle de la queue........................ 12

chetées de brun. Les onze premiers rayons de celle du dos sont plus courts et plus émoussés que les autres. Ceux qui soutiennent la nageoire de l'anus, se recourbent en arrière à leur extrémité : cette nageoire de l'anus et la dorsale touchent celle de la queue, qui est arrondie.

Le bosquien a près d'un décimètre de longueur totale ; sa hauteur est de vingt-sept millimètres, et sa largeur de neuf.

Cette espèce, suivant M. Bosc, est très-commune dans la baie de Charleston. Lorsqu'on veut la saisir, elle se défend en mordant son ennemi, comme la murène anguille, avec laquelle elle a beaucoup de ressemblance; et c'est cette manière de chercher à sauver sa vie, que M. Bosc a indiquée par le nom distinctif de *morsitans* qu'il lui a donné dans sa description latine, et que j'ai dû, malgré sa modestie, changer en une dénomination dictée par l'estime pour l'observateur de ce blennie.

LE BLENNIE OVOVIVIPARE.[1]

Blennius viviparus, Linn., Gmel.; *Blennius ovoviviparus*, Lacep. (2).

De tous les poissons dont les petits éclosent dans le ventre de la femelle, viennent tout formés à la lumière, et ont fait donner à leur mère le nom de *Vivipare*, le blennie que nous allons décrire, est l'espèce dans laquelle ce phénomène

(1) *Blenne vivipare*, Daubenton, Encyclopédie méthodique.

Id. Bonnaterre, planches de l'Encyclopédie méthodique.

Faun. Suecic. 317.

Müll. Prodrom., Zoolog. Danic., p. 43, n. 358; et Zoolog. Danic., t. 57.

Mus. Ad., Frid. 1, p. 69.

Tanglake, Act. Stockh. 1748, p. 32, tab. 2.

Gronov. Mus. 1, p. 65, n. 145; Zooph., p. 77, n. 265.

Act. Upsal. 1742, p. 87.

Bloch, pl. 72.

« Blennius capite dorsoque fusco flavescente lituris nigris, pinnâ ani « flavâ. » Artedi, syn. 45.

« Tertia mustelarum species vivipara et marina. » Schonev., p. 49, 50.

« Mustela marina vivipara. » Id., tab. 4, fig. 2.

Jonston, Pisc., p. 1, tab. 46, fig. 8.

« Mustela vivipara Schoneveldii. » Willughby, ichthyol., p. 122.

Rai, p. 69.

« Viviparous blenny. » Brit. Zoolog. 3, p. 172, n. 5, tab. 10.

(2) Du sous-genre *Zoarcès* dans le genre *Blennius* selon M. Cuvier.

Desm. 1829.

remarquable a pu être observé avec plus de soin et connu avec plus d'exactitude. Voilà pourquoi on lui a donné le nom distinctif de *Vivipare*, que nous n'avons pas cru cependant devoir lui conserver sans modification, de peur d'induire plusieurs de nos lecteurs en erreur, et que nous avons remplacé par celui d'*Ovovivipare*, afin d'indiquer que s'il n'éclot pas hors du ventre de la mère, s'il en sort tout formé, et déjà doué de presque tous ses attributs, il vient néanmoins d'un œuf, comme tous les poissons, et n'est pas véritablement vivipare, dans le sens où l'on emploie ce mot lorsqu'on parle de l'homme, des quadrupèdes à mamelles, et des cétacées (1). Voilà pourquoi nous allons entrer dans quelques détails relativement à la manière de venir au jour, du blennie dont nous écrivons l'histoire, non seulement pour bien exposer tout ce qui peut concerner cet animal curieux, mais encore pour jeter un nouveau jour sur les différents modes de reproduction de la classe entière des poissons.

Mais auparavant montrons les traits distinctifs et les formes principales de ce blennie (2).

---

(1) On peut consulter à ce sujet ce que nous avons écrit dans le Discours sur la nature des serpents, et dans le Discours sur la nature des poissons.

(2) 7 rayons à la membrane des branchies
20 à chacune des nageoires pectorales.
2 à chacune des jugulaires.
148 à celles du dos, de la queue et de l'anus, considérées comme ne formant qu'une seule nageoire.

L'ouverture de sa bouche est petite, ainsi que sa tête; les mâchoires, dont la supérieure est plus avancée que l'inférieure, sont garnies de petites dents, et recouvertes par des lèvres épaisses; la langue est courte et lisse comme le palais; deux os petits et rudes sont placés auprès du gosier; les orifices des narines paraissent chacun au bout d'un petit tube non frangé; le ventre est court; l'ouverture de l'anus très-grande; la ligne latérale droite; la nageoire de l'anus composée de plus de soixante rayons, et réunie à celle de la queue; et souvent cette dernière se confond aussi avec celle du dos.

Les écailles qui revêtent l'ovovivipare, sont très-petites, ovales, blanches ou jaunâtres et bordées de noir; du jaune règne sur la gorge, et sur la nageoire de l'anus; la nageoire du dos est jaunâtre, avec dix ou douze taches noires.

La chair de ce blennie est peu agréable au goût: aussi est-il très-peu recherché par les pêcheurs, quoiqu'il parvienne jusqu'à la longueur de cinq décimètres. Il est en effet extrêmement imprégné de matières visqueuses; son corps est glissant comme celui des murènes; et ces substances oléagineuses dont il est pénétré à l'intérieur ainsi qu'à l'extérieur, sont si abondantes, qu'il montre beaucoup plus qu'un grand nombre d'autres osseux, cette qualité phosphorique que l'on a remarquée dans les différentes portions des poissons morts et déjà altérés (1). Ses arêtes luisent dans l'obscurité, tant qu'elles ne sont pas entièrement desséchées; et par une suite de cette même liqueur huileuse et phosphorescente, lorsqu'on fait cuire son squelette, il devient verdâtre.

L'ovovivipare se nourrit particulièrement de jeunes crabes. Il habite dans l'Océan atlantique septentrional, et principalement auprès des côtes européennes.

Vers l'équinoxe du printemps, les œufs commencent à se développer dans les ovaires de la femelle. On peut les voir alors ramassés en pelotons, mais encore extrêmement petits, et d'une couleur blanchâtre. A la fin de mai, ou au commencement de juin, ils ont acquis un accroissement sensible, et présentent une couleur rouge. Lorsqu'ils sont parvenus à la grosseur d'un grain de moutarde, ils s'amollissent, s'étendent, s'allongent; et déjà l'on peut remarquer à leur bout supérieur deux points noirâtres qui indiquent la tête du fœtus, et sont les rudiments de ses yeux. Cette partie de l'embryon se dégage la première de la membrane ramollie qui compose l'œuf; bientôt le ventre sort aussi de l'enveloppe, revêtu d'une autre membrane blanche et assez transparente pour qu'on puisse apercevoir les intestins au travers de ce tégument; enfin la queue, semblable

(1) Discours sur la nature des poissons.

à un fil délié et tortueux, n'est plus contenue dans l'œuf, dont le petit poisson se trouve dès-lors entièrement débarrassé.

Cependant l'ovaire s'étend pour se prêter au développement des fœtus; il est, à l'époque que nous retraçons, rempli d'une liqueur épaisse, blanchâtre, un peu sanguinolente, insipide, et dont la substance présente des fibres nombreuses disposées autour des fœtus comme un léger duvet, et propres à les empêcher de se froisser mutuellement.

On a prétendu qu'indépendamment de ces fibres, on pouvait reconnaître dans l'ovaire, des filaments particuliers qui, semblables à des cordons ombilicaux, partaient des tuniques de cet organe, s'étendaient jusqu'aux fœtus, et entraient dans leur corps pour y porter vraisemblablement, a-t-on dit, la nourriture nécessaire. On n'entend pas comment des embryons qui ont vécu pendant un ou deux mois entièrement renfermés dans un œuf, et sans aucune communication immédiate avec le corps de leur mère, sont soumis tout d'un coup, lors de la seconde période de leur accroissement, à une manière passive d'être nourris, et à un mode de circulation du sang, qui n'ont encore été observés que dans les animaux à mamelles. Mais d'ailleurs les observations sur lesquelles on a voulu établir l'existence de ces conduits comparés à des cordons ombilicaux, n'ont pas été convenablement confirmées. Au reste, il suffirait que les fœtus dont nous parlons, eussent été, pendant les premiers mois de leur vie, contenus dans un véritable œuf, et libres de toute attache immédiate au corps de la femelle, pour que la grande différence que nous avons indiquée entre les véritables vivipares et ceux qui ne le sont pas (1), subsistât toujours entre ces mêmes vivipares ou animaux à mamelles et ceux des poissons qui paraissent le moins ovipares, et pour que la dénomination d'*Ovovivipare* ne cessât pas de convenir au blennie que nous décrivons.

Et cependant ce qui achève de prouver que ces filaments prétendus nourriciers ont une destination bien différente de celle qu'on leur a attribuée, c'est qu'à mesure que les fœtus grossissent, la liqueur qui les environne s'épuise peu à peu, et d'épaisse et de presque coagulée qu'elle était, devient limpide et du moins très-peu visqueuse, ses parties les plus grossières ayant été employées à alimenter les embryons.

Lorsque le temps de la sortie de ces petits animaux approche, leur queue, qui d'abord avait paru sinueuse, se redresse, et leur sert à se mouvoir en différents sens, comme pour chercher une issue hors de l'ovaire. Si dans cet état ils sont retirés de cet organe, ils ne périssent pas à l'instant, quoique venus trop tôt à la lumière; mais ils ne vivent que quelques heures : ils se tordent comme

(1) Discours sur la nature des poissons.

de petites murènes, sautillent, et remuent plusieurs fois leurs mâchoires et tout leur appareil branchial avant d'expirer.

On a vu quelquefois dans la même femelle jusqu'à trois cents embryons, dont la plupart avaient plus de vingt-cinq millimètres de longueur (1).

Il s'écoule souvent un temps très-long entre le moment où les œufs commencent à pouvoir être distingués dans le corps de la mère, et celui où les petits sortent de l'ovaire pour venir au jour. Après la naissance de ces derniers, cet organe devient flasque, se retire comme une vessie vide d'air; et les mâles ne diffèrent alors des femelles que par leur taille, qui est moins grande, et par leur couleur, qui est plus vive ou plus foncée.

Nous ne terminerons pas cet article sans faire remarquer que pendant que la plupart des poissons pélagiens s'approchent des rivages de la mer dans la saison où ils ont besoin de déposer leurs œufs, les blennies dont nous nous occupons, et qui n'ont point d'œufs à pondre, quittent ces mêmes rivages lorsque leurs fœtus sont déjà un peu développés, et se retirent dans l'Océan à de grandes distances des terres, pour y trouver apparemment un asyle plus sûr contre les pêcheurs et les grands animaux marins qui à cette époque

(1) Consultez particulièrement l'ouvrage de Schoneveld, cité si souvent dans cette Histoire.

fréquentent les côtes de l'Océan, et à la poursuite desquels les femelles chargées du poids de leur progéniture pourraient plus difficilement se soustraire (1).

Je n'ai pas besoin d'ajouter que les œufs de ces blennies éclosant dans le ventre de la mère, et par conséquent devant être fécondés dans son intérieur, il y a un accouplement plus ou moins prolongé et plus ou moins intime entre le mâle et la femelle de cette espèce, comme entre ceux des squales, des syngnathes, etc.

(1) Voyez le même ouvrage de Schoneveld.

LE BLENNIE GUNNEL.[1]

Blennius Gunnellus, Linn., Gmel., Lacep. (2).

Le gunnel est remarquable par sa forme comprimée ainsi que très-allongée, et par la disposition de ses couleurs. Il est d'un gris-jaunâtre, et souvent d'un olivâtre foncé dans sa partie supérieure; sa partie inférieure est blanche, ainsi que son iris; la nageoire dorsale et celle de la

(1) *Gunnel*, d'où vient *gunnellus*, signifie en anglais, *plat bord*, et désigne la forme très-allongée et très-comprimée du blennie dont il est question dans cet article.

Butter fish, sur quelques côtes d'Angleterre.

Liparis, dans quelques contrées de l'Europe.

Blenne gunnel, Daubenton, Encyclopédie méthodique.

Id. Bonnaterre, planches de l'Encyclopédie méthodique.

Mus. Ad. Frid. 1, p. 69.

Faun. Suecic. 318.

Bloch, pl. 65, fig. 1.

« Blennius maculis circiter decem nigris, etc. » Artedi, gen. 27, syn. 45.

Gronov., mus. 1, n. 77; Zooph. p. 78, n. 267.

Willughby, ichthyolog., p. 115, tab. G, 8, fig. 3.

Rai., pisc., p. 144, n. 11.

Gunellus, Seb., mus. 3, p. 91, tab. 30, fig. 6.

Brit. Zoolog. 3, p. 171, n. 4, tab. 10.

(2) Du sous-genre Gonnelle, Cuv. (Murænoïdes, Lacep.) dans le genre Blennie; ou du genre *Centronotus* de Schneider. (Desm. 1829.

queue sont jaunes ; les pectorales présentent une belle couleur orangée, qui paraît aussi sur la nageoire de l'anus, et qui y est relevée vers la base par des taches très-brunes. Mais ce qui frappe surtout dans la distribution des nuances du gunnel, c'est que, le long de la nageoire dorsale, on voit de chaque côté neuf ou dix et quelquefois douze taches rondes ou ovales, placées à demi sur la base de la nageoire, et à demi sur le dos proprement dit, d'un beau noir, ou d'une autre teinte très-foncée, et entourées, sur plusieurs individus, d'un cercle blanc ou blanchâtre, qui les fait ressembler à une prunelle environnée d'un iris.

La tête est petite, ainsi que les nageoires jugulaires (1). Des dents aiguës garnissent les mâchoires, dont l'inférieure est la plus avancée. La ligne latérale est droite; l'anus plus éloigné de la nageoire caudale que de la gorge.

Par sa forme générale, la petitesse de ses écailles, la viscosité de l'humeur qui arrose sa surface, la figure de ses nageoires pectorales, le peu de hauteur ainsi que la longueur de celle de son dos, et enfin la vîtesse de sa natation, le gunnel a beaucoup de rapports avec la murène anguille : mais il n'a pas une chair aussi agréable au goût

(1) A la nageoire dorsale .... 88 rayons.
A chacune des pectorales 10
A chacune des jugulaires 2
A celle de l'anus 43
A celle de la queue, qui est un peu arrondie . . 18

que celle de ce dernier animal. Il vit dans l'Océan d'Europe; il s'y nourrit d'œufs de poisson, et de vers ou d'insectes marins; et il y est souvent dévoré par les cartilagineux et les osseux un peu grands, ainsi que par les oiseaux d'eau.

Nous croyons, avec le professeur Gmelin, devoir regarder comme une variété de l'espèce du gunnel, un blennie qui a été décrit par Othon Fabricius dans la *Faune du Groënland* (1), et qui ne paraît différer d'une manière très-marquée et très-constante de l'objet de cet article que par sa longueur, qui n'est que de deux décimètres, pendant que celle du gunnel ordinaire est de trois ou quatre, par le nombre des rayons de ses nageoires (2), et par la couleur des taches œillées et rondes ou ovales de la nageoire du dos, dont communément cinq sont noires, et cinq sont blanchâtres ou d'un blanc éclatant.

---

(1) Ot. Fabr. Faun. Groenl., p. 153, n. 110.

(2) 7 rayons à la membrane des branchies du gunnel décrit par Othon Fabricius.

50 rayons à la nageoire dorsale.
17 à chacune des pectorales.
4 à chacune des jugulaires.
38 à celle de l'anus.
18 à celle de la queue.

LE BLENNIE POINTILLÉ.

Blennius punctulatus (1).

La description de ce blennie n'a encore été publiée par aucun auteur. Nous avons vu dans la collection du Muséum d'histoire naturelle, un individu de cette espèce; nous en avons fait graver une figure que l'on trouvera dans cette Histoire.

La tête est assez grande, et toute parsemée, par-dessus et par les côtés, de petites impressions, de pores ou de points qui s'étendent jusque sur les opercules, et nous ont suggéré le nom spécifique de ce blennie. L'ouverture de la bouche est étroite; les lèvres sont épaisses; les dents aiguës et serrées; les yeux ronds et très-gros; les écailles très-facilement visibles; les nageoires pectorales ovales et très-grandes; les jugulaires composées chacune de deux rayons mous, ou filaments, presque aussi longs que les pectorales. La ligne latérale se courbe au-dessus de ces mêmes

(1) M. Cuvier considère ce poisson comme un individu mal conservé du *Blennius superciliosus* de Bloch, qui, pour lui, appartient au sous-genre Clinus, dans le genre Blennie. Desm. 1829.

pectorales, descend comme pour les environner, et tend ensuite directement vers la queue. La nageoire du dos, qui commence à la nuque, et va toucher la nageoire caudale, est basse; les rayons en sont garnis de petits filaments, et tous à-peu-près de la même longueur, excepté les huit derniers, dont six sont plus longs et deux plus courts que les autres. La nageoire de l'anus est séparée de la caudale, qui est arrondie (1). Un grand nombre de petites taches irrégulières et nuageuses sont répandues sur le pointillé.

---

(1) A la nageoire du dos.................. 47 rayons.
A chacune des pectorales............... 17
A chacune des jugulaires............... 2
A celle de l'anus..................... 29
A celle de la queue.................... 13

LE BLENNIE GARAMIT,[1]

Blennius Garamit, Lacep.; *Gadus Salarias*, Forsk. (2).

LE BLENNIE LUMPÈNE,[3]

Blennius Lumpenus, Walb., Lacep. (4).

ET LE BLENNIE TORSK.[5]

Blennius Torsk, Lacep. (6).

Le garamit a été placé parmi les gades : mais il

(1) *Gadus salarias*, Forsk., Faun. Arab.

Gadus garamit, id., ibid.

Gade garamit, Bonnaterre, planches de l'Encyclopédie méthodique.

(2) Ce poisson n'est pas cité par M. Cuvier qui donne le nom de Salarias à un sous-genre des Blennies, dont le *Blennius Gattorugine* de Forskaël est le type. Desm. 1829.

(3) *Variété du blenne vivipare*, Daubenton, Encyclopédie méthodique.

Blenne lumpène, Bonnaterre, planches de l'Encyclopédie méthodique.

Müll. Prodrom., Zoolog. Danic., p. ix.

« Blennius cirris sub gula pinniformibus quasi bifidis, etc. » Artedi, syn. 45.

Tangbrosme, Strom. Sondm. 1, p. 315, n. 4.

Ot. Fabric., Faun. Groenl., p. 151, n. 109.

(4) Du sous-genre Clinus dans le genre Blennie, Cuv. Desm. 1829.

(5) Strom. Sondm. 1, p. 272.

Pennant, Zoolog. Brit. 3, p. 203, n. 89.

Gade torsk, Bonnaterre, planches de l'Encyclopédie méthodique.

(6) Espèce douteuse. Le nom de Dorsch ou de Torsk se donne sur les côtes de la Baltique à une petite espèce de morue, c'est-à-dire à un gade pourvu de trois nageoires dorsales et de deux anales. Desm. 1829.

a été regardé par Forskaël, qui l'a découvert, comme devant tenir le milieu entre les gades et les blennies; et les caractères qu'il présente nous ont forcés à le comprendre parmi ces derniers poissons. Ses dents sont inégales; on en voit de placées vers le bout du museau, qui sont beaucoup plus longues que les autres, et qui, par leur forme, ont quelque ressemblance avec les crochets des quadrupèdes carnassiers. Il présente diverses teintes disposées en taches nuageuses; la nageoire dorsale règne depuis la nuque jusqu'à la nageoire caudale. La ligne latérale est à peine visible, et assez voisine du dos. Ce blennie est long de trois ou quatre décimètres. Il se trouve dans les eaux de la mer Rouge (1).

C'est dans celles de l'Océan d'Europe qu'habite le lumpène. Il y préfère les fonds d'argile ou de sable, s'y cache parmi les fucus des rivages, et y dépose ses œufs vers le commencement de l'été. Ses écailles sont petites, rondes, fortement attachées. Sa couleur est jaunâtre sur la tête, blanchâtre avec des taches brunes sur le dos et les côtés, jaune et souvent tachetée sur la queue, blanche sur le ventre. Ses nageoires jugulaires,

(1) A la membrane branchiale du garamit........... 6 rayons.
A la nageoire dorsale........................ 36
A chacune des pectorales..................... 14
A chacune des jugulaires..................... 2
A celle de l'anus............................ 26
A celle de la queue.......................... 13

par leur forme et par leur position, ressemblent à des barbillons; elles comprennent chacune trois rayons ou filaments, dont le dernier est le plus allongé (1).

Le torsk préfère les mers qui arrosent le Groënland, ou celles qui bordent l'Europe septentrionale. Il présente un barbillon, et ce filament est au-dessous de l'extrémité antérieure de la mâchoire d'en bas. Ses nageoires jugulaires sont charnues, et divisées en quatre appendices. Le ventre est gros et blanc; la tête brune: les côtés de l'animal sont jaunâtres; les nageoires du dos, de la queue et de l'anus, lisérées de blanc. Ce blennie parvient à la longueur de six ou sept décimètres, et à la largeur d'environ un décimètre et demi (2).

---

(1) A la nageoire dorsale du lumpène . . . . 63 rayons.
A chacune des pectorales 15
A chacune des jugulaires 3
A celle de l'anus 41
A celle de la queue 18

(2) A la membrane branchiale du torsk . . . . 5 rayons.
A la nageoire du dos 31
A chacune des pectorales 8
A celle de l'anus 21

CINQUANTE-UNIÈME GENRE.

LES OLIGOPODES.

Une seule nageoire dorsale; cette nageoire du dos commençant au-dessus de la tête, et s'étendant jusqu'à la nageoire caudale, ou à-peu-près; un seul rayon à chaque nageoire jugulaire.

ESPÈCE.	CARACTÈRES.
L'Oligopode vélifère.	La nageoire du dos très-élevée; celle de la queue, fourchue.

L'OLIGOPODE VÉLIFÈRE.[1]

Pteraclis velifera, Gronov., Cuv.; *Oligopodus veliferus*, Lac.; *Coryphæna velifera*, Pall. (2).

La position des nageoires inférieures ne permet pas de séparer les oligopodes des jugulaires, avec lesquels ils ont d'ailleurs un grand nombre de rapports. Nous avons donc été obligés de les éloigner des coryphènes, qui sont de vrais poissons thoracins, dans le genre desquels on les a placés jusqu'à présent, et auxquels ils ressemblent en effet beaucoup, mais dont ils diffèrent cependant par plusieurs traits remarquables. On peut les considérer comme formant une des nuances les plus faciles à distinguer, parmi toutes celles qui lient les jugulaires aux thoracins, et particulièrement les blennies aux coryphènes; mais on n'en est pas moins forcé de les inscrire à la suite des blennies, sur les tables méthodiques par le moyen desquelles on cherche à présenter quelques linéaments de l'ordre naturel des êtres animés.

(1) Pallas, Spicil. zoolog. 8, p. 19, tab. 3, fig. 1.
Coryphène éventail, Daubenton, Encyclopédie méthodique.
Id. Bonnaterre, planches de l'Encyclopédie méthodique.

(2) M. Cuvier place ce genre à la fin de la famille des Scomberoïdes dans l'ordre des Acanthopterygiens. Desm. 1829.

Parmi ces *Oligopodes*, que nous avons ainsi nommés pour désigner la petitesse de leurs nageoires thoracines, et qui, par ce caractère seul, se rapprocheraient beaucoup des blennies, on ne connaît encore que l'espèce à laquelle nous croyons devoir conserver le nom spécifique de *Vélifère* (1).

C'est au grand naturaliste Pallas que l'on en doit la première description. On lui avait apporté de la mer des Indes l'individu sur lequel cette première description a été faite. La forme générale du vélifère est singulière et frappante. Son corps, très-allongé, très-bas et comprimé, est, en quelque sorte, distingué difficilement au milieu de deux immenses nageoires placées, l'une sur son dos, et l'autre au-dessous de sa partie inférieure, et qui, déployant une très-grande surface, méritent d'autant plus le nom d'*Éventail* ou de *Voile*, qu'elles s'étendent, la première depuis le front, et la seconde depuis les ouvertures branchiales jusqu'à la nageoire de la queue, et que d'ailleurs elles s'élèvent ou s'abaissent de manière que la ligne que l'on peut tirer du point le plus haut de la nageoire dorsale au point le plus bas

(1) A la membrane des branchies................. 7 rayons.
A celle du dos.............................. 55
A chacune des pectorales..................... 14
A chacune des jugulaires..................... 1
A celle de l'anus............................ 51
A celle de la queue.......................... 22

de la nageoire de l'anus, surpasse la longueur totale du poisson. Chacune de ces deux surfaces latérales ressemble ainsi à une sorte de losange irrégulier, et curviligne dans la plus grande partie de son contour. Et c'est à cause de ces deux voiles supérieure et inférieure, que l'on a mal-à-propos comparées à des rames ou à des ailes, que plusieurs naturalistes ont voulu attribuer à l'oligopode vélifère la faculté de s'élancer et de se soutenir pendant quelques moments hors de l'eau comme plusieurs pégases, scorpènes, trigles et exocets, auxquels on a donné le nom de *Poissons volants*. Mais si l'on rappelle les principes que nous avons exposés concernant la natation et le vol des poissons, on verra que les nageoires du dos et de l'anus sont placées de manière à ne pouvoir ajouter très-sensiblement à la vîtesse du poisson qui nage, ou à la force de celui qui vole, qu'autant que l'animal nagerait sur un de ses côtés, comme les pleuronectes, ou volerait renversé sur sa droite ou sur sa gauche; supposition que l'on ne peut pas admettre dans un osseux conformé comme le vélifère. Les grandes nageoires dorsale et anale de cet oligopode lui servent donc principalement, au moins le plus souvent, à tourner avec plus de facilité, à fendre l'eau avec moins d'obstacles, particulièrement, en montant ainsi qu'en descendant, à se balancer avec plus d'aisance, et à se servir de quelques courants latéraux avec plus d'avantages; et, de plus, il peut, en étendant vers le bas sa nageoire de l'anus, et en pliant celle du dos, faire descendre son centre de gravité au-dessous de son centre de figure, se lester, pour ainsi dire, par cette manœuvre, et accroître sa stabilité. Au reste, le grand déploiement de ces deux nageoires de l'anus et du dos ajoute à la parure que le vélifère peut présenter; il place en effet, au-dessus et au-dessous de ses côtés, qui sont d'un gris-argenté, une surface très-étendue, toute parsemée de taches blanches ou blanchâtres, que la couleur brune du fond fait très-bien ressortir.

La tête est couverte de petites écailles; la mâchoire inférieure relevée et garnie de deux rangées de dents; on n'en compte qu'un rang à la mâchoire supérieure. Les deux premiers rayons de la nageoire du dos sont très-courts, à trois faces, et osseux. Le premier de la nageoire de l'anus est aussi très-court et osseux; le second est également osseux, mais il est assez long. On voit de chaque côté du corps et de la queue plusieurs rangées longitudinales d'écailles grandes, minces, légèrement striées, échancrées à leur sommet, et relevées à leur base par une sorte de petite pointe qui se loge dans l'échancrure de l'écaille supérieure. Le corps proprement dit est très-court; l'anus est très-près de la gorge; et voilà pourquoi la nageoire anale peut montrer la très-grande longueur que nous venons de remarquer.

———

CINQUANTE-DEUXIÈME GENRE.

LES KURTES.

Le corps très-comprimé, et caréné par-dessus ainsi que par-dessous ; le dos élevé.

ESPÈCE.	CARACTÈRE.
LE KURTE BLOCHIEN.	Deux rayons à la membrane des branchies.

LE KURTE BLOCHIEN.(1)

Kurtus indicus, Bloch, Gmel., Cuv.; *Kurtus blochianus*, Lacep. (2).

Ce poisson lie les jugulaires avec les thoracins par la grande compression latérale de son corps, qui ressemble beaucoup à celui des zées et des chétodons. Cette conformation lui donne aussi une grande analogie avec les stromatées; et c'est pour ces différentes raisons que nous l'avons placé à la fin de la colonne des jugulaires, comme nous avons mis les stromatées à la queue de celle des apodes. Le savant ichthyologiste Bloch nous a fait connaître cet animal, qu'il a inscrit dans un genre particulier, et auquel nous avons cru devoir donner le nom de ce célèbre naturaliste.

Le blochien a le corps très-étroit et très-haut; et, de plus, une élévation considérable qui paraît sur le dos, et qui ressemble à une bosse, lui a fait attribuer, par le zoologiste de Berlin, la dénomination générique de *Kurtus*, qui signifie *bossu*.

(1) Bloch, pl. 169.

Le bossu, Bonnaterre, planches de l'Encyclopédie méthodique.

(2) De la famille des Scombéroïdes dans l'ordre des Acanthoptérygiens de M. Cuvier. Desm. 1829.

Sa tête est grande; son museau obtus; la mâchoire inférieure un peu recourbée vers le haut, plus avancée que la supérieure, et garnie, ainsi que cette dernière, de plusieurs rangées de très-petites dents; la langue courte et cartilagineuse; le palais lisse; l'œil gros; l'ouverture branchiale étendue; l'opercule membraneux; l'anus assez proche de la gorge; la ligne latérale droite, et la nageoire de la queue fourchue (1).

Il vit dans la mer des Indes; il s'y nourrit de crabes, ainsi que d'animaux à coquille; et, dès-lors, il est peu surprenant qu'il brille de couleurs très-éclatantes.

Sa parure est magnifique. Ses écailles ressemblent à des lames d'argent; l'iris est en partie blanc et en partie bleu; des taches dorées ornent le dos; quatre taches noires sont placées auprès de la nageoire dorsale; les pectorales et les jugulaires réfléchissent la couleur de l'or, et sont bordées de rouge; les autres nageoires offrent une teinte d'un bleu céleste que relève un liséré d'un jaune blanchâtre.

---

(1) 2 rayons à la membrane des branchies.
1 rayon non articulé et 16 rayons articulés à la nageoire du dos.
13 rayons à chacune des pectorales.
1 rayon non articulé et 5 rayons articulés à chacune des jugulaires.
2 rayons non articulés et 30 rayons articulés à celle de l'anus.
18 rayons à celle de la queue.

CINQUANTE-TROISIÈME GENRE.

LES CHRYSOSTROMES (1).

Le corps et la queue très-hauts, très-comprimés, et aplatis latéralement de manière à représenter un ovale; une seule nageoire dorsale.

ESPÈCE.	CARACTÈRES.
LE CHRYSOSTROME FIATOLOÏDE.	La dorsale et l'anale en forme de faux; la caudale fourchue.

(1) Selon M. Cuvier, ce genre doit être supprimé, car il n'est établi que sur une figure de Rondelet qui représente le Stromatée Fiatole. Dans cette figure la pectorale gauche, reployée vers le bas, a paru à M. de Lacépède être une ventrale. DESM. 1829.

LE CHRYSOSTROME FIATOLOÏDE.[1]

Chrysostromus fiatoloides, Lacep.

Rondelet a donné la figure de cette espèce, qui a de très-grands rapports avec le stromatée fiatole, mais qui doit être placée non seulement dans un genre différent, mais même dans un autre ordre que celui des stromatées, puisque ces derniers sont apodes, pendant que les chrysostromes ont des nageoires situées au-dessous de la gorge. Nous avons cependant indiqué cette analogie, et par le nom spécifique de *Fiatoloïde,* et par la dénomination générique de *Chrysostrome*, qui vient du mot grec χρυσὸς (*or*), et d'un autre mot grec στρῶμα (*tapis, riche tapis*), d'où les anciens ont tiré le nom de *Stromatée.*

Notre chrysostrome, dont la ressemblance avec la fiatole a si fort frappé les habitants de plusieurs rivages de la Méditerranée, qu'ils lui ont appliqué le nom de ce dernier, se trouve particulièrement aux environs de Rome. Sa parure est magnifique. Des raies longitudinales interrompues, et des taches de différentes grandeurs, toutes brillantes de l'éclat de l'or, sont répandues sur ses larges côtés, et y représentent une sorte de tapis resplendissant.

La mâchoire inférieure est un peu plus avancée que la supérieure ; et les lèvres sont grosses.

(1) *Fiatola*, Rondelet, part. 1, liv. 5, chap. 24, édit. de Lyon, 1558.

SECONDE SOUS-CLASSE.

POISSONS OSSEUX.

Les parties solides de l'intérieur du corps, osseuses.

PREMIÈRE DIVISION.

Poissons qui ont un opercule et une membrane des branchies.

DIX-NEUVIÈME ORDRE

DE LA CLASSE ENTIÈRE DES POISSONS,

OU

TROISIÈME ORDRE

DE LA PREMIÈRE DIVISION DES OSSEUX.

Poissons thoracins, *ou qui ont des nageoires inférieures placées sous la poitrine et au-dessous des pectorales.*

CINQUANTE-QUATRIÈME GENRE.

LES LÉPIDOPES.

Le corps très-allongé et comprimé en forme de lame; un seul rayon aux nageoires thoracines et à celle de l'anus.

ESPÈCE.	CARACTÈRES.
LE LÉPIDOPE GOUANIEN.	La mâchoire inférieure plus avancée que la supérieure.

LE LÉPIDOPE GOUANIEN.[1]

Lepidopus argyreus, Cuv.; *Lepidopus gouanianus*, Lac. (2).

Cette espèce a été décrite, pour la première fois, par mon savant confrère le professeur Gouan, de Montpellier, qui l'a séparée, avec beaucoup de raison, de tous les genres de poissons adoptés jusqu'à présent. Le nom distinctif que j'ai cru devoir lui donner, témoigne le service que M. Gouan a rendu aux naturalistes en faisant connaître ce curieux animal.

Cet osseux vit dans la Méditerranée. Il a de très-grands rapports avec plusieurs apodes, particulièrement avec les leptures et les trichiures. Mais c'est le seul poisson dans lequel on n'ait observé qu'un seul rayon à la nageoire de l'anus, ni à chacune des nageoires inférieures que nous

(1) Gouan, Histoire des poissons, p. 185.

Lépidope jarretière, Bonnaterre, planches de l'Encyclopédie méthodique.

(2) Ce poisson forme un genre dans la famille des Tænioïdes de l'ordre des Acanthoptérygiens de M. Cuvier. Il a été décrit sous les noms de *Trichiurus caudatus*, par Euphrasen; de *Trichiurus Gladius*, par Holten; de *Trichiurus ensiformis*, par Vandelli; de *Vandellius lusitanicus*, par Shaw; de *Ziphotheca tetradens*, par Montagu; de *Scarcina argyrea*, par Rafinesque; et de Lépidope de Péron, par M. Risso. Desm. 1829.

nommons *thoracines* pour toutes les espèces de l'ordre que nous examinons, parce qu'elles sont situées sur le thorax. Ces nageoires anale et thoracines du gouanien ont d'ailleurs une forme remarquable: elles ressemblent à une écaille allongée, arrondie dans un bout, et pointue dans l'autre; et c'est de là que vient le nom générique de lépidope, *lépidopus*, *pieds* ou *nageoires inférieures en forme d'écailles* ou *écailleux*.

La tête du gouanien est plus grosse que le corps, et comprimée latéralement; le museau pointu; la nuque terminée par une arête; chaque mâchoire garnie de plusieurs rangs de dents nombreuses et inégales; l'œil voilé par une membrane, comme dans plusieurs apodes et jugulaires; l'opercule d'une seule pièce; l'ouverture branchiale grande et en croissant (1); l'anus situé vers le milieu de la longueur totale; la ligne latérale peu apparente; la nageoire du dos très-basse et très-longue, mais séparée de celle de la queue, qui est lancéolée; chaque écaille presque imperceptible; la couleur générale d'un blanc argenté.

---

(1) A la membrane des branchies . . . . 7 rayons.
A la nageoire du dos 53
A chacune des nageoires inférieures ou thoracines . 1
A celle de l'anus 1

CINQUANTE-CINQUIÈME GENRE.

LES HIATULES.

Point de nageoire de l'anus.

ESPÈCE.	CARACTÈRES.
La Hiatule gardénienne.	Des dents crochues aux mâchoires, et des dents arrondies au palais.

LA HIATULE GARDÉNIENNE.(1)

Hiatula gardeniana, Lacep.; *Labrus Hiatula*, Linn., Gmel. (2).

On a compris jusqu'à présent dans le genre des labres, le poisson décrit dans cet article : mais les principes réguliers de classification, auxquels nous croyons devoir nous conformer, s'opposent à ce que nous laissions parmi des osseux qui ont une nageoire de l'anus plus ou moins étendue, une espèce qui en est entièrement dénuée. Nous avons donc placé la gardénienne dans un genre particulier; et comme, dans chaque ordre, nous commençons toujours par traiter des poissons qui ont le plus petit nombre de nageoires, nous avons cru devoir écrire le nom des hiatules presque en tête de la colonne des thoracins : elles auraient même formé le premier genre de cette colonne, si les lépidopes n'avaient pas une nageoire de l'anus extrêmement petite, réduite à un seul rayon, pour ne pas dire à une seule écaille, si de plus ils ne présentaient pas des nageoires thora-

(1) *Labre hiatule*, Daubenton, Encyclopédie méthodique.

Id. Bonnaterre, planches de l'Encyclopédie méthodique.

(2) M. Cuvier remarque que les hiatules sont des labres sans nageoire anale, et il ne conçoit pas d'après quelle idée Bloch (édit. de Schneid.) a pu le mettre avec les Trachyptères. Desm. 1829.

cines également d'un seul rayon, et si d'ailleurs ils ne se rapprochaient pas de très-près, par leur corps très-allongé, et par leurs formes très-déliées, de la plupart des osseux apodes ou jugulaires.

Le nom distinctif de *Gardénienne* indique que c'est au docteur Garden qu'est due la découverte de cette espèce, qu'il a vue dans la Caroline. On soupçonnera aisément qu'elle doit offrir beaucoup de traits communs avec les labres, parmi lesquels Linnée et d'autres célèbres naturalistes l'ont comptée. Elle a, en effet, comme plusieurs de ces labres, les lèvres extensibles, et les rayons simples de la nageoire dorsale garnis, du côté de la queue, d'un filament allongé.

Les dents qui hérissent les mâchoires sont crochues; celles qui revêtent le palais sont arrondies de manière a représenter une portion de sphère. La nageoire du dos est noire dans sa partie postérieure; l'opercule pointillé sur ses bords; la couleur générale de l'animal variée par six ou sept bandes transversales et noires; la ligne latérale droite; la nageoire de la queue rectiligne(1).

(1) 5 rayons à la membrane des branchies.
17 rayons simples ou aiguillons et 11 rayons articulés à la nageoire du dos.
16 rayons à chacune des nageoires pectorales.
1 rayon simple et 5 rayons articulés à chacune des thoracines.
21 rayons à la nageoire de la queue.

CINQUANTE-SIXIÈME GENRE.

LES CÉPOLES.

Une nageoire de l'anus; plus d'un rayon à chaque nageoire thoracine; le corps et la queue très-allongés et comprimés en forme de lame; le ventre à-peu-près de la longueur de la tête; les écailles très-petites.

PREMIER SOUS-GENRE.

Point de rayons simples ou d'aiguillons aux nageoires.

ESPÈCES.	CARACTÈRES.
1. LE CÉPOLE TÆNIA.	Le museau très-arrondi; la nageoire de la queue, pointue.
2. LE CÉPOLE SERPENTIFORME.	Le museau pointu.

SECOND SOUS-GENRE.

Des rayons simples ou aiguillons aux nageoires.

ESPÈCE.	CARACTÈRES.
3. LE CÉPOLE TRACHYPTÈRE.	Les nageoires rudes; la ligne latérale formée par une série d'écailles plus grandes que les autres.

LE CÉPOLE TÆNIA.[1]

Cepola Tænia, Linn., Gmel., Lacep.; *Cepola rubescens,* Linn., Cuv. (2).

PRESQUE tous les noms donnés à ce poisson désignent la forme remarquable qu'il présente:

(1) *Spase* ou *épée,* dans plusieurs départements méridionaux de France.

Flamme.

Cavagiro.

Freggia.

Vitta.

Cépole ténia, Daubenton, Encyclopédie méthodique.

Bloch, pl. 170.

Ταινια, Arist., lib. 2, cap. 13.

Oppian., lib. 1, p. 5.

Athen., lib. 7, p. 325.

Flambo, Rondelet, première partie, liv. 11, chap. 16.

Seconde espèce de tænia, id. ibid., chap. 17.

Tænia, Gesner, p. 938, et (germ.) fol. 56, *a;* Icon. anim., p. 404.

Tænia Rondelet, et *tænia altera Rondelet,* Aldrov., lib. 3, cap. 30, p. 369 et 370.

Jonst., p. 23, tab. 6, fig. 1 et 2.

Charlet. Onom., p. 126.

« Tænia prima Rondeletii. » Rai, p. 39.

« Tænia, ichthyopolis Romanis cepole dicta. » Willughby, ichthyol., p. 116.

(2) M. Cuvier place les cépoles dans la famille des Tænioïdes et dans l'ordre des Acanthoptérygiens. DESM. 1829.

ces mots *ruban*, *bandelette*, *flamme*, *lame*, *épée*, montrent en quelque sorte à l'instant son corps très-allongé, très-aplati par les côtés, très-souple, très-mobile, se roulant avec facilité autour d'un cylindre, frappant l'eau avec vivacité, s'agitant avec vîtesse, s'échappant comme l'éclair, faisant briller avec la rapidité de la flamme les teintes rouges qu'anime l'éclat argentin d'un grand nombre de ses écailles, disparaissant et reparaissant au milieu des eaux comme un feu léger, ou cédant à tous les mouvements des flots, de la même manière que les flammes ou banderoles qui voltigent sur les sommets des mâts les plus élevés, obéissent à tous les courants de l'atmosphère. Les ondulations par lesquelles ce cépole exécute et manifeste ses divers mouvements, sont d'autant plus sensibles, qu'il parvient à une longueur très-considérable relativement à sa hau-

---

« Tænia altera Rondeletii. » Id. ibid., p. 118.

Ruban de mer, Valmont de Bomare, Dictionnaire d'histoire naturelle.

Flambeau, id. ibid.

« Enchelyopus totus pallidè rubens, in imo ventre albescens, etc. » Klein, Miss., pisc. 14, p. 57, n. 10.

Nota. Nous croyons devoir prévenir nos lecteurs que lorsque nous citons, dans les différents articles de cette Histoire, les ouvrages dans lesquels les auteurs qui nous ont précédés ont traité des mêmes poissons que nous, et les dessins qu'ils ont donnés de ces animaux, nous n'entendons garantir en rien l'exactitude de leurs descriptions, ni celle des figures qu'ils ont publiées; notre but est seulement d'indiquer que leurs planches ou leurs observations se rapportent à telle ou telle des espèces dont nous nous sommes occupés.

teur, et surtout à sa largeur : il n'est large que d'un très-petit nombre de millimètres, et il a souvent plus d'un mètre de longueur. Le rouge, dont il resplendit, colore toutes ses nageoires. Cette teinte se marie d'ailleurs à l'argent dont il est, pour ainsi dire, revêtu, tantôt par des nuances insensiblement fondues les unes dans les autres, tantôt par des taches très-vives ; et remarquons que la nourriture ordinaire de ce poisson si richement décoré consiste en crabes et en animaux à coquille.

Sa tête est un peu large ; son museau arrondi ; sa mâchoire supérieure garnie d'une rangée, et sa mâchoire inférieure de deux rangées de dents aiguës et peu serrées les unes contre les autres ; la langue petite, large et rude ; l'espace qui sépare les yeux, très-étroit ; l'ouverture branchiale assez grande ; l'opercule composé d'une seule lame, et la place qui est entre cet opercule et le museau, percée de plusieurs pores ; la ligne latérale droite ; la nageoire dorsale très-longue, de même que celle de l'anus ; et la caudale pointue (1).

Le corps du tænia est si comprimé, et par conséquent si étroit, ses téguments sont si minces,

---

(1) A la membrane des branchies . . . . 6 rayons.
A la nageoire du dos 66
A chacune des pectorales 15
A chacune des thoracines 6
A celle de l'anus 60
A celle de la queue 10

et toutes ses parties si pénétrées d'une substance oléagineuse et visqueuse, que lorsqu'on le regarde contre le jour, il paraît très-transparent, et qu'on aperçoit très-facilement une grande portion de son intérieur. Cette conformation et cette abondance d'une matière huileuse n'annoncent pas une saveur très-agréable dans les muscles de ce cépole; et en effet on le recherche peu. Il habite dans la Méditerranée, et y préfère, dit-on, le voisinage des côtes vaseuses.

LE CÉPOLE SERPENTIFORME.[1]

Cepola rubescens et *Cepola Tænia*, Linn., Gmel.; *Cepola serpentiformis*, Lacep. (2).

Le tænia a le museau arrondi; le serpentiforme

(1) *Cépole serpent de mer*, Daubenton, Encyclopédie méthodique.
Id. Bonnaterre, planches de l'Encyclopédie méthodique.
Mus. Ad. Frid. 2, p. 63.
Ophidium macrophthalmum, Syst. nat. X, 1, p. 259.
Brunn. Pisc. Massil., p. 28, n. 39.
Tænia serpens rubescens dicta, Artedi, syn. 115.
Serpens marinus rubescens, Gesner, (germ.) fol. 47, *b*.
Autre serpent rouge, Rondelet, première partie, liv. 14, chap. 8.
Murus alter, sive serpens rubescens Rondeletii, Aldrov., lib. 3, cap. 28, p. 367.
Tæniæ potiùs species censenda, Willughby, ichthyol., p. 118.

(2) M. Cuvier (Regn. anim., prem. édit.) pense que ce poisson ne diffère pas spécifiquement du précédent. Desm. 1829.

l'a pointu. La nageoire caudale du tænia est pointue; il paraît que celle du serpentiforme est fourchue. On a donc eu raison de ne pas les rapporter à la même espèce. On a comparé le second de ces cépoles à un serpent; on l'a appelé *Serpent de mer*, *Serpent rouge*, *Serpent rougeâtre*; et voilà pourquoi nous lui avons donné le nom distinctif de *Serpentiforme*. Sa couleur est d'un rouge plus ou moins pâle, avec des bandes transversales, nombreuses, étroites, irrégulières, et un peu tortueuses. L'iris est comme argenté; les dents sont aiguës, la nageoire du dos et celle de l'anus très-longues, et assez basses (1). Le serpentiforme vit dans la Méditerranée, de même que le tænia.

(1) A la nageoire dorsale........................ 69 rayons.
A chacune des pectorales........................ 15
A chacune des thoracines........................ 6
A celle de l'anus........................ 62
A celle de la queue........................ 12

LE CÉPOLE TRACHYPTÈRE.

Cepola trachyptera, Linn., Gmel., Lacep. (1)

C'EST dans le golfe Adriatique, et par conséquent dans le grand bassin de la Méditerranée, que l'on a vu le trachyptère. Il préfère donc les mêmes eaux que les deux autres cépoles dont nous venons de parler. Ses nageoires présentent des aiguillons ou rayons simples, et sont rudes au toucher. Sa ligne latérale est droite, et tracée, pour ainsi dire, par une rangée d'écailles que l'on peut distinguer facilement des autres.

(1) M. Cuvier ne mentionne pas cette espèce, qui peut-être ne diffère pas des précédentes. DESM. 1829.

CINQUANTE-SEPTIÈME GENRE.

LES TÆNIOÏDES.

Une nageoire de l'anus; les nageoires pectorales en forme de disque, et composées d'un grand nombre de rayons; le corps et la queue très-allongés et comprimés en forme de lame; le ventre à-peu-près de la longueur de la tête; les écailles très-petites; les yeux à peine visibles; point de nageoire caudale.

ESPÈCE.	CARACTÈRES.
LE TÆNIOÏDE HERMANNIEN.	Trois ou quatre barbillons auprès de l'ouverture de la bouche.

LE TÆNIOÏDE HERMANNIEN.[1]

Tœnioïdes Hermanni, Lacep.; *Cepola cœcula*, Bl., Schn.; *Gobioides rubicunda*, Buch.

Ce poisson, que nous avons dû inscrire dans un genre particulier, n'a encore été décrit dans aucun ouvrage d'histoire naturelle. Nous lui donnons un nom générique qui désigne sa forme très-allongée, semblable à celle d'un ruban ou d'une banderole, et très-voisine de celle des cépoles qui ont été appelés *Tœnia*. Nous le distinguons par l'épithète d'*Hermannien*, pour donner au savant Hermann de Strasbourg une nouvelle preuve de l'estime des naturalistes, et de leur reconnaissance envers un professeur habile qui concourt chaque jour au progrès des sciences et particulièrement de l'ichthyologie.

Ce tænioïde, dont les habitudes doivent ressembler beaucoup à celles des cépoles, puisqu'il se rapproche de ces osseux par le plus grand nombre de points de sa conformation, et qui doit surtout partager leur agilité, leur vîtesse, leurs on-

---

(1) Ce genre Tænioïde n'est pour M. Cuvier qu'un sous-genre dans le genre Gobous, parmi les Acanthoptérygiens de la famille des Gobioïdes.
Desm. 1829.

dulations, leurs évolutions rapides, en diffère cependant par plusieurs traits remarquables.

Premièrement, ses yeux sont si petits, qu'on ne peut les distinguer qu'avec beaucoup de peine, et qu'après les avoir cherchés souvent pendant long-temps, on ne les aperçoit que comme deux petits points noirs; ce qui lui donne un rapport assez important avec les cécilies.

Secondement, il n'a point de nageoire caudale; et sa queue se termine, comme celle des trichiures, par une pointe très-déliée, près de l'extrémité de laquelle on voit encore s'étendre la longue et très-basse nageoire dorsale, qui part très-près de la tête, et tire son origine de la partie du dos correspondante à l'anus.

Troisièmement, la nageoire anale est très-courte.

Nous devons ajouter que la tête de l'hermannien est comme taillée à facettes, dont la figure que nous avons fait graver, montre la forme, les dimensions et la place. La peau de l'animal, dénuée d'écailles facilement visibles, laisse reconnaître la position des principaux muscles latéraux; on voit des points noirs sur les pectorales, ainsi que sur la nageoire de l'anus, et des raies blanchâtres sur la tête; les barbillons, situés auprès de l'ouverture de la bouche, sont très-courts, et un peu inégaux en longueur.

CINQUANTE-HUITIÈME GENRE.

LES GOBIES.

Les deux nageoires thoracines réunies l'une à l'autre; deux nageoires dorsales.

PREMIER SOUS-GENRE.

Les nageoires pectorales attachées immédiatement au corps de l'animal.

ESPÈCES.	CARACTÈRES.
1. LE GOBIE PECTINIROSTRE.	Vingt-six rayons à la seconde nageoire du dos; douze aux thoracines; presque toutes les dents de la mâchoire inférieure, placées horizontalement.
2. LE GOBIE BODDAERT.	Vingt-cinq rayons à la seconde nageoire du dos; trente-quatre aux thoracines; les rayons de la première nageoire du dos, filamenteux; le troisième de cette nageoire dorsale très-long.
3. LE GOBIE LANCÉOLÉ.	Dix-huit rayons à la seconde nageoire du dos; onze aux thoracines; la queue très-longue et terminée par une nageoire dont la forme ressemble à celle d'un fer de lance.
4. LE GOBIE APHYE.	Dix-sept rayons à la seconde nageoire du dos; douze aux thoracines; les yeux très-rapprochés l'un de l'autre; des bandes brunes sur les nageoires du dos et de l'anus.
5. LE GOBIE PAGANEL.	Dix-sept rayons à la seconde nageoire du dos; douze aux thoracines; la première dorsale bordée de jaune; la seconde et l'anale pourprées à leur base.

ESPÈCES.	CARACTÈRES.
6. Le Gobie ensanglanté.	Seize rayons à la seconde nageoire du dos; douze aux thoracines; les rayons des nageoires du dos, plus élevés que la membrane; la bouche, la gorge, les opercules et les nageoires, tachetés de rouge.
7. Le Gobie noir-brun.	Seize rayons à la seconde nageoire dorsale; douze aux thoracines; le corps et la queue bruns, les nageoires noires.
8. Le Gobie boulerot.	Quatorze rayons à la seconde nageoire dorsale; dix à chacune des thoracines; un grand nombre de taches brunes et blanches.
9. Le Gobie bosc.	Quatorze rayons à la seconde nageoire du dos; huit à chacune des thoracines; les quatre premiers rayons de la première dorsale terminés par un filament; le corps et la queue gris et pointillés de brun; sept bandes transversales d'une couleur blanchâtre.
10. Le Gobie arabique.	Quatorze rayons à la seconde nageoire du dos; douze aux thoracines; les cinq derniers rayons de la première dorsale, deux fois plus élevés que la membrane, et terminés par un filament rouge.
11. Le Gobie jozo.	Quatorze rayons à la seconde nageoire du dos; douze aux thoracines; les rayons de la première dorsale, plus élevés que la membrane, et terminés par un filament; les thoracines bleues.
12. Le Gobie bleu.	Douze rayons à la seconde nageoire du dos et aux thoracines; le dernier rayon de la seconde nageoire du dos, deux fois plus long que les autres; le corps bleu; la nageoire de la queue, rouge et bordée de noir.
13. Le Gobie plumier.	Douze rayons à la seconde nageoire du dos; six à chacune des thoracines; la mâchoire supérieure plus avancée que l'inférieure; point de tache œillée sur la première dorsale.
14. Le Gobie thunberg.	Douze rayons à la seconde nageoire du dos; les deux mâchoires également avancées; les écailles petites; les deux nageoires dorsales de la même hauteur; vingt-huit rayons à la nageoire de la queue.

ESPÈCES.	CARACTÈRES.
15. Le Gobie éléotre.	Onze rayons à la seconde nageoire du dos; douze aux thoracines; dix à celle de l'anus; les deux nageoires dorsales de la même hauteur; la couleur blanchâtre.
16. Le Gobie nébuleux.	Onze rayons à la seconde nageoire du dos; douze aux thoracines; le second rayon de la première nageoire du dos, terminé par un filament noir deux fois plus élevé que la membrane.
17. Le Gobie awaou.	Onze rayons à la seconde nageoire dorsale; six à chacune des thoracines; la mâchoire supérieure plus avancée; une tache œillée sur la première nageoire du dos.
18. Le Gobie noir.	Onze rayons à la seconde nageoire du dos; dix aux thoracines; six rayons à la première dorsale; le dernier de ces rayons éloigné des autres; la couleur noire.
19. Le Gobie lagocéphale.	Onze rayons à la seconde nageoire du dos; quatre à chacune des thoracines; la mâchoire supérieure très-arrondie par-devant; les lèvres épaisses.
20. Le Gobie menu.	Onze rayons à la seconde nageoire du dos; la couleur blanchâtre; des taches brunes; les rayons des nageoires du dos et de l'anus, rayés de brun.
21. Le Gobie cyprinoïde.	Dix rayons à la seconde nageoire du dos; douze aux thoracines; une crête triangulaire et noirâtre placée longitudinalement sur la nuque.

SECOND SOUS-GENRE.

Chacune des nageoires pectorales attachée à une prolongation charnue.

ESPÈCE.	CARACTÈRES.
22. Le Gobie schlosser.	Treize rayons à la seconde nageoire du dos; douze aux thoracines; les yeux très-saillants, et placés sur le sommet de la tête.

LE GOBIE PECTINIROSTRE.[1]

Gobius pectinirostris, Lacep. (2).

Les gobies n'attirent pas l'attention de l'observateur par la grandeur de leurs dimensions, le nombre de leurs armes, la singularité de leurs habitudes; mais le juste appréciateur des êtres n'accorde-t-il son intérêt qu'aux signes du pouvoir, aux attributs de la force, aux résultats en quelque sorte bizarres d'une organisation moins conforme aux lois générales établies par la nature? Ah! qu'au moins, dans la recherche de ces lois, nous échappions aux funestes effets des passions aveugles! Ne pesons pas les familles des animaux dans la balance inexacte que les préjugés nous présentent sans cesse pour les individus de l'espèce humaine. Lorsque nous pouvons nous soustraire avec facilité à l'influence trompeuse de ces préjugés si nombreux, déguisés avec tant d'art, si habiles à profiter de notre faiblesse, ne négligeons

(1) *Gobie peigne*, Daubenton, Encyclopédie méthodique.
Id. Bonnaterre, planches de l'Encyclopédie méthodique.
Lagerstr. Chin. 29, fol. 3.
Apocryptes chinensis, Osbeck, It. 130.

(2) M. Cuvier ne fait pas mention de ce poisson. Desm. 1829.

pas une victoire qui peut nous conduire à des succès plus utiles, à une émancipation moins imparfaite; et ne consultons dans la distribution des rangs parmi les sujets de notre étude; que les véritables droits de ces objets à notre examen ainsi qu'à notre méditation.

Si les gobies n'ont pas reçu, pour attaquer, les formes et les facultés qui font naître la terreur, ils peuvent employer les manéges multipliés de la ruse et toutes les ressources d'un instinct assez étendu; s'ils n'ont pas, pour se défendre, des armes dangereuses, ils savent disparaître devant leurs ennemis, et se cacher dans des asyles sûrs; si leurs formes ne sont pas très-extraordinaires, elles offrent un rapport très-marqué avec celles des cycloptères, et indiquent par conséquent un nouveau point de contact entre les poissons osseux et les cartilagineux; si leurs couleurs ne sont pas très-riches, leurs nuances sont agréables, souvent très-variées, quelquefois même brillantes; s'ils ne présentent pas des phénomènes remarquables, ils fournissent des membranes qui réduites en pâte, ou pour mieux dire, en colle, peuvent servir dans plusieurs arts utiles; si leur chair n'a pas une saveur exquise, elle est une nourriture saine, et, peu recherchée par le riche, elle peut fréquemment devenir l'aliment du pauvre; et enfin si les individus de cette famille ont un petit volume, ils sont en très-grand nombre, et l'imagination qui les rassemble, les voit former un vaste ensemble.

Mais ce ne sont pas seulement les individus qui sont nombreux dans cette tribu ; on compte déja dans ce genre beaucoup de variétés et même d'espèces. Et comme nous allons faire connaître plusieurs gobies dont aucun naturaliste n'a encore entretenu le public, nous avons eu plus d'un motif pour ordonner avec soin l'exposition des formes et des mœurs de cette famille. Nous avons commencé par en séparer tous les poissons qu'on avait placés parmi les vrais gobies, mais qui n'ont pas les caractères distinctifs propres à ces derniers animaux; et nous n'avons conservé dans le genre que nous allons décrire, que les osseux dont les nageoires thoracines, réunies à-peu-près comme celles des cycloptères, forment une sorte de disque, ou d'éventail déployé, ou d'entonnoir évasé, et qui en même temps ont leur dos garni de deux nageoires plus ou moins étendues. Une considération attentive des détails de la forme de ces nageoires dorsales et thoracines, nous a aussi servi, au moins le plus souvent, à faire reconnaître les espèces: pour rendre la recherche de ces espèces plus facile, nous les avons rangées, autant que nous l'avons pu, d'après le nombre des rayons de la seconde nageoire dorsale, dans laquelle nous avons remarqué des différences spécifiques plus notables que dans la première; et lorsque le nombre des rayons de cette seconde nageoire dorsale a été égal dans deux ou trois espèces, nous les avons inscrites sur notre tableau d'après la quantité des rayons qui composent leurs nageoires thoracines. Mais avant de nous occuper de cette détermination de la place des diverses espèces de gobies, nous les avons fait entrer dans l'un ou dans l'autre de deux sous-genres, suivant que leurs nageoires pectorales sont attachées immédiatement au corps, ou que ces instruments de natation tiennent à des prolongations charnues.

Le pectinirostre est, dans le premier sous-genre, l'espèce dont la seconde nageoire dorsale est soutenue par le plus grand nombre de rayons : on y en compte vingt-six (1). Mais ce qui suffirait pour faire distinguer avec facilité ce gobie, et lui a fait donner le nom qu'il porte, c'est que presque toutes les dents qui garnissent sa mâchoire inférieure, sont couchées de manière à être presque horizontales, et à donner au museau de l'animal un peu de ressemblance avec un peigne demi-circulaire. Ce poisson vit dans les eaux de la Chine.

(1) A la membrane des branchies . . . . 5 rayons.
A la première nageoire du dos 5
A la seconde 26
A chacune des pectorales 19
Aux thoracines 12
A celle de l'anus 26
A celle de la queue 15

LE GOBIE BODDAERT.[1]

Gobius Boddaerti, Linn., Gmel., Cuv.; *Gobius Boddaert*, Lacep. (2).

On a dédié au naturaliste Boddaert cette espèce de gobie, comme un monument de reconnaissance, vivant et bien plus durable que tous ceux que la main de l'homme peut élever. Ce poisson osseux a été pêché dans les mers de l'Inde. Il parvient à peine à la longueur de deux décimètres. Il est d'un brun-bleuâtre par dessus, et d'un blanc-rougeâtre par dessous. Des taches brunes et blanches sont répandues sur la tête; la membrane branchiale et la nageoire de la queue présentent une teinte blanche mêlée de bleu; sept taches brunes placées au-dessus de sept autres taches également brunes, mais pointillées de blanc, paraissent de chaque côté du dos; un cercle noir entoure l'ouverture de l'anus; quelques taches couleur de neige marquent la ligne latérale, le long de laquelle on peut d'ailleurs apercevoir de

(1) Pallas, Spicileg. zoolog. 8, p. 11, tab. 2, fig. 45.
Gobie boddaert, Bonnaterre, planches de l'Encyclopédie méthodique.

(2) Du sous-genre des Gobous proprement dits dans le genre Gobous. DESM. 1829.

très-petites papilles; la première nageoire du dos (1) est parsemée de points blancs; et cinq ou six lignes blanches s'étendent en travers entre les rayons de la seconde.

Indépendamment des couleurs dont nous venons d'indiquer la distribution, le boddaert est remarquable par la longueur des filaments qui terminent les rayons de sa première nageoire dorsale, et particulièrement de celui que l'on voit à l'extrémité du troisième rayon. De plus, sa chair est grasse, son museau très-obtus; ses lèvres sont épaisses; ses yeux un peu ovales et peu saillants; et au-delà de l'anus, on distingue un petit appendice charnu et conique, que l'on a mal à propos appelé *petit-pied*, *pedunculus*, *péduncule*, et sur l'usage duquel nous aurons plusieurs occasions de revenir.

(1) A la première nageoire du dos................. 5 rayons.
A la seconde............................. 25
A chacune des pectorales.................. 21
Aux thoracines............................ 34
A celle de l'anus.......................... 25
A celle de la queue....................... 18

LE GOBIE LANCÉOLÉ.[1]

Gobius lanceolatus, Linn., Gmel., Lacep. (2).

Ce poisson est très-allongé : la nageoire placée a l'extrémité de sa queue, est aussi très-longue ; elle est de plus très-haute, et façonnée de manière à imiter un fer de lance, ce qui a fait donner à l'animal le nom que nous lui avons conservé. Le docteur Bloch en a publié une figure d'après un dessin exécuté dans le temps sous les yeux de Plumier ; et la collection de peintures sur vélin que renferme le Muséum d'histoire naturelle, présente aussi une image de ce même gobie peinte également par les soins du même voyageur, et que nous avons cru devoir faire graver.

On trouve le lancéolé dans les fleuves et les petites rivières de la Martinique. Sa chair est agréable, et il est couvert de petites écailles arrondies. La mâchoire supérieure est un peu plus avancée

(1) Bloch, p. 38, fig. 1 et 6.
Gronov. Zooph., p. 82, n. 277, tab. 4, fig. 4.
Gobius oceanicus, Pallas, Spicileg. zoolog. 8, p. 4.
Gobie lancette, Bonnaterre, planches de l'Encyclopédie méthodique.
(2) Du sous-genre des Gobous proprement dits dans le genre Gobous
DESM. 1829.

que l'inférieure. Deux lames composent l'opercule. L'anus est beaucoup plus près de la gorge que de la nageoire caudale. Les rayons de la première nageoire du dos s'élèvent plus haut que la membrane qui les réunit (1). Les pectorales et celle de la queue sont d'un jaune plus ou moins mêlé de vert, et bordées de bleu ou de violet; on voit, de chaque côté de la tête, une place bleuâtre et dont les bords sont rouges; une tache brune est placée à droite et à gauche près de l'endroit où les deux nageoires dorsales se touchent; et la couleur générale de l'animal est d'un jaune-pâle par dessus, et d'un gris-blanc par dessous.

---

(1) A la membrane des branchies.................. 5 rayons.
A la première nageoire du dos............... 6
A la seconde............................ 18
A chacune des nageoires pectorales............ 16
Aux thoracines.......................... 11
A celle de l'anus........................ 16
A celle de la queue...................... 20

LE GOBIE APHYE.[1]

Gobius Aphia, Linn., Gmel., Lacep., Riss. (2).

Les eaux douces du Nil, et les eaux salées de la Méditerranée, dans laquelle se jette ce grand

(1) *Marsio.*
Pignoletti, sur plusieurs côtes de la mer Adriatique.
Marsione, ibid.
Loche de mer, dans plusieurs départements méridionaux de France.
Gobie loche de mer, Daubenton, Encyclopédie méthodique.
Id. Bonnaterre, planches de l'Encyclopédie méthodique.
Gobius aphya et marsio dictus, Artedi, gen. 29, syn. 47.
Κωβιτης. Arist., lib. 6, cap. 15.
Αφυα κωβιτις. Athen., lib. 7, p. 284, 285.
Aphia cobitis, Aldrov., lib. 2, cap. 29, p. 211.
Morsio Venetorum, id. ibid., cap. 38, p. 213.
Aphye de gouion, Rondelet, prem. partie, liv. 7, chap. 2, édition de Lyon, 1558.
Aphua cobites, Willughby, p. 207.
Apua cobites, Belon.
Apua cobitis, Gesner, p. 67, et (germ.) fol. 1, *a*.
Morsio, id. (germ.) fol. 1, *b*.
Jonston, lib. 1, tit. 3, cap. 1, *a*. 17.
Apua gobites, *gobionaria*, Charlet., p. 143.
Gobionaria, Gaz. Aristot.
Rai, p. 76.
Aphie, Valmont de Bomare, Dictionnaire d'histoire naturelle.
Loche de mer, id. ibid.

(2) Du sous-genre des Gobous proprement dits dans le genre Gobous.
DESM. 1829.

fleuve, nourrissent le gobie aphye, dont presque tous les naturalistes anciens et modernes ont parlé, et dont Aristote a fait mention. Il n'a cependant frappé les yeux ni par ses dimensions, ni par ses couleurs : les premières ne sont pas très-grandes, puisqu'il parvient à peine à la longueur d'un décimètre ; et les secondes ne sont ni brillantes ni très-variées. Des bandes brunes s'étendent sur ses nageoires dorsales et de l'anus ; sa teinte générale est d'ailleurs blanchâtre, avec quelques petites taches noires. Ses yeux sont très-rapprochés l'un de l'autre. Il a été nommé *Loche de mer,* parce qu'il a de grands rapports avec le cobite appelé *Loche de rivière,* et dont nous nous entretiendrons dans la suite de cet ouvrage (1).

---

(1) A la première nageoire du dos................ 6 rayons.
A la seconde................................ 17
A chacune des pectorales.................... 18
Aux thoracines.............................. 12
A celle de l'anus........................... 14
A celle de la queue......................... 13

LE GOBIE PAGANEL,(1)

Gobius Paganellus, Lacep.

LE GOBIE ENSANGLANTÉ,(2)

Gobius cruentatus, Linn., Gmel., Lacep., Cuv. (3).

ET LE GOBIE NOIR-BRUN.(4)

Gobius bicolor, Linn., Gmel.; *Gobius nigrofuscus*, Lacep.

Le gobie paganel a été aussi nommé *Goujon* ou *Gobie de mer*, parce qu'il vit au milieu des ro-

(1) Κωθους.
Κωθευνας.
Καυλιναι.
Paganello, dans plusieurs contrées de l'Italie.
Gobius lineâ luteâ transversâ, *etc.*, Artedi, gen. 29, syn. 46.
Boulerot ou *goujon de mer*, Rondelet, prem. partie, liv. 6, chap. 16, édit. de Lyon, 1558.
Gobius albus, Belon.
Id., Gesner, p. 393.
Gobius marinus maximus flavescens, id. (germ.) fol. 6, *b*.
Paganellus, id est *gobius major et subflavus*, id., p. 397.
Gobius marinus Rondeletii, Aldrov., lib. 1, cap. 20, p. 96.
Paganellus, seu *gobius major ex Gesnero*, id. ibid., p. 95.
Gobius secundus, *paganellus Venetorum*, Willughby, p. 207.
Id. Ray, p. 75.

chers de la Méditerranée. Il parvient quelquefois à la longueur de vingt-cinq centimètres. Son corps est peu comprimé. Sa couleur générale est d'un blanc plus ou moins mêlé de jaune, ce qui l'a fait appeler *Goujon blanc*, et au milieu des nuances duquel on distingue aussi quelquefois des teintes vertes, et voilà pourquoi le nom grec de Χλωρος, *vert, d'un vert jaune*, lui a été donné par plusieurs auteurs anciens. Il a de plus de petites taches noires : sa première nageoire dorsale est d'ailleurs bordée d'un jaune vif; la seconde et celle de l'anus sont pourprées à leur base. La nageoire de sa queue est presque rectiligne. Il a de petites dents, la bouche grande, l'estomac assez volumineux, le pylore garni d'appendices; et selon Aristote, il se nourrit d'algues, ou de débris de ces plantes marines. Sa chair est maigre, et un peu friable. C'est près des rivages qu'il va déposer ses œufs, comme dans l'endroit où il trouve l'eau la plus tiède suivant l'expression de Ronde-

---

Gobius paganellus, Hasselquist., It. 326.

Gobie goujon de mer, Daubenton, Encyclopédie méthodique.

Id. Bonnaterre, planches de l'Encyclopédie méthodique.

Paganello, Valmont de Bomare, Dictionnaire d'histoire naturelle.

(2) Brunn., Pisc. Massil., p. 30, n. 42.

Gobie pustuleux, Bonnaterre, planches de l'Encyclopédie méthodique.

(3) Du sous-genre des Gobous proprement dits dans le genre Gobous, Cuv. DESM. 1829.

(4) Brunn., Pisc. Massil., p. 30, n. 41.

Gobie goujon petit deuil, Bonnaterre, planches de l'Encyclopédie méthodique.

let, l'aliment le plus abondant, et l'abri le plus sûr contre les grands poissons. Ces œufs sont plats, et faciles à écraser (1).

L'ensanglanté est pêché dans la Méditerranée, comme le paganel auquel il ressemble beaucoup : mais les rayons de ses deux nageoires dorsales sont plus élevés que les membranes. D'ailleurs sa bouche, ses opercules, sa gorge, et plusieurs de ses nageoires, présentent des taches d'un rouge couleur de sang, qui le font paraître pustuleux. Sa couleur générale est d'un blanc-pâle, avec des bandes transversales brunes; on trouve quelques bandelettes noires sur la nageoire de la queue, qui est arrondie; les thoracines sont bleuâtres. Ce poisson a été très-bien décrit par le naturaliste Brunnich (2).

Le nom du noir-brun indique ses couleurs distinctives. Il n'offre que deux teintes principales;

---

(1) A la première nageoire du dos . . . . 6 rayons.
A la seconde 17
A chacune des pectorales 17
Aux thoracines 12
A celle de l'anus 16
A celle de la queue 20

(2) A la membrane branchiale . . . . 5 rayons.
A la première nageoire du dos 6
A la seconde 16
A chacune des pectorales 19
Aux thoracines 12
A celle de l'anus 15
A celle de la queue 15

il est brun et toutes ses nageoires sont noires. Ses formes ressemblent beaucoup à celles de l'ensanglanté, et par conséquent à celles du paganel. Il habite les mêmes mers que ces deux gobies; et c'est au savant cité dans la phrase précédente que l'on en doit la connaissance. Il n'a guère qu'un décimètre de longueur (1).

LE GOBIE BOULEROT.(2)

Gobius niger, Linn., Gmel., Lacep., Cuv. (3).

Le boulerot a été nommé *Gobie* ou *Goujon noir,*

(1) A la première nageoire du dos .... 6 rayons.
A la seconde 16
A chacune des pectorales 19
Aux thoracines 12
A celle de l'anus 15
A celle de la queue 17

(2 *Boulereau.*
Go, dans plusieurs contrées de l'Italie.
Goget, ibid.
Zolero, ibid.
Sea-gudgeon, en Angleterre.
Rock-fish, ibid.
Τραγος.

(3) Du sous-genre des Gobous proprement dits dans le genre Gobous, Linn. DESM. 1829.

parce que sur son dos de couleur cendrée ou blanchâtre s'étendent des bandes transversales très-brunes, et que d'ailleurs il est parsemé de taches dont quelques-unes sont blanches ou jaunes, mais dont le plus grand nombre est ordinairement d'un noir plus ou moins foncé. On voit des teintes

---

Gobie boulereau, Daubenton, Encyclopédie méthodique.
Id. Bonnaterre, planches de l'Encyclopédie méthodique.
Mus. Ad. Frid. 1, p. 74; et 2, p. 64.
Müll. Prodrom. Zoolog. Danic., p. 44, n. 364.
« Gobius è nigricante varius, etc. » Artedi, gen. 28, syn. 46.
Κωϐιος. Aristot., lib. 2, cap. 17; lib. 6, cap. 13; lib. 8, cap. 2, 13, 19; et lib. 9, cap. 2, 37.
Id. Ælian., lib. 2, cap. 50.
Athen., lib. 7, cap. 39.
Oppian., lib. 1, p. 7; et lib. 2, p. 46.
Gobio, Plin., lib. 9, cap. 57.
Columell., lib. 8, cap. 17.
Juvenal., Satyr. 11, 4.
Gobio marinus, Salvian., fol. 214, *b*.
Gobio marinus niger, Belon, Aquat., p. 233.
Gesner, p. 393, 395, 469, et (germ.) fol. 6, *b*.
Boulerot noir, Rondelet, première partie, liv. 6, chap. 17.
Aldrov., lib. 1, cap. 20, p. 97.
Willughby, p. 206.
« Gobius marinus niger. » Rai, p. 76.
« Gobius, *vel* gobio niger. » Schonev., p. 36.
« Gobius, gobio, *et* cobio marinus. » Charlet., 135.
« Apocryptes cantonensis. » Osbeck, It. 131.
Bloch, pl. 38, fig. 1, 2, 5.
« Eleotris capite plagioplateo, maxillis æqualibus, etc. » Gronov. Mus. 2, p. 17, n. 170; Zooph., p. 82, n. 280.
« Gobio branchiarum operculis et ventre flavicantibus. » Klein, Miss. pisc. 5, p. 27, n. 1.
Gobius, Seba, Mus. 3, tab. 29

jaunâtres sur la partie inférieure et sur ses opercules. Sa longueur est communément de deux décimètres. Ses deux mâchoires, aussi avancées l'une que l'autre, sont armées chacune de deux rangs de petites dents; sa langue est un peu mobile; ses écailles sont dures. Ses nageoires thoracines (1), colorées et réunies de manière à présenter à certains yeux une ressemblance vague avec une sorte de barbe noire, lui ont fait donner le nom de *Bouc*, en grec Τραγος. Derrière l'anus, paraît un petit appendice analogue à celui que nous avons remarqué ou que nous remarquerons dans un grand nombre d'espèces de gobies. Sa nageoire caudale est arrondie, et quelquefois cet instrument de natation et toutes les autres nageoires sont bleues.

Le boulerot se trouve non seulement dans l'océan Atlantique boréal, mais encore dans plusieurs mers de l'Asie. Vers le temps du frai, il se rapproche des rivages et des embouchures des fleuves. Il vit aussi dans les étangs vaseux qui reçoivent l'eau salée de la mer; et lorsqu'on l'y pêche, il n'est pas rare de le trouver dans le filet, couvert d'une boue noire qui n'a pas peu contribué à lui

---

(1) A la première nageoire du dos................ 6 rayons.
A la seconde............................ 14
A chacune des pectorales.................... 18
A chacune des thoracines.................... 10
A celle de l'anus.......................... 12
A celle de la queue........................ 14

faire appliquer le nom de *Goujon noir*. Sa chair n'est pas désagréable au goût: cependant Juvénal et Martial nous apprennent que sous les premiers empereurs de Rome, et dans le temps du plus grand luxe de cette capitale du monde, il ne paraissait guère sur la table du riche et de l'homme somptueux.

LE GOBIE BOSC.[1]

Gobius Bosc, Lacep., Cuv. (2); *Gobius viridipallidus*, Mittch.

Mon confrère M. Bosc a bien voulu me communiquer la description de ce poisson, qu'il a vu dans la baie de Charleston de l'Amérique septentrionale.

Ce gobie a la tête plus large que le corps; les deux mâchoires également avancées; les dents très-petites; les yeux proéminents; les orifices des narines saillants; l'opercule branchial terminé en angle; et les quatre premiers rayons de la première nageoire dorsale, prolongés chacun par un filament délié.

(1) « Gobius alepidoptus, corpore nudo, griseo, fasciis septem pallidis. » Bosc, manuscrit déja cité.

(2) Du sous-genre des Gobous proprement dits dans le genre Gobous, Cuv. Desm. 1829.

Il paraît sans écailles. Sa couleur générale est grise et pointillée de brun. Sept bandes transversales, irrégulières, et d'une nuance plus pâle que le gris dont nous venons de parler, règnent sur les côtés, et s'étendent sur les nageoires du dos, qui d'ailleurs sont brunes, comme les autres nageoires (1).

On ne distingue pas de ligne latérale.

Le gobie bosc ne paraît parvenir qu'à de très-petites dimensions : l'individu décrit par mon savant confrère avait cinquante-quatre millimètres de long, et treize millimètres de large.

On ne mange point de ce gobie.

---

(1) A la première nageoire dorsale .... 7 rayons.
A la seconde 14
A chacune des pectorales 18
Aux thoracines 8
A celle de l'anus 10
A celle de la queue, qui est lancéolée 18

LE GOBIE ARABIQUE,(1)

Gobius arabicus, Linn., Gmel., Lac.

ET

LE GOBIE JOZO.(2)

Gobius Jozo, Linn., Gmel., Lac., Cuv. (3).

FORSKAEL a découvert l'arabique dans la contrée

---

(1) Forsk. Faun. Arab., p. 23, n. 5.

Gobie, goujon arabe, Bonnaterre, planches de l'Encyclopédie méthodique.

(2) *Gobius albescens.*

Gobius flavescens.

Gobie, goujon blanc, Daubenton, Encyclopédie méthodique.

Id. Bonnaterre, planches de l'Encyclopédie méthodique.

Mus. Ad. Frid. 2, p. 65.

Müll. Prodrom. Zoolog. Danic., p. 44, n. 365.

« Gobius. . . ossiculis pinnæ dorsalis supra membranam assurgentibus. » Artedi, gen. 29, syn. 47.

Κωϐιος λευκος. Aristot., lib. 9, cap. 37.

Κωϐιος λευκοτερος. Athen., lib. 7, p. 309.

Boulerot blanc, Rondelet, première partie, liv. 6, chap. 18. (La figure est extrêmement défectueuse.)

Goujon blanc, id. ibid.

Gobius albus, Gesner, Aquat., p. 396 ; et (germ.) fol. 6, *b*.

(3) Du sous-genre des Gobous proprement dits dans le genre Gobous. DESM. 1829.

de l'Asie indiquée par cette épithète. Les cinq premiers rayons de la première nageoire du dos de ce gobie sont deux fois plus longs que la membrane de cette nageoire n'est haute. Il n'est que de la longueur du petit doigt de la main ; mais sa parure est très-agréable. L'extrémité des rayons dont nous venons de parler est rouge : la couleur générale de l'animal est d'un brun-verdâtre, relevé et diversifié par un grand nombre de points bleus et de taches violettes, dont plusieurs se réunissent les unes aux autres, et qui paraissent principalement sur toutes les nageoires. On devine aisément l'effet doux et gracieux que produit ce mélange de rouge, de vert, de bleu et de violet, d'autant mieux fondus les uns dans les autres, que plusieurs reflets en multiplient les nuances (1). La peau de l'arabique est molle, et

---

Gobius albus Rondeletii, Aldrov., lib. 1, cap. 20, p. 97.

« Gobius tertius, jozo Romæ, Salviani, fortè gobius albus Rondeletii. » Willughby, Ichthyol., p. 207, N. 12, n. 4.

Rai, p. 76, n. 2.

Jozo, Salvian., fol. 213, *a.* ad iconem.

Gobius albescens, Gronov. Mus. 2, p. 23, n. 176; Zooph., p. 81, n. 275.

Bloch, pl. 107, fig. 3.

« Gobio radiis in anteriore dorsi pinna, supra membranas connectentes altiùs assurgentibus. » Klein, Miss. pisc. 5, p. 27, n. 3.

(1) A la première nageoire dorsale.................. 6 rayons
A la seconde.................................. 14
A chacune des pectorales...................... 16
Aux thoracines................................ 12
A celle de l'anus............................. 13
A celle de la queue........................... 17

recouverte de petites écailles fortement attachées. La nageoire de sa queue est pointue.

Nous plaçons dans cet article ce que nous avons à dire du jozo, parce qu'il a beaucoup de rapports avec le gobie dont nous venons de parler. Presque tous les rayons de sa première nageoire dorsale sont plus élevés que la membrane. Sa tête est comprimée; ses deux mâchoires sont également avancées; sa ligne latérale s'étend, sans s'élever ni s'abaisser, à une distance à-peu-près égale de son dos et de son ventre. Cette ligne est d'ailleurs noirâtre. L'animal est, en général, blanc ou blanchâtre, avec du brun dans sa partie supérieure; ses nageoires thoracines sont bleues. On le trouve non seulement dans la Méditerranée, mais dans l'océan Atlantique boréal: il y vit auprès des rivages de l'Europe, y dépose ses œufs dans les endroits dont le fond est sablonneux; et quoique sa longueur ordinaire ne soit que de deux décimètres, il se nourrit, dit-on, de crabes et de poissons, à la vérité très-jeunes et très-petits. Sa chair, peu agréable au goût, ne l'expose pas à être très-recherché par les pêcheurs; mais il est fréquemment la proie de grands poissons, et notamment de plusieurs gades (1).

(1) A la première nageoire dorsale................ 6 rayons.
A la seconde................................ 14
A chacune des pectorales.................... 16
Aux thoracines.............................. 12
A celle de l'anus............................ 14
A celle de la queue.......................... 16

LE GOBIE BLEU.[1]

Gobius cæruleus, Lacep. (2).

Cette espèce est encore inconnue des naturalistes : elle a été décrite par Commerson. Sa couleur est remarquable : elle est d'un bleu très-beau, un peu plus clair sur la partie inférieure de l'animal que sur la supérieure; cet azur règne sur toutes les parties du poisson, excepté sur la nageoire de la queue, qui est rouge, avec une bordure noire; et comme ce gobie a tout au plus un décimètre ou à-peu-près de longueur, on croirait, lorsqu'il nage au milieu d'une eau calme, limpide, et très-éclairée par les rayons du soleil, voir flotter un canon de saphir terminé par une escarboucle.

Il habite dans la mer qui baigne l'Afrique orientale, à l'embouchure des fleuves de l'île Bourbon, où la petitesse de ses dimensions, que nous venons d'indiquer, fait que les Nègres même dédaignent de s'en nourrir, et ne s'en servent que comme d'appât pour prendre de plus grands poissons.

(1) « Gobio cæruleus, caudâ rubrâ, nigro circumscriptâ. » Commerson, manuscrits déja cités.

(2) Cette espèce n'est pas mentionnée par M. Cuvier. Desm. 1829.

Le bleu a le museau obtus, la mâchoire inférieure garnie de dents aiguës et moins menues que celles de la supérieure; les yeux ronds, saillants, et plus éloignés l'un de l'autre que sur beaucoup d'autres gobies; la première nageoire du dos, triangulaire, et composée de rayons qui se prolongent par des filaments au-dessus de la membrane; la seconde nageoire dorsale terminée par un rayon deux fois plus long que les autres; l'anus à une distance presque égale de la gorge et de la nageoire caudale, qui est arrondie (1); et les écailles petites et rudes.

LE GOBIE PLUMIER.[2]

Gobius Plumieri, Bloch., Lac., Cuv. (3).

Le docteur Bloch a décrit ce gobie d'après des

(1) A la membrane des branchies . . . . 4 rayons.
A la première nageoire du dos 6
A la seconde 12
A chacune des pectorales 20
Aux thoracines 12
A celle de l'anus 12
A celle de la queue 14

(2) Bloch, pl. 178, fig. 3.

Gobie céphale, Bonnaterre, planches de l'Encyclopédie méthodique.

(3) Du sous-genre des Gobous proprement dits et du genre Gobous, Cuv. Desm. 1829.

peintures sur vélin dues aux soins du voyageur Plumier. Le Muséum d'histoire naturelle possède des peintures analogues, dues également au zèle éclairé de ce dernier naturaliste. Nous avons trouvé parmi ces peintures du Muséum l'image du poisson nommé avec raison *Gobie Plumier*, et nous avons cru devoir la faire graver.

Cet animal, qui habite dans les Antilles, est allongé, mais charnu, très-fécond, d'une saveur agréable, et susceptible de recevoir promptement la cuisson convenable. Les écailles dont il est revêtu sont petites, et peintes de très-riches couleurs. Sa partie supérieure brille d'un jaune foncé ou de l'éclat de l'or; ses côtés sont d'un jaune-clair; sa partie inférieure est blanche; et toutes les nageoires (1) sont d'un beau jaune, relevé très-souvent par une bordure noire sur celles de la queue et de la poitrine. Quelques autres nuances font quelquefois ressortir sur diverses parties du corps les teintes que nous venons d'indiquer.

La tête est grande; le bord des lèvres charnu; l'ouverture branchiale étendue; l'opercule composé d'une seule lame; la mâchoire supérieure beaucoup plus avancée que l'inférieure; la ligne

(1) A la première nageoire du dos . . . . 6 rayons.
A la seconde 12
A chacune des pectorales 12
A chacune des thoracines 6
A celle de l'anus 10
A celle de la queue 14

latérale droite; la nageoire caudale arrondie; et l'anus situé vers le milieu de la longueur du corps.

LE GOBIE THUNBERG.(1)

Gobius Patella, Thunberg, Lacep. (2).

Ce poisson, vu par Thunberg dans la mer qui baigne les Indes orientales, a beaucoup de rapports avec l'éléotre de la Chine. Sa longueur est de plus d'un décimètre. Plusieurs rangées de dents garnissent les mâchoires. Le museau est obtus. Les thoracines sont une fois moins longues que les pectorales; la caudale est arrondie. On ne voit sur l'animal, ni bandes, ni taches; la couleur générale est blanchâtre (3).

(1) *Gobius patella*, Thunberg, Voyage au Japon.

(2) M. Cuvier ne fait pas mention de cette espèce. Desm. 1829.

(3) 5 rayons à la première nageoire du dos du gobie thunberg.
15 à chaque pectorale.
9 à la nageoire de l'anus.

LE GOBIE ÉLÉOTRE,[1]

Gobius Eleotris, Lacep. (2).

ET

LE GOBIE NÉBULEUX.[3]

Gobius nebulosus, Lacep.

Les eaux de la Chine nourrissent l'éléotre, dont la couleur générale est blanchâtre, la seconde nageoire du dos aussi élevée que la première, et celle de la queue arrondie. Le corps est couvert d'écailles larges, arrondies et lisses; et l'on voit une tache violette sur le dos, auprès des opercules (4).

(1) *Gobie éléotre*, Daubenton, Encyclopédie méthodique.

Id. Bonnaterre, planches de l'Encyclopédie méthodique.

Lagerstr., Chin. 28.

Gobius chinensis, Osbeck, It. 260.

« Trachinus.... pinnis ventralibus coadunatis. » Amœnit. academ. 1, p. 311.

« Gobius albescens, pinnis utrisque dorsalibus altitudine æqualibus. » Gron. Zooph. 276.

(2) Ce poisson appartient vraisemblablement au sous-genre Éléotris de M. Cuvier, dans le genre Gobous. Desm. 1829.

(3) Forskael, Faun. Arab., p. 24, n. 6.

Gobie nébuleux, Bonnaterre, planches de l'Encyclopédie méthodique.

(4) A la membrane des branchies de l'éléotre........ 5 rayons.

A la première nageoire du dos.................. 6

Le nébuleux a été découvert en Arabie par le Danois Forskael. A peine sa longueur égale-t-elle un décimètre. Ses écailles sont grandes, rudes, et en losange. La nageoire de la queue est arrondie; et voici la distribution des couleurs dont ce gobie est peint (1).

Sa partie inférieure est d'un blanc sans tache; la supérieure est blanchâtre, avec des taches brunes, irrégulières et comme nuageuses, que l'on voit aussi sur la base des nageoires pectorales, lesquelles sont d'ailleurs d'un vert de mer, et sur les dorsales, ainsi que sur la nageoire de la queue. Cette dernière, les dorsales et l'anale, sont transparentes; l'anale est, de plus, bordée de noir; les thoracines présentent une teinte brunâtre, et un filament noir et très-long termine le second rayon de la première nageoire du dos.

A la seconde........................... 11
A chacune des pectorales.................... 20
Aux thoracines........................... 12
A celle de l'anus.......................... 10
A celle de la queue........................ 15

(1) A la membrane branchiale du nébuleux.......... 7 rayons.
A la première nageoire du dos................ 6
A la seconde.............................. 11
A chacune des pectorales..................... 18
Aux thoracines............................ 12
A celle de l'anus.......................... 11
A celle de la queue........................ 14

LE GOBIE AWAOU.[1]

Gobius ocellaris, Linn., Gmel., Cuv.; *Gobius Awaou*, Lac. (2).

C'est dans les ruisseaux d'eau douce qui arrosent la fameuse île de Taïti, au milieu du grand Océan équinoxial (3), que l'on a découvert ce gobie. Mon confrère l'habile ichthyologiste Broussonnet l'a vu dans la collection du célèbre Banks, et en a publié une belle figure et une très-bonne description. Cet awaou a le corps comprimé et allongé; des écailles ciliées ou frangées; la tête petite et un peu creusée en gouttière par dessus; la mâchoire d'en-haut plus avancée que l'inférieure, et hérissée de dents inégales; la mâchoire d'en-bas garnie de dents plus petites; plusieurs autres dents menues, aiguës et pressées dans le fond de la gueule au-dessus et au-dessous du gosier; la ligne latérale droite; et l'anus situé vers le

(1) Broussonnet, Ichth. dec. 1, n. 2, tab. 2.

Gobie awaou, Bonnaterre, planches de l'Encyclopédie méthodique.

(2) M. Cuvier place ce Gobous dans le sous-genre des Gobous proprement dits. Desm. 1829.

(3) Nous employons avec empressement les dénominations de l'excellente et nouvelle nomenclature hydrographique, présentée, le 11 mai 1799, à l'Institut, par mon savant et respectable confrère M. Fleurieu.

milieu de la longueur de l'animal, et suivi d'un appendice conique. Nous n'avons plus qu'à faire connaître les couleurs de ce gobie.

Son ventre est d'un vert de mer; des teintes obscures et nuageuses, noires et olivâtres, sont répandues sur son dos; une nuance verdâtre distingue les nageoires de la queue et de l'anus; des bandes de la même couleur et d'autres bandes brunes se montrent quelquefois sur leurs rayons et sur ceux de la seconde nageoire du dos (1); les pectorales et les thoracines sont noirâtres; et, au milieu de toutes ces teintes sombres, on remarque aisément une tache noire, assez grande, œillée, et placée près du bord postérieur de la première dorsale.

(1) A la membrane des branchies.................. 5 rayons.
A la première nageoire du dos................. 6
A la seconde du dos.......................... 11
A chacune des pectorales..................... 16
A chacune des thoracines..................... 6
A celle de l'anus............................ 11
A celle de la queue, qui est très-arrondie........ 22

LE GOBIE NOIR.[1]

Gobius Commersonii, Nob.; *Gobius niger*, Lac. (2).

CE gobie, dont nous avons vu la description dans les manuscrits de Commerson, que Buffon nous a remis il y a plus de douze ans, est à-peu-près de la taille d'un grand nombre de poissons de son genre. Sa longueur n'égale pas deux décimètres, et sa largeur est de trois ou quatre centimètres. Il présente sur toutes les parties de son corps une couleur noire, que quelques reflets bleuâtres ou verdâtres ne font paraître que plus foncée, et qui ne s'éclaircit un peu et ne tend vers une teinte blanchâtre, ou plutôt livide, que sur une portion de son ventre. Les écailles qui le revêtent sont très-petites, mais relevées par une arête longitudinale; sa tête paraît comme gonflée des deux côtés. Sa mâchoire supérieure, susceptible de mouvements d'extension et de con-

(1) « Gobio totus niger, radiis pinnæ dorsi prioris sex, posteriore re-« motissimo, villo notabili ad anum. » Manuscrits de Commerson, déja cités.

(2) Nous proposons ce nom de *Gobius Commersonii* pour cette espèce, parce que celui de *Gobius niger* donné par M. de Lacépède est déja employé pour désigner une autre espèce de notre pays. M. Cuvier ne mentionne pas ce poisson. DESM. 1829.

traction, dépasse et embrasse l'inférieure : on les croirait toutes les deux garnies de petits grains plutôt que de véritables dents. La langue est courte, et attachée dans presque tout son contour. L'intervalle qui sépare les yeux l'un de l'autre est à peine égal au diamètre de l'un de ces organes. Commerson a remarqué avec attention deux tubercules placés à la base de la membrane branchiale, et qu'on ne pouvait voir qu'en soulevant l'opercule. Il a vu aussi au-delà de l'ouverture de l'anus, laquelle est à une distance presque égale de la gorge et de la nageoire de la queue, un appendice semblable à celui que nous avons indiqué en décrivant plusieurs autres gobies, et qu'il a comparé à un barbillon ou petit filament (1).

Le gobie noir habite dans la portion du grand Océan, nommée, par notre confrère Fleurieu, grand golfe des Indes (2). Il s'y tient à l'embouchure des petites rivières qui se déchargent dans la mer : il préfère celles dont le fond est vaseux. Sa chair est d'une saveur très-agréable, et d'ailleurs d'une qualité si saine, qu'on ne balance pas

(1) A la membrane des branchies .... 4 rayons.
A la première nageoire du dos 6
A la seconde 11
A chacune des pectorales 15
Aux thoracines 10
A celle de l'anus 11
A celle de la queue, qui est un peu arrondie 15

(2) Nouvelle Nomenclature hydrographique, déja citée.

à la donner pour nourriture aux convalescents et aux malades que l'on ne réduit pas à une diète rigoureuse.

LE GOBIE LAGOCÉPHALE,[1]

Gobius lagocephalus, Pall., Linn., Gmel.. Lac. (2).

LE GOBIE MENU,[3]

Gobius minutus, Pall., Lac. (4).

LE GOBIE CYPRINOÏDE.[5]

Gobius cyprinoides, Pall., Lac. (6).

Le lagocéphale ou *Tête-de-lièvre* tire son nom

(1) Pallas, Spicil. zoolog. 8, p. 14, tab. 2, fig. 6 et 7.
Koelreuter, Nov. Comm. Petropolit. 9, p. 428, fig. 3 et 4.
Gobie tête de lièvre, Bonnaterre, planches de l'Encyclopédie méthodique.

(2) Du sous-genre des Gobous proprement dits dans le genre Gobous, Cuv. Desm. 1829.

(3) Pallas, Spicileg. zoolog. 8, p. 4.

(4) M. Cuvier ne cite pas cette espèce. Desm. 1829.

(5) Pallas, Spicil. zoolog. 8, p. 17, tab. 1, fig. 5.
Gobie cyprinoïde, Bonnaterre, planches de l'Encyclopédie méthodique.

(6) M. Cuvier ne mentionne pas ce poisson. Desm. 1829.

de la forme de sa tête et de ses lèvres. Cette partie de son corps est courte, épaisse et dénuée de petites écailles. On voit à la mâchoire inférieure quelques dents crochues plus grandes que les autres. La mâchoire supérieure est demi-circulaire, épaisse, et recouverte par une lèvre double très-avancée, très-charnue, et fendue en deux comme celle du lièvre : la lèvre d'en-bas présente une échancrure semblable. Le palais est hérissé de dents menues et très-serrées; les yeux, très-rapprochés l'un de l'autre, sont recouverts par une continuation de l'épiderme. On voit un appendice allongé et arrondi, au-delà de l'anus, qui est aussi loin de la gorge que de la nageoire de la queue; cette dernière est arrondie : l'on ne distingue pas de ligne latérale; et la couleur générale de ce gobie, lequel est ordinairement de la longueur d'un doigt, est composée de gris, de brun et de noir (1).

Le menu, qui ressemble beaucoup à l'aphye, a la tête un peu déprimée; sa langue est grande; ses deux nageoires dorsales sont un peu éloignées l'une de l'autre; sa nageoire caudale est rectiligne;

---

(1) A la membrane des branchies du lagocéphale..... 3 rayons.
A la première nageoire du dos............... 6
A la seconde.............................. 11
A chacune des pectorales.................... 15
A chacune des thoracines.................... 4
A celle de l'anus......................... 10
A celle de la queue....................... 12

et ses teintes, aussi peu brillantes que celles du lagocéphale, consistent dans une couleur générale blanchâtre, dans des taches couleur de fer disséminées sur sa partie supérieure, et dans de petites raies de la même nuance ou à-peu-près, répandues sur les nageoires de la queue et du dos (1).

On trouve dans les eaux de l'île d'Amboine le cyprinoïde, que l'on a ainsi nommé à cause du rapport extérieur que ses écailles grandes et un peu frangées lui donnent avec les cyprins, quoiqu'il ressemble peut-être beaucoup plus aux spares. Le professeur Pallas en a publié le premier une très-bonne description. La partie supérieure de ce cyprinoïde est grise, et l'inférieure blanchâtre. Ses dimensions sont à-peu-près semblables à celles du menu. Il a la tête un peu plus large que le corps, et recouverte d'une peau traversée par plusieurs lignes très-déliées qui forment une sorte de réseau; on voit entre les deux yeux une crête noirâtre, triangulaire et longitudinale, que l'on prendrait pour une première nageoire dorsale très-basse; au-delà de l'anus, on aperçoit aisément un appendice allongé, arrondi par le bout, et que l'animal peut coucher, à volonté, dans une fossette (2).

---

(1) A la première nageoire du dos du menu......... 6 rayons.
A la seconde............................ 11
A celle de l'anus.......................... 11

(2) 6 rayons à la première nageoire du dos.
10 à la seconde.

LE GOBIE SCHLOSSER.[1]

Periophthalmus Schlosseri, Schn., Cuv.; *Gobius Schlosseri*, Linn., Gmel., Lac. (2).

C'est au célèbre Pallas que l'on doit la description de cette espèce, dont un individu lui avait été envoyé par le savant Schlosser, avec des notes relatives aux habitudes de ce poisson; et le nom de ce gobie rappelle les services rendus aux sciences naturelles par l'ami de l'illustre Pallas.

Ce poisson est ordinairement long de deux ou trois décimètres. Sa tête est couverte d'un grand nombre d'écailles, allongée, et cependant plus large que le corps. Les lèvres sont épaisses, charnues, et hérissées, à l'intérieur, de petites aspérités : la supérieure est double. Les dents sont

18 rayons à chacune des pectorales.
12 aux thoracines.
1 rayon simple et 9 articulés, à celle de l'anus.
15 rayons à celle de la queue, qui est arrondie.

(1) *Cabos.*
Pallas, Spicil. zoolog. 8, p. 3, tab. 1, fig. 1, 2, 3, 4.
Gobius barbarus, Linnée.
Gobie schlosser, Daubenton, Encyclopédie méthodique.
Id. Bonnaterre, planches de l'Encyclopédie méthodique.

(2) Du sous-genre Périophthalme dans le genre Gobous, Cuv.
Desm. 1829.

grandes, inégales, recourbées, aiguës, et distribuées irrégulièrement.

Les yeux présentent une position remarquable: ils sont très-rapprochés l'un de l'autre, situés au-dessus du sommet de la tête, et contenus dans des orbites très-relevées, mais disposées de telle sorte que les cornées sont tournées l'une vers la droite et l'autre vers la gauche.

Les écailles qui revêtent le corps et la queue sont assez grandes, rondes et un peu molles. On ne distingue pas facilement les lignes latérales. La couleur générale de l'animal est d'un brun-noirâtre sur le dos, et d'une teinte plus claire sur le ventre (1).

Les nageoires pectorales du schlosser sont, comme l'indiquent les caractères du second sous-genre, attachées à des prolongations charnues, que l'on a comparées à des bras, et qui servent a l'animal, non seulement à remuer ces nageoires par le moyen d'un levier plus long, à les agiter dès-lors avec plus de force et de vîtesse, à nager avec plus de rapidité au milieu des eaux fangeuses qu'il habite, mais encore à se traîner un peu sur

(1) A la membrane des branchies.................. 3 rayons.
A la première nageoire du dos................ 8
A la seconde.............................. 13
A chacune des pectorales.................... 16
Aux thoracines............................ 12
A celle de l'anus........................... 12
A celle de la queue......................... 19

la vase des rivages, contre laquelle il appuie successivement ses deux extrémités antérieures, en présentant très en petit, et cependant avec quelque ressemblance, les mouvements auxquels les phoques et les lamantins ont recours pour parcourir très-lentement les côtes maritimes.

C'est par le moyen de ces sortes de bras que le schlosser, pouvant, ou se glisser sur des rivages fangeux, ou s'enfoncer dans l'eau bourbeuse, échappe avec plus de facilité à ses ennemis, et poursuit avec plus d'avantage les faibles habitants des eaux, et particulièrement les cancres, dont il aime à faire sa proie.

Cette espèce doit être féconde et agréable au goût, auprès des côtes de la Chine, où on la pêche, ainsi que dans d'autres contrées orientales, puisqu'elle sert à la nourriture des Chinois qui habitent à une distance plus ou moins grande des rivages; et voilà pourquoi elle a été nommée par les Hollandais des grandes Indes, *Poisson chinois* (*Chineesche vissch*).

CINQUANTE-NEUVIÈME GENRE.

LES GOBIOÏDES.

Les deux nageoires thoracines réunies l'une à l'autre ; une seule nageoire dorsale ; la tête petite ; les opercules attachés dans une grande partie de leur contour.

ESPÈCES.	CARACTÈRES.
1. Le Gobioïde anguilliforme.	Cinquante-deux rayons à la nageoire du dos ; toutes les nageoires rouges.
2. Le Gobioïde smyrnéen.	Quarante-trois rayons à la nageoire du dos ; le bord des mâchoires composé d'une lame osseuse et dénuée de dents.
3. Le Gobioïde broussonnet.	Vingt-trois rayons à la nageoire du dos ; le corps et la queue très-allongés et comprimés ; des dents aux mâchoires ; les nageoires du dos et de l'anus très-rapprochées de la caudale, qui est pointue.
4. Le Gobioïde queue noire.	La queue noire.

LE GOBIOÏDE ANGUILLIFORME.[1]

Gobius anguillaris, Linn., Gmel.; *Gobioides anguilliformis*, Lacep. (2).

C'EST dans les contrées orientales, et notamment dans l'archipel de l'Inde, à la Chine, ou dans les îles du grand Océan équatorial, que l'on trouve le plus grand nombre de gobies. Les mêmes parties du globe sont aussi celles dans lesquelles on a observé le plus grand nombre de gobioïdes. L'anguilliforme a été vu particulièrement dans les eaux de la Chine.

Comme tous les autres gobioïdes, il ressemble beaucoup aux poissons auxquels nous donnons exclusivement le nom de *Gobie;* et voilà pourquoi nous avons cru devoir distinguer par la dénomination de *Gobioïde*, qui signifie *en forme de gobie,* le genre dont il fait partie, et qui a été confondu pendant long-temps dans celui des gobies proprement dits. Il diffère néanmoins de ces derniers, de même que tous les osseux de son genre, en ce qu'il n'a qu'une seule nageoire dorsale, pendant

(1) *Goujon anguillard*, Daubenton, Encyclopédie méthodique. Id. Bonnaterre, planches de l'Encyclopédie méthodique.

(2) Ce poisson n'est pas cité par M. Cuvier. DESM. 1829.

que les gobies en présentent deux. Il a d'ailleurs, ainsi que son nom l'indique, de grands rapports avec la murène anguille, par la longueur de la nageoire du dos et de celle de l'anus, qui s'étendent presque jusqu'à celle de la queue; par la petitesse des nageoires pectorales, qui, de plus, sont arrondies, et surtout par la viscosité de sa peau, qui, étant imprégnée d'une matière huileuse très-abondante, est à demi transparente.

La mâchoire inférieure de l'anguilliforme est garnie de petites dents, comme la supérieure; et toutes ses nageoires sont d'une couleur rouge assez vive (1).

(1) A la nageoire dorsale . . . . 52 rayons.
A chacune des pectorales 12
Aux thoracines 10
A celle de l'anus 43
A celle de la queue 12

LE GOBIOÏDE SMYRNÉEN.[1]

Gobioides smyrnensis, Lacep. (2).

Ce poisson a la tête grosse et parsemée de pores très-sensibles; dès-lors sa peau doit être arrosée d'une humeur visqueuse assez abondante.

Une lame osseuse, placée le long de chaque mâchoire, tient lieu de véritables dents: on n'a du moins observé aucune dent proprement dite dans la bouche de ce gobioïde.

Les nageoires pectorales sont très-larges, et les portions de celle du dos sont d'autant plus élevées qu'elles sont plus voisines de celle de la queue (3).

---

(1) Nov. Comment. Petropolit. 9, tab. 9, fig. 5.

Goujon smyrnéen, Bonnaterre, planches de l'Encyclopédie méthodique.

(2) Non cité par M. Cuvier. Desm. 1829.

(3) A la membrane des branchies . . . . 7 rayons.
A la nageoire du dos 43
A chacune des pectorales 33
A celle de l'anus 29
A celle de la queue 12

LE GOBIOÏDE BROUSSONNET.

Gobioides Broussonnetii, Lacep., Cuv.; *Gobius oblongatus*, Schn. (1).

Nous dédions cette espèce de gobioïde à notre savant confrère M. Broussonnet; et nous cherchons ainsi à lui exprimer notre reconnaissance pour les services qu'il a rendus à l'histoire naturelle, et pour ceux qu'il rend chaque jour à cette belle science dans l'Afrique septentrionale, et particulièrement dans les états de Maroc, qu'il parcourt avec un zèle bien digne d'éloges.

Ce gobioïde qui n'est pas encore connu des naturalistes, a les mâchoires garnies de très-petites dents. Ses nageoires thoracines sont assez longues, et réunies de manière à former une sorte d'entonnoir profond; les pectorales sont petites et arrondies; la dorsale et celle de l'anus s'étendent jusqu'à celle de la queue, qui a la forme d'un fer de lance: elles sont assez hautes, et cependant l'extrémité des rayons qui les composent, dépasse la membrane qu'ils soutiennent (2).

(1) Type du sous-genre Gobioïde admis par M. Cuvier dans le genre Gobous. Desm. 1829.

(2) A la nageoire du dos........................ 23 rayons.
A chacune des nageoires thoracines............ 7
A chacune des pectorales...................... 17
A celle de l'anus............................. 17
A celle de la queue........................... 16

Le corps est extrêmement allongé, très-bas, très-comprimé; et la peau qui le recouvre est assez transparente pour laisser distinguer le nombre et la position des principaux muscles.

Un individu de cette belle espèce faisait partie de la collection que la Hollande a donnée à la nation française; et c'est ce même individu dont nous avons cru devoir faire graver la figure.

LE GOBIOÏDE QUEUE NOIRE.(1)

Gobioides melanurus, Lacep.; *Gobius melanurus*, Linn., Gmel. (2).

C'est à M. Broussonnet que nous devons la connaissance de ce gobioïde, qu'il a décrit sous le nom de *Gobie à queue noire*, dont la queue est en effet d'une couleur noire plus ou moins foncée, mais que nous séparons des gobies proprement dits, parce qu'il n'a qu'une nageoire sur le dos.

(1) Broussonnet, Ichthyol. dec. 1.

(2) M. Cuvier ne cite pas cette espèce. Desm. 1829.

SOIXANTIÈME GENRE.

LES GOBIOMORES.

Les deux nageoires thoracines non réunies l'une à l'autre; deux nageoires dorsales; la tête petite; les yeux rapprochés; les opercules attachés dans une grande partie de leur contour.

PREMIER SOUS-GENRE.

Les nageoires pectorales attachées immédiatement au corps de l'animal.

ESPÈCES.	CARACTÈRES.
1. Le Gobiomore gronovien.	Trente rayons à la seconde nageoire du dos; dix aux thoracines; celle de la queue, fourchue.
2. Le Gobiomore taiboa.	Vingt rayons à la seconde nageoire du dos; douze aux thoracines; six à la première dorsale; celle de la queue, arrondie.
3. Le Gobiom. dormeur.	Onze rayons à la seconde nageoire du dos; huit à chacune des pectorales, ainsi qu'à celle de l'anus; la nageoire de la queue, très-arrondie.

SECOND SOUS-GENRE.

Chacune des nageoires pectorales attachée à une prolongation charnue.

ESPÈCE.	CARACTÈRES.
4. Le Gobiomore koelreuter.	Treize rayons à la seconde nageoire du dos; douze aux thoracines.

LE GOBIOMORE GRONOVIEN.(1)

Gobiomorus Gronovii, Lacep.; *Nomeus Mauritii*, Cuv. (2).

Les gobiomores ont été confondus jusqu'à présent avec les gobies, et par conséquent avec les gobioïdes. Je les en ai séparés pour répandre plus de clarté dans la répartition des espèces thoracines, pour me conformer davantage aux véritables principes que l'on doit suivre dans toute distribution méthodique des animaux, et afin de rapprocher davantage l'ordre dans lequel nous présentons les poissons que nous avons examinés, de celui que la nature leur a imposé.

Les gobiomores sont en effet séparés des gobies et des gobioïdes par la position de leurs nageoires inférieures ou thoracines, qui ne sont pas réunies, mais très-distinctes et plus ou moins éloignées l'une de l'autre. Ils s'écartent d'ailleurs des gobioïdes par le nombre de leurs nageoires

(1) Gronov. Zooph., p. 82, n. 278.
Cesteus argenteus, etc., Klein, Miss. pisc. 5, p. 24, n. 3.
Mugil americanus, Rai, Pisc., p. 85, n. 9.
Harder, Marcgrav. Brasil., lib. 4, cap. 6, p. 153.

(2) M. Cuvier forme avec ce poisson le genre qu'il nomme Pasteur, *Nomeus*, et qu'il place dans la famille des Scombres. DESM. 1829.

dorsales : ils en présentent deux ; et les gobioïdes n'en ont qu'une.

Ils sont cependant très-voisins des gobies, avec lesquels ils ont de grandes ressemblances ; et c'est cette sorte d'affinité ou de parenté que j'ai désignée par le nom générique de *Gobiomore, voisin* ou *allié des gobies*, que je leur ai donné.

J'ai cru devoir établir deux sous-genres dans le genre des gobiomores, d'après les mêmes raisons et les mêmes caractères que dans le genre des gobies. J'ai placé dans le premier de ces deux sous-genres les gobiomores dont les nageoires pectorales tiennent immédiatement au corps proprement dit de l'animal, et j'ai inscrit dans le second ceux dont les nageoires pectorales sont attachées à des prolongations charnues.

Dans le premier sous-genre se présente d'abord le gobiomore gronovien (1).

Ce poisson, dont on doit la connaissance à Gronou, habite au milieu de la zone torride, dans les mers qui baignent le nouveau continent. Il a quelques rapports avec un scombre. Ses écailles sont très-petites ; mais, excepté celles du dos, qui sont noires, elles présentent une couleur d'argent assez éclatante. Des taches noires sont

(1) A la membrane des branchies................ 5 rayons.
A la première nageoire du dos................ 10
A la seconde................................ 30
A chacune des nageoires pectorales............ 24
Aux thoracines.............................. 10

répandues sur les côtés de l'animal. La tête, au lieu d'être garnie d'écailles semblables à celles du dos, est recouverte de grandes lames écailleuses. Les yeux sont grands et moins rapprochés que sur la plupart des gobies ou des gobioïdes. L'ouverture de la bouche est petite. Des dents égales garnissent le palais et les deux mâchoires. La langue est lisse, menue et arrondie. La ligne latérale suit la courbure du dos. L'anus est situé vers le milieu de la longueur totale du poisson. Les nageoires thoracines sont très-grandes, et celle de la queue est fourchue.

LE GOBIOMORE TAIBOA.(1)

Gobiomorus Taiboa, Lacep.; *Eleotris strigatus*, Cuv. (2).

C'EST auprès du rivage hospitalier de la plus célèbre des îles fortunées, qui élèvent leurs collines ombragées et fertiles au milieu des flots agités de l'immense Océan équatorial, c'est auprès des bords enchanteurs de la belle île d'Otahiti, que l'on a découvert le taiboa, l'un des poissons les plus

(1) Broussonnet, Ichthyol. dec. 1, n. 1, tab. 1.

Goujon taiboa, Bonnaterre, planches de l'Encyclopédie méthodique.

(2) Du sous-genre Éléotris dans le genre Gobous de M. Cuvier.

DESM. 1829.

sveltes dans leurs proportions, les plus agiles dans leurs mouvements, les plus agréables par la douceur de leurs teintes, les plus richement parés par la variété de leurs nuances, parmi tous ceux qui composent la famille des gobiomores, et les genres qui l'avoisinent.

Nous en devons la première description à M. Broussonnet, qui en a vu des individus dans la collection du célèbre président de la société de Londres.

Le corps du taiboa est comprimé et très-allongé; les écailles, qui le recouvrent, sont presque carrées et un peu crénelées. La tête est comprimée, et cependant plus large que le corps. La mâchoire inférieure n'est pas tout-à-fait aussi avancée que la supérieure; les dents qui garnissent l'une et l'autre sont inégales. La langue est lisse, ainsi que le palais; le gosier hérissé de dents aiguës, menues et recourbées en arrière; la première nageoire du dos, composée de rayons très-longs ainsi que très-élevés; et la nageoire de la queue, large et arrondie (1).

Jetons les yeux maintenant sur les couleurs vives ou gracieuses que présente le taiboa.

---

(1)	A la membrane des branchies	6 rayons.
	A la première nageoire dorsale	6
	A la seconde nageoire du dos	20
	A chacune des pectorales	20
	Aux thoracines	12
	A celle de l'anus	19
	A celle de la queue	22

Son dos est d'un vert tirant sur le bleu, et sa partie inférieure blanchâtre; sa tête montre une belle couleur jaune, plus ou moins mêlée de vert; et ces nuances sont relevées par des raies et des points que l'on voit sur la tête, par d'autres raies d'un brun plus ou moins foncé, qui règnent auprès des nageoires pectorales, et par des taches rougeâtres situées de chaque côté du corps ou de la queue.

De plus, les nageoires du dos, de l'anus et de la queue, offrent un vert mêlé de quelques teintes de rouge ou de jaune, et qui fait très-bien ressortir des raies rouges droites ou courbées qui les parcourent, ainsi que plusieurs rayons qui les soutiennent et dont la couleur est également d'un rouge vif et agréable.

LE GOBIOMORE DORMEUR.(1)

Gobiomorus dormitor, Lac.; *Platycephalus dormitator*, Bloch, Schn.; *Eleotris dormitatrix*, Cuv. (2).

Les naturalistes n'ont encore publié aucune des-

(1) *Cephalus palustris*, Dessins et manuscrits de Plumier, déposés à la Bibliothèque du Roi.

Asellus palustris, Id. ibid.

(2) Du sous-genre Éléotris dans le genre Gobous, Cuv. Desm. 1829.

cription de ce gobiomore, qui vit dans les eaux douces et particulièrement dans les marais de l'Amérique méridionale : nous en devons la connaissance à Plumier; et nous en avons trouvé une figure dans les dessins de ce savant voyageur. La mâchoire inférieure de ce poisson est plus avancée que la supérieure; la nageoire de la queue est très-arrondie : le nombre des rayons de ses nageoires empêche d'ailleurs de le confondre avec les autres gobiomores. On l'a nommé *le Dormeur*, sans doute à cause du peu de vivacité ou du peu de fréquence de ses mouvements.

LE GOBIOMORE KOELREUTER.(1)

Gobiomorus Koelreuteri, Lacep.; *Gobius Koelreuteri*, Pallas; *Periophthalmus Koelreuteri*, Schn., Cuv. (2).

Le nom de cette espèce est un témoignage de gratitude envers un savant très-distingué, le naturaliste Koelreuter, qui vit maintenant dans ce pays de Bade, auquel les vertus touchantes de

(1) Koelreuter, Nov. Comm. Petropolit. 8, p. 421.
Goujon koelreuter, Bonnaterre, planches de l'Encyclopédie méthodique.

(2) Du sous-genre Périophthalme dans le genre Gobous, selon M. Cuvier. Desm. 1829.

ceux qui le gouvernent, et leur zèle très-éclairé pour le progrès des connaissances, ainsi que pour l'accroissement du bonheur de leurs semblables, ont donné un éclat bien doux aux yeux des amis de l'humanité.

Ce gobiomore, dont les téguments sont mous et recouvrent une graisse assez épaisse, est d'un gris blanchâtre. Ses yeux sont très-rapprochés, et placés sur le sommet de la tête; ce qui lui donne un grand rapport avec le gobie schlosser, auquel il ressemble encore par la position de ses nageoires pectorales, qui sont attachées au bout d'une prolongation charnue très-large auprès du corps proprement dit, et c'est à cause de ce dernier trait que nous l'avons inscrit dans un sous-genre particulier, de même que le gobie schlosser.

Les lèvres sont doubles et charnues; les dents inégales et coniques: la mâchoire supérieure en présente de chaque côté une beaucoup plus grande que les autres. La ligne latérale paraît comme comprimée; l'anus est situé vers le milieu de la longueur totale du poisson; et la nageoire de la queue est un peu lancéolée.

La première nageoire dorsale est brune et bordée de noir: on distingue une raie longitudinale et noirâtre sur la seconde, qui est jaunâtre et fort transparente (1).

---

(1) A la membrane des branchies . . . . 2 rayons.
A la première nageoire dorsale 12

On voit au-delà et très-près de l'anus du gobiomore kœlreuter, ainsi que sur plusieurs gobies, et même sur des poissons de genres très-différents, un petit appendice conique, que l'on a nommé *pédoncule génital*, qui sert en effet à la reproduction de l'animal, et sur l'usage duquel nous présenterons quelques détails dans la suite de cette histoire, avec plus d'avantage que dans l'article particulier que nous écrivons.

A la seconde.............................. 13
A chacune des pectorales..................... 13
Aux thoracines............................ 12
A celle de l'anus.......................... 11
A celle de la queue........................ 13

SOIXANTE-UNIÈME GENRE.

LES GOBIOMOROÏDES.

Les deux nageoires thoracines non réunies l'une à l'autre; une seule nageoire dorsale; la tête petite; les yeux rapprochés; les opercules attachés dans une grande partie de leur contour.

ESPÈCE.	CARACTÈRES.
Le Gobiomoroïde pison.	Quarante-cinq rayons à la nageoire du dos; six à chacune des thoracines; la mâchoire inférieure plus avancée que la supérieure.

LE GOBIOMOROÏDE PISON.(1)

Gobiomoroides Piso, Lacep.; *Gobius Pisonis*, Linn., Gmel.; *Eleotris Pisonis*, Cuv. (2).

Les gobies ont deux nageoires dorsales; les gobioïdes n'en ont qu'une, et voilà pourquoi nous avons séparé ces derniers poissons des gobies, en indiquant cependant, par le nom générique que nous leur avons donné, les grands rapports qui les lient aux gobies. Nous écartons également des gobiomores, dont le dos est garni de deux nageoires, les gobiomoroïdes, qui n'offrent sur le dos qu'un seul instrument de natation; et néanmoins nous marquons, par le nom générique de ces gobiomoroïdes, les ressemblances très-frappantes qui déterminent leur place à la suite des gobiomores.

Le pison a la mâchoire inférieure plus avancée que la supérieure; sa tête est d'ailleurs aplatie: on le trouve dans l'Amérique méridionale.

(1) Pison. Ind., lib. 3, p. 72.

Amore pixuma, Rai, Pisc., p. 80, n. 1.

Eleotris capite plagioplateo, etc., Gronov. Mus. 2, p. 16, n. 168; Zooph., p. 83, n. 279.

Gobius Pisonis, Linnée, édition de Gmelin.

(2) Du sous-genre Éléotris dans le genre Gobous, Cuv. Desm. 1829.

En examinant dans une collection de poissons desséchés, donnée par la Hollande à la France, un gobiomoroïde pison, nous nous sommes assurés que les deux mâchoires sont garnies de plusieurs rangées de dents fortes et aiguës. L'inférieure a de plus un rang de dents plus fortes, plus grandes, plus recourbées, et plus éloignées les unes des autres, que celles de la mâchoire supérieure.

La tête est comprimée aussi bien que déprimée, et garnie d'écailles presque semblables par leur grandeur à celles qui revêtent le dos. La nageoire de la queue est arrondie (1).

Le nom de cette espèce rappelle l'ouvrage publié par Pison sur l'Amérique australe, et dans lequel ce médecin a parlé de ce gobiomoroïde.

---

(1) A la nageoire du dos . . . . 45 rayons.
A chacune des pectorales 17
A chacune des thoracines 6
A celle de l'anus 23
A celle de la queue 12

SOIXANTE-DEUXIÈME GENRE.

LES GOBIÉSOCES.

Les deux nageoires thoracines non réunies l'une à l'autre; une seule nageoire dorsale; cette nageoire très-courte et placée au-dessus de l'extrémité de la queue, très-près de la nageoire caudale; la tête très-grosse et plus large que le corps.

ESPÈCE.	CARACTÈRES.
Le Gobiésoce testar.	Les lèvres doubles et très-extensibles; la nageoire de la queue, arrondie.

LE GOBIÉSOCE TESTAR.[1]

Gobiesox cephalus, Lacep.; *Lepadogaster dentex*, Schn.; *Cyclopterus nudus*, Linn. (2).

C'EST à Plumier que l'on devra la figure de ce poisson encore inconnu des naturalistes, et que nous avons regardé comme devant appartenir à un genre nouveau. Celle que nous avons fait graver, et que nous publions dans cet ouvrage, a été copiée d'après un dessin de ce célèbre voyageur. Le *Testar* habite l'eau douce : on l'a observé dans les fleuves de l'Amérique méridionale. Le nom vulgaire de *Testar*, qui lui a été donné, suivant Plumier, par ceux qui l'ont vu dans les rivières du Nouveau-Monde, indique les dimensions de sa tête, qui est très-grosse, et plus large que le corps; elle est d'ailleurs arrondie par devant, et un peu déprimée dans sa partie supérieure. Les yeux sont très-rapprochés l'un de l'autre; les lèvres doubles et extensibles. On aperçoit une légère concavité sur la nuque, et l'on remarque sur le dos un enfoncement semblable; le ventre est très-

(1) *Cephalus fluviatilis major*, vulgò *testar*, Dessins et manuscrits de Plumier, déposés à la Bibliothèque du Roi.

(2) M. Cuvier place ce poisson très-loin des gobous, dans l'ordre des Malacoptérygiens subbrachiens et dans le genre Porte-écuelle (Lepadogaster) où il forme un petit sous-genre. DESM. 1829.

saillant, très-gros, distingué, par sa proéminence, du dessous de la queue. Il n'y a qu'une nageoire dorsale; et cette nageoire, qui est très-courte, est placée au-dessus de l'extrémité de la queue, fort près de la caudale. Nous verrons une conformation très-analogue dans les ésoces; et comme d'ailleurs le testar a beaucoup de rapports avec les gobies, nous avons cru devoir former sa dénomination générique de la réunion du nom de *Gobie* avec celui d'*Ésoce*, et nous l'avons appelé *Gobiésoce testar.*

La nageoire de l'anus, plus voisine encore que la dorsale de celle de la queue, est cependant située en très-grande partie au-dessous de cette même dorsale: la caudale est donc très-près de la dorsale et de la nageoire de l'anus; elle est, de plus, très-étendue et fort arrondie (1).

La couleur générale de l'animal est d'un roux plus foncé sur le dos que sur la partie inférieure du poisson, et sur lequel on ne distingue ni raies, ni bandes, ni taches proprement dites. Au milieu de ce fond presque doré, au moins sur certains individus, les yeux, dont l'iris est d'un beau bleu, paraissent comme deux saphirs.

---

(1) A la nageoire du dos........................ 8 rayons.
A chacune des pectorales........................ 11
A chacune des thoracines........................ 5
A celle de l'anus........................ 4 ou 5
A la caudale........................ 11

SOIXANTE-TROISIÈME GENRE.

LES SCOMBRES.

Deux nageoires dorsales; une ou plusieurs petites nageoires au-dessus et au-dessous de la queue; les côtés de la queue carénés, ou une petite nageoire composée de deux aiguillons réunis par une membrane, au-devant de la nageoire de l'anus.

ESPÈCES.	CARACTÈRES.
1. Le Scomb. commerson.	Le corps très-allongé; dix petites nageoires très-séparées l'une de l'autre, au-dessus et au-dessous de la queue; la première nageoire du dos longue et très-basse; la seconde courte, échancrée, et presque semblable à celle de l'anus; la ligne latérale dénuée de petites plaques.
2. Le Scombre guare.	Dix petites nageoires au-dessus et au-dessous de la queue; la ligne latérale garnie de petites plaques.
3. Le Scombre thon.	Huit ou neuf petites nageoires au-dessus et au-dessous de la queue; les nageoires pectorales n'atteignant pas jusqu'à l'anus, et se terminant au-dessous de la première dorsale.
4. Le Scombre germon.	Huit ou neuf petites nageoires au-dessus et au-dessous de la queue; les nageoires pectorales assez longues pour dépasser l'anus.
5. Le Scombre thazard.	Huit ou neuf petites nageoires au-dessus, et sept au-dessous de la queue; les pectorales à peine de la longueur des thoracines; les côtés et la partie inférieure de l'animal sans taches.
6. Le Scombre bonite.	Huit petites nageoires au-dessus, et sept au-dessous de la queue; les pectorales atteignant à peine à la moitié de l'espace compris entre leur base et l'ouverture de l'anus; quatre raies longitudinales et noires sur le ventre.

ESPÈCES.	CARACTÈRES.
7. Le Scombre sarde.	Sept petites nageoires au-dessus, et six au-dessous de la queue; les pectorales courtes; la première dorsale ondulée dans son bord supérieur; deux orifices à chaque narine; trois pièces à chaque opercule; des écailles assez grandes sur la nuque, les environs de chaque pectorale et de la dorsale, et la base de la seconde nageoire du dos, de l'anale et de la caudale; quinze ou seize bandes transversales, courtes, courbées et noires, de chaque côté du poisson.
8. Le Scomb. alatunga.	Sept petites nageoires au-dessus et au-dessous de la queue; les pectorales très-longues.
9. Le Scombre chinois.	Sept petites nageoires au-dessus et au-dessous de la queue; les pectorales courtes; la ligne latérale saillante, descendant au-delà des nageoires pectorales, et sinueuse dans tout son cours; point de raies longitudinales.
10. Le Scombre atun.	Six ou sept petites nageoires dorsales au-dessus et au-dessous de la queue; la mâchoire inférieure plus longue que la supérieure; la ligne latérale parallèle au dos, jusque vers le commencement de la queue, et s'élevant ensuite; le dos noir; le ventre brunâtre; point de taches ni de raies.
11. Le Scom. maquereau.	Cinq petites nageoires au-dessus et au-dessous de la queue; douze rayons à chaque nageoire du dos.
12. Le Scomb. japonais.	Cinq petites nageoires au-dessus et au-dessous de la queue; huit rayons à chaque nageoire dorsale.
13. Le Scombre doré.	Cinq petites nageoires au-dessus et au-dessous de la queue; la partie supérieure de l'animal, couleur d'or.
14. Le Scomb. albacore.	Deux arêtes couvertes d'une peau brillante au-dessus de chaque opercule.

LE SCOMBRE COMMERSON.

Scomber Commerson, Lac.; *Cybium Commersonii*, Cuv. (1).

Le genre des scombres est un de ceux qui doivent le plus intéresser la curiosité des naturalistes, par leurs courses rapides, leurs longs voyages, leurs chasses, leurs combats, et plusieurs autres habitudes. Nous tâcherons de faire connaître ces phénomènes remarquables, en traitant en particulier du thon, de la bonite et du maquereau, dont les mœurs ont été fréquemment observées: mais nous allons commencer par nous occuper du scombre Commerson et du guare, afin de mettre dans l'exposition des formes et des actes principaux des poissons que nous allons considérer, cet ordre sans lequel on ne peut ni distinguer convenablement les objets, ni les comparer avec fruit, ni les graver dans sa mémoire, ni les retrouver facilement pour de nouveaux examens. C'est aussi pour établir d'une manière plus générale cet ordre, sans lequel, d'ailleurs, le style n'aurait ni clarté, ni force, ni chaleur, et de

(1) Du sous-genre Tassard, *cybium* de M. Cuvier dans le grand genre des Scombres. Desm. 1829.

plus pour nous conformer sans cesse aux principes de distribution méthodique qui nous ont paru devoir diriger les études des naturalistes, que nous avons circonscrit avec précision le genre des scombres. Nous en avons séparé plusieurs poissons qu'on y avait compris, et dont nous avons cru devoir même former plusieurs genres différents, et nous n'avons présenté comme véritables *Scombres*, comme semblables par les caractères génériques aux maquereaux, aux bonites, aux thons, et par conséquent aux poissons reconnus depuis long-temps pour des scombres proprement dits, que les thoracins qui ont, ainsi que les thons, les maquereaux et les bonites, deux nageoires dorsales, et en outre une série de nageoires très-petites, mais distinctes, placée entre la seconde nageoire du dos et la nageoire de la queue, et une seconde rangée d'autres nageoires analogues, située entre cette même nageoire de la queue et celle de l'anus. On a donné à ces nageoires si peu étendues et si nombreuses le nom de *fausses* nageoires; mais cette expression est impropre, puisqu'elles ont les caractères d'un véritable instrument de natation, qu'elles sont composées de rayons soutenus par une membrane, et qu'elles ne diffèrent que par leur figure et par leurs dimensions, des pectorales, des thoracines, etc.

Le nombre de ces petites nageoires variant suivant les espèces, c'est d'après ce nombre que nous avons déterminé le rang des divers poissons inscrits sur le tableau du genre. Nous avons présenté les premiers ceux qui ont le plus de ces nageoires additionnelles; et voilà pourquoi nous commençons par décrire une espèce de cette famille, que les naturalistes ne connaissent pas encore, dont nous avons trouvé la figure dans les manuscrits de Commerson, et à laquelle nous avons cru devoir donner le nom de cet illustre voyageur, qui a enrichi la science de tant d'observations précieuses.

Ce scombre offre dix nageoires supplémentaires, non seulement très-distinctes, mais très-séparées l'une de l'autre, dans l'intervalle qui sépare la caudale de la seconde nageoire du dos; et dix autres nageoires conformées et disposées de même règnent au-dessous de la queue. Ces nageoires sont composées chacune de quatre ou cinq petits rayons réunis par une membrane légère, rapprochés à leur base, et divergents à leur sommet.

Le corps et la queue de l'animal sont d'ailleurs extrêmement allongés, ainsi que les mâchoires qui sont aussi avancées l'une que l'autre, et garnies toutes les deux d'un rang de dents fortes, aiguës et très-distinctes. Le museau est pointu; l'œil gros; chaque opercule composé de deux lames arrondies dans leur contour postérieur; la première dorsale longue, et très-basse surtout à mesure qu'elle s'avance vers la queue; la seconde dorsale échancrée par derrière, très-courte, et semblable à celle de l'anus; la caudale très-échancrée en forme de croissant; la ligne latérale ondulée d'une manière peu commune, et fléchie par des sinuosités d'autant plus sensibles qu'elles sont plus près de l'extrémité de la queue; et la couleur générale du scombre, argentée, foncée sur le dos, et variée sur les côtés par des taches nombreuses et irrégulières.

Nous n'avons besoin, pour terminer le portrait du *Commerson*, que d'ajouter que les thoracines sont triangulaires comme les pectorales, mais beaucoup plus petites que ces dernières (1).

LE SCOMBRE GUARE.(2)

Scomber guara, Lacep.; *Scomber cordyla*, Linn., Gmel. (3).

C'EST dans l'Amérique méridionale que l'on a

(1) 18 rayons à la première nageoire du dos.
5 ou 6 à chacune des thoracines.

(2) *Scombre guare*, Daubenton, Encyclopédie méthodique.
Id. Bonnaterre, planches de l'Encyclopédie méthodique.
« Scomber lineâ laterali curvâ, tabellis osseis loricatâ. » Gronov. Act. Upsal. 1750, p. 36.
« Scomber compressus, latus, etc. » Gronov. Zooph. 307.
« Guara tereba. » Marcgrav. Brasil. 172.
« Trachurus brasiliensis. » Rai, Pisc. 93, pl. 346.
Scombre de Rottler, Bloch.

(3) M. Cuvier ne fait pas mention de cette espèce dans son Règne animal. DESM. 1829.

observé le guare. Il a, comme le commerson, dix petites nageoires au-dessus ainsi qu'au-dessous de la queue. Mais indépendamment d'autres différences, sa ligne latérale est garnie de petites plaques plus ou moins dures, et presque osseuses; et l'on voit au-devant de sa nageoire de l'anus une petite nageoire composée d'une membrane et de deux rayons; ou, pour mieux dire, le guare présente deux nageoires anales, tandis que le scombre commerson n'en montre qu'une (1).

---

(1) A la première nageoire du dos................ 7 rayons.
A la seconde.......................... 9
A chacune des pectorales.................... 15
A chacune des thoracines.................... 6
A la première de l'anus.................... 2
A la seconde.......................... 14
A celle de la queue...................... 20

LE SCOMBRE THON.[1]

Scomber Thynnus, Linn., Gmel., Bloch, Lacep., Cuv. (2).

L'IMAGINATION s'élève à une bien grande hauteur,

(1) *Scomber thynnus.*

Ton, sur quelques rivages de France.

Athon, dans quelques départements méridionaux.

Toun, auprès de Marseille.

Tonno, sur les côtes de la Ligurie.

Tunny fish, en Angleterre.

Spanish mackrell, ibid.

Orcynus.

Albacore, dans quelques contrées d'Europe.

Talling talling, aux Maldives.

Scombre thon, Daubenton, Encyclopédie méthodique.

Id. Bonnaterre, planches de l'Encyclopédie méthodique.

Müll. Prodrom., p. 47, n. 396.

« Scomber pinnulis suprà infràque octo. » Brunn. Pisc. Massil., p. 70, n. 86.

« Scomber albicans, seu albecor. » Osb. It. 60. (Il est inutile d'observer que ces noms d'*Albicor*, ou d'*Albecor, Albacor, Albacore*, ont été donnés, par plusieurs voyageurs et par quelques naturalistes, à différentes espèces de scombres, ainsi que nous aurons de nouvelles occasions de le faire remarquer.)

« Scomber pinnulis octo seu novem in extremo dorso, sulco ad pinnas « ventrales. » Artedi, gen. 31, syn. 49.

Ὁ θύννος. Aristot., lib. 2, cap. 13; lib. 4, cap. 10; lib. 5, cap. 9, 10

(2) Type du sous-genre Thon dans le grand genre Scombre. Cuv.

DESM. 1829.

et les jouissances de l'esprit deviennent bien vives, toutes les fois que l'étude des productions de la

---

et 11; lib. 6, cap. 17; lib. 8, cap. 2, 12, 13, 15, 19 et 30; et lib. 9, cap. 2.

Id. Ælian., lib. 9, cap. 42, p. 549; lib. 15, cap. 13, 16, 27; et lib. 15, cap. 3, 5 et 6.

Id. Athen., lib. 7, p. 301, 302, 303, 319.

Id. Oppian. Hal., lib. 2, p. 48.

Thunnus, Ovid. Hal., v. 98.

Id. Gaz. Arist.

Id. Aldrov., lib. 3, cap. 18, p. 313.

Id. Jonston, lib. 1, tit. 1, cap. 2, *a*, 1, tab. 3, fig. 2.

Thunnus, sive *thynnus*, Belon.

Id. Gesner, p. 957, 967, 1148, et (germ.) fol. 58, *b*.

Rai, p. 57.

Thunnus, vel *orcynus*, Schonev., p. 75.

Thynnus, Plin., lib. 9, cap. 15; et lib. 32, cap. 11.

Solin. Polyhist., cap. 18, 11.

Cuba, lib. 3, cap. 96, fol. 92, *b*.

P. Jov., cap. 6, p. 52.

Wotton, lib. 8, cap. 186, fol. 163, *b*.

« Scomber . . . . dentibus planis lanceolatis, maxillâ superiore acutâ. » Lœfl. Epist.

« Scomber, pinnulis utrinque novem, dorso dipterygio, etc. Gronov. » Zooph. 305.

Bloch, pl. 55.

« Thynnus pinnulis superioribus novem, inferioribus octo. » Browne, Jamaic. 451.

« Coretta alba Pisonis. » Willughby, Ichthyol., tab. M, 5, fig. 1.

« Thynnus, *seu* thunnus Belonii. » Id., p. 176.

« Guara pucu. » Marcgrav. Brasil., p. 178.

Piso, Indic., p. 59.

« Thon, orkynos, grand thon. » Rondelet, part. 1, liv. 8, chap. 12.

« Pelamis pinnâ dorsali secundâ rubro aut flavo colore infectâ, etc. » Klein, Miss. pisc. 5, p. 12, n. 3.

« Gros thon, vrai thon. » Duhamel, Traité des pêches, part. 2, t. 3, sect. 7, chap. 2, art. 1, p. 190, pl. 5.

nature conduit à une contemplation plus attentive de la vaste étendue des mers. L'antique Océan nous commande l'admiration et une sorte de recueillement religieux, lorsque ses eaux paisibles n'offrent à nos yeux qu'une immense plaine liquide. Le spectacle de ses ondes bouleversées par la tempête, et de ses abymes entr'ouverts au pied des montagnes écumantes formées par ses flots amoncelés, nous pénètre de ce sentiment profond qu'inspire une grande et terrible catastrophe. Et quel ravissement n'éprouve-t-on pas, lorsque ce même Océan, ne présentant plus ni l'uniformité du calme, ni les horreurs des orages conjurés, mollement agité par des vents doux et légers, et resplendissant de tous les feux de l'astre du jour, nous montre toutes les scènes variées des courses, des jeux, des combats et des amours des êtres vivants qu'il renferme dans son sein! Ce sont principalement les poissons auxquels on a donné le nom de *Pélagiques*, qui animent ainsi par leurs mouvements rapides et multipliés la mer qui les nourrit. On les distingue par cette dénomination, parce qu'ils se tiennent pendant une grande partie de l'année à une grande distance des rivages. Et parmi ces habitants des parties de l'Océan les plus éloignées des côtes, on doit surtout remarquer les thons dont nous écrivons l'histoire.

Les divers attributs qu'ils ont reçus de la nature leur donnent une grande prééminence sur le plus grand nombre des autres poissons. C'est presque toujours à la surface des eaux qu'ils se livrent au repos, ou qu'ils s'abandonnent à l'action des diverses causes qui peuvent les déterminer à se mouvoir. On les voit, réunis en troupes très-nombreuses, bondir avec agilité, s'élancer avec force, cingler avec la vélocité d'une flèche. La vivacité avec laquelle ils échappent, pour ainsi dire, à l'œil de l'observateur, est principalement produite par une queue très-longue, et qui, frappant l'onde salée par une face très-étendue, ainsi que par une nageoire très-large, est animée par des muscles vigoureux, et soutenue de chaque côté par un cartilage qui accroît l'énergie de ces muscles puissants (1).

Lorsque, dans certaines saisons, et particulièrement dans celle de la ponte et de la fécondation des œufs, une nécessité impérieuse les amène vers quelque plage, ils serrent leurs rangs nombreux, et se pressent les uns contre les autres; et les plus forts ou les plus audacieux précédant leurs compagnons à des distances déterminées par les degrés de leur vigueur et de leur courage, pendant que des nuances différentes composent une sorte d'arrière-garde, plus ou moins prolongée, des individus les plus faibles et les plus timides, on ne doit pas être surpris que la légion forme une sorte de grand parallélogramme animé, que l'on aper-

(1) Voyez, dans le Discours sur la nature des poissons, ce que nous avons dit de la natation de ces animaux.

çoit naviguant sur la mer, ou qui, nageant au milieu des flots qui le couvrent encore et le dérobent à la vue, s'annonce cependant de loin par le bruit des ondes rapidement refoulées devant ces rapides voyageurs. Des échos ont quelquefois répété cette espèce de bruissement ou de murmure lointain, qui, se propageant alors de rocher en rocher, et multiplié de rivage en rivage, a ressemblé à ce retentissement sourd, mais imposant, qui, au milieu du calme sinistre des journées brûlantes de l'été, annonce l'approche des nuées orageuses.

Malgré leur multitude, leur grandeur, leur force et leur vîtesse, ces éléments des succès dans l'attaque ou dans la défense, un bruit soudain a souvent suspendu une tribu voyageuse de thons au milieu de sa course: on les a vus troublés, arrêtés et dispersés par une vive décharge d'artillerie, ou par un coup de tonnerre subit. Le sens de l'ouïe n'est même pas, dans ces animaux, le seul que des impressions inattendues ou extraordinaires plongent dans une sorte de terreur: un objet d'une forme ou d'une couleur singulière suffit pour ébranler l'organe de leur vue, de manière à les effrayer, et à interrompre leurs habitudes les plus constantes. Ces derniers effets ont été remarqués par plusieurs voyageurs modernes, et n'avaient pas échappé aux navigateurs anciens. Pline rapporte, par exemple, que, dans le printemps, les thons passaient en troupes composées d'un grand nombre d'individus, de la Méditerranée dans le Pont-Euxin ou mer Noire; que, dans le Bosphore de Thrace, qui réunit la Propontide à l'Euxin, et dans le détroit même qui sépare l'Europe de l'Asie, un rocher d'une blancheur éblouissante et d'une grande hauteur s'élevait auprès de Chalcédoine sur le rivage asiatique; que l'éclat de cette roche, frappant subitement les légions de thons, les effrayait au point de les contraindre à se précipiter vers le cap de Byzance, opposé à la rive de Chalcédoine; que cette direction forcée dans le voyage de ces scombres en rendait la pêche très-abondante auprès de ce cap de Byzance, et presque nulle dans les environs des plages opposées; et que c'est à cause de ce concours des thons auprès de ce promontoire, qu'on lui avait donné le nom de Χρυσοκέρας, ou de *Corne d'or*, ou de *Corne d'abondance* (1).

Ces scombres sont cependant très-courageux dans la plupart des circonstances de leur vie. Un seul phénomène le prouverait; c'est l'étendue et la durée des courses qu'ils entreprennent. Pour en connaître nettement la nature, il faut rappeler la distinction que nous avons faite en traitant des poissons en général, entre leurs voyages périodiques et réguliers, et ceux qui ne présentent aucune régularité, ni dans les circonstances de temps,

(1) C'est pour rappeler ce même concours, que les médailles de Byzance présentent l'image du thon.

ni dans celles de lieu. Les migrations régulières et périodiques des thons sont celles auxquelles ils s'abandonnent, lorsqu'à l'approche de chaque printemps, ou dans une saison plus chaude, suivant le climat qu'ils habitent, ils s'avancent vers la température, l'aliment, l'eau, l'abri, la plage, qui conviennent le mieux au besoin qui les presse, pour y déposer leurs œufs ou pour les arroser de leur liqueur vivifiante, ou lorsqu'après s'être débarrassés d'un fluide trop stimulant ou d'un poids trop incommode, et avoir repris des forces nouvelles dans le repos et l'abondance, ils quittent les côtes de l'Océan avec les beaux jours, regagnent la haute mer, et rentrent dans les profonds asyles qu'elle leur offre. Leurs voyages irréguliers sont ceux qu'ils entreprennent à des époques dénuées de tout caractère de périodicité, qui sont déterminés par la nécessité d'échapper à un danger apparent ou réel, de fuir un ennemi, de poursuivre une proie, d'apaiser une faim cruelle, et qui, ne se ressemblant ni par l'espace parcouru, ni par la vîtesse employée à le franchir, ni par la direction des mouvements, sont aussi variables et aussi variés que les causes qui les font naître. Dans leurs voyages réguliers, ils ne vont pas communément chercher bien loin, ni par de grands détours, la rive qui leur est nécessaire, ou la retraite pélagienne qui remplace cette rive pendant le règne des hivers. Mais, dans leurs migrations irrégulières, ils parviennent souvent à de très-grandes distances; ils traversent avec facilité, dans ces circonstances, non seulement des golfes et des mers intérieures, mais même l'antique Océan. Un intervalle de plusieurs centaines de lieues ne les arrête pas; et, malgré leur mobilité naturelle, fidèles à la cause qui a déterminé leur départ, ils continuent avec constance leur course lointaine. Nous lisons, dans l'intéressante relation rédigée et publiée par le général Milet-Mureau, du voyage de notre célèbre et infortuné navigateur La Pérouse (1), que des scombres, à la vérité de l'espèce appelée *Bonite*, mais bien moins favorisés que les thons, relativement à la faculté de nager avec vîtesse et avec constance, suivirent les bâtiments commandés par cet illustre voyageur, depuis les environs de l'île de Pâques jusqu'à l'île Mowée, l'une des îles Sandwich. La troupe de ces scombres, ou le *banc* de ces poissons, pour employer l'expression de nos marins, fit quinze cents lieues à la suite de nos frégates : plusieurs de ces animaux, blessés par les *foènes* ou *tridents* des matelots français, portaient sur le dos une sorte de signalement qu'il était impossible de ne pas distinguer; et l'on reconnaissait chaque jour les mêmes poissons qu'on avait vus la veille (2).

---

(1) Voyage de La Pérouse, rédigé par Milet-Mureau, in-4°, tome II, p. 129.

(2) Voyez ce que nous avons écrit sur la vîtesse des poissons, dans notre Discours préliminaire sur la nature de ces animaux.

Quelque longue que puisse être la durée de cette puissance qui les maîtrise, plusieurs marins allant d'Europe en Amérique, ou revenant d'Amérique en Europe, ont vu des thons accompagner pendant plus de quarante jours les vaisseaux auprès desquels ils trouvaient avec facilité une partie de l'aliment qu'ils aiment; et cette avidité, pour les diverses substances nutritives que l'on peut jeter d'un navire dans la mer, n'est pas le seul lien qui les retienne pendant un très-grand nombre de jours auprès des bâtiments. L'attentif Commerson a observé une autre cause de leur assiduité auprès de certains vaisseaux, au milieu des mers chaudes de l'Asie, de l'Afrique et de l'Amérique, qu'il a parcourues. Il a écrit, dans ses manuscrits, que dans ces mers dont la surface est inondée des rayons d'un soleil brûlant, les thons, ainsi que plusieurs autres poissons, ne peuvent se livrer, auprès de cette même surface des eaux, aux différents mouvements qui leur sont nécessaires, sans être éblouis par une lumière trop vive, ou fatigués par une chaleur trop ardente: ils cherchent alors le voisinage des rivages escarpés, des rochers avancés, des promontoires élevés, de tout ce qui peut les dérober, pendant leurs jeux et leurs évolutions, aux feux de l'astre du jour. Une escadre est pour eux comme une forêt flottante qui leur prête son ombre protectrice: les vaisseaux, les mâts, les voiles, les antennes, sont un abri d'autant plus heureux pour les scombres, que, perpétuellement mobile, il les suit, pour ainsi dire, sur le vaste Océan, s'avance avec une vîtesse assez égale à celle de ces poissons agiles, favorise toutes leurs manœuvres, ne retarde en quelque sorte aucun de leurs mouvements; et voilà pourquoi, suivant Commerson, dans la zone torride, et vers le temps des plus grandes chaleurs, les thons qui accompagnent les bâtiments se rangent, avec une attention facile à remarquer, du côté des vaisseaux qui n'est pas exposé aux rayons du soleil (1).

Au reste, cette habitude de chercher l'ombre des navires peut avoir quelque rapport avec celle de suspendre leurs courses pendant les brumes, qui leur est attribuée par quelques voyageurs. Ils interrompent leurs voyages pour plusieurs mois, aux approches du froid; et, dès le temps de Pline, on disait qu'ils hivernaient dans l'endroit où la mauvaise saison les surprenait. On prétend que, pendant cette saison rigoureuse, ils préfèrent pour leur habitation les fonds limoneux. Ils s'y nourrissent de poissons ou d'autres animaux de la mer plus faibles qu'eux; il se jettent particulièrement sur les exocets et sur les clupées; les petits scombres deviennent aussi leur proie; ils n'épargnent pas même les jeunes animaux de leur espèce; et comme ils sont très-goulus, et d'ailleurs tour-

---

(1) Nous parlerons encore de cette observation de Commerson, dans l'article du Scombre germon.

mentés, dans certaines circonstances, par une faim qui ne leur permet pas d'attendre les aliments les plus analogues à leur organisation, ils avalent souvent avec avidité, dans ces retraites vaseuses et d'hiver, aussi-bien que dans les autres portions de la mer qu'ils fréquentent, des fragments de diverses espèces d'algues.

Ils ont besoin d'une assez grande quantité de nourriture, parce qu'ils présentent communément des dimensions considérables. Pline et les autres auteurs anciens qui ont écrit sur les thons, les ont rangés parmi les poissons les plus remarquables par leur volume. Le naturaliste romain dit qu'on en avait vu du poids de quinze talents (1), et dont la nageoire de la queue avait de largeur, ou, pour mieux dire, de hauteur, deux coudées et un palme. Les observateurs modernes ont mesuré et pesé des thons de trois cent vingt-cinq centimètres de longueur, et du poids de cinquante-cinq ou soixante kilogrammes; et cependant ces poissons, ainsi que tous ceux qui n'éclosent pas dans le ventre de leur mère, proviennent d'œufs très-petits : on a comparé la grosseur de ceux du thon à celle des graines de pavot.

---

(1) Ce poids de quinze talents attribué à un thon nous paraît bien supérieur à celui qu'ont dû présenter les gros poissons de l'espèce que nous décrivons. En effet, le talent des Romains, leur *centum-pondium*, était égal, selon Paucton (Métrologie, p. 761), à 68 $\frac{49}{100}$ livres de France, poids de marc, et le petit talent d'Égypte, d'Arabie, etc., égalait 45 $\frac{65}{100}$ ou $\frac{66}{100}$ livres de France. Un thon aurait donc pesé au moins 675 livres; ce qui ne nous semble pas admissible.

Le corps de ce scombre est très-allongé, et semblable à une sorte de fuseau très-étendu. La tête est petite; l'œil gros; l'ouverture de la bouche très-large; la mâchoire inférieure plus avancée que la supérieure, et garnie, comme cette dernière, de dents aiguës; la langue courte et lisse; l'orifice branchial très-grand; l'opercule composé de deux pièces; le tronc épais, et couvert, ainsi que la queue, d'écailles petites, minces et faiblement attachées. Les petites nageoires du dessus et du dessous de la queue sont communément au nombre de huit (1). Quelques observateurs en ont compté neuf dans la partie supérieure et dans la partie inférieure de cette portion de l'animal; et, d'après ce dernier nombre, on pourrait être tenté de croire que l'on peut quelquefois confondre l'espèce du thon avec celle du germon, dont la queue offre aussi par-dessus et par-dessous huit petites nageoires: mais la proportion des dimensions des pectorales avec la longueur totale du scombre, suffira pour séparer avec facilité les germons des poissons que nous tâchons de bien faire connaître. Dans les germons, ces pectorales s'étendent jusqu'au-delà de l'orifice de l'anus; et,

(1) A la première nageoire dorsale .... 15 rayons.
A la seconde 12
A chacune des pectorales 22
A chacune des thoracines 6
A celle de l'anus 13
A celle de la queue 25

dans les thons, elles ne sont jamais assez grandes pour y parvenir; elles se terminent à-peu-près au-dessous de l'endroit du dos où finit la première dorsale. La nageoire de la queue est figurée en croissant : nous avons fait remarquer son étendue dès le commencement de cet article.

Nous avons eu occasion, dans une autre portion de cet ouvrage (1), de parler de ces petits os auxquels on a particulièrement donné le nom d'*arêtes*, qui, placés entre les muscles, ajoutent à leur force, que l'on n'aperçoit pas dans toutes les espèces de poissons, mais que l'on n'a observés jusqu'à présent que dans ces habitants des eaux. Ces arêtes sont simples ou fourchues. Nous avons dit de plus, que, dans certaines espèces de poissons, elles aboutissaient à l'épine du dos, quoiqu'elles ne fissent pas véritablement partie de la charpente osseuse proprement dite. Nous avons ajouté que, dans d'autres espèces, non seulement ces arêtes n'étaient pas liées avec la grande charpente osseuse, mais qu'elles en étaient séparées par différents intervalles. Les scombres, et par conséquent les thons, doivent être comptés parmi ces dernières espèces.

Telles sont les particularités de la conformation extérieure et intérieure du thon, que nous avons cru convenable d'indiquer. Les couleurs qui le

(1) Discours sur la nature des poissons.

distinguent ne sont pas très-variées, mais agréables et brillantes : les côtés et le dessous de l'animal présentent l'éclat de l'argent ; le dessus a la nuance de l'acier poli ; l'iris est argenté, et sa circonférence dorée ; toutes les nageoires sont jaunes ou jaunâtres, excepté la première du dos, les thoracines et la caudale, dont le ton est d'un gris plus ou moins foncé.

Les anciens donnaient différents noms aux scombres qui sont l'objet de cet article, suivant l'âge, et par conséquent le degré de développement de ces animaux. Pline rapporte qu'on nommait *Cordyles* les thons très-jeunes qui, venant d'éclore dans la mer Noire, repassaient, pendant l'automne, dans l'Hellespont et dans la Méditerranée, à la suite des légions nombreuses des auteurs de leurs jours. Arrivés dans la Méditerranée, ils y portaient le nom de *Pélamides* pendant les premiers mois de leur croissance ; et ce n'était qu'après un an que la dénomination de *Thon* leur était appliquée.

Nous avons cru d'autant plus utile de faire mention ici de cet antique usage des Grecs ou Romains, que ces expressions de *Cordyle* et de *Pélamide* ont été successivement employées par plusieurs auteurs anciens et modernes dans des sens très-divers ; qu'elles servent maintenant à désigner deux espèces de scombres, le *Guare* et la *Bonite*, très-différentes du véritable thon ; et qu'on ne saurait prendre trop de soin pour éviter la confusion, qui n'a régné que trop long-temps dans l'étude de l'histoire naturelle.

Des animaux marins très-grands et très-puissants, tels que des squales et des xiphias, sont pour les thons des ennemis dangereux, contre les armes desquels leur nombre et leur réunion ne peuvent pas toujours les défendre. Mais indépendamment de ces adversaires remarquables par leur force ou par leurs dimensions, le thon expire quelquefois victime d'un être bien petit et bien faible en apparence, mais qui, par les piqûres qu'il lui fait et les tourments qu'il lui cause, l'agite, l'irrite, le rend furieux, à-peu-près de la même manière que le terrible insecte ailé qui règne dans les déserts brûlants de l'Afrique, est le fléau le plus funeste des panthères, des tigres et des lions. Pline savait qu'un animal dont il compare le volume à celui d'une araignée, et la figure à celle du scorpion, s'attachait au thon, se plaçait auprès ou au-dessous de l'une de ses nageoires pectorales, s'y cramponnait avec force, le piquait de son aiguillon, et lui causait une douleur si vive, que le scombre, livré à une sorte de délire, et ne pouvant, malgré tous ses efforts, ni immoler ni fuir son ennemi, ni apaiser sa souffrance cruelle, bondissait avec violence au-dessus de la surface des eaux, la parcourait avec rapidité, s'agitait en tout sens, et ne résistant plus à son état affreux, ne connaissant plus d'autre danger que la durée de son angoisse, excédé, égaré, transporté par une sorte de rage, s'élançait sur le rivage ou sur le pont d'un vaisseau, où bientôt il trouvait dans la mort la fin de son tourment (1).

C'est parce qu'on a bien observé dans les thons cette nécessité funeste de succomber sous les ennemis que nous venons d'indiquer, l'habitude du succès contre d'autres animaux moins puissants, le besoin d'une grande quantité de nourriture, la voracité qui les précipite sur des aliments de différente nature, leur courage habituel, l'audace qu'ils montrent dans certains dangers, la frayeur que leur inspirent cependant quelques objets, la périodicité d'une partie de leurs courses, l'irrégularité de plusieurs de leurs voyages et pour les temps et pour les lieux, la durée de leurs migrations, et la facilité de traverser d'immenses portions de la mer, qu'on a très-bien choisi les époques, les endroits et les moyens les plus propres à procurer une pêche abondante des scombres qui nous occupent dans ce moment.

En effet, on peut dire en général qu'on trouve le thon dans presque toutes les mers chaudes ou tempérées de l'Europe, de l'Asie, de l'Afrique et de l'Amérique; mais on ne rencontre pas un égal nombre d'individus de cette espèce dans toutes les saisons, ni dans toutes les portions des mers

(1) Rondelet a fait représenter sur la figure du thon qu'il a publiée, le petit animal dont Pline a parlé.

qu'ils fréquentent. Depuis les siècles les plus reculés de ceux dont l'histoire nous a transmis le souvenir, on a choisi certaines plages et certaines époques de l'année pour la recherche des thons. Pline dit qu'on ne pêchait ces scombres dans l'Hellespont, la Propontide et le Pont-Euxin, que depuis le commencement du printemps jusque vers la fin de l'automne. Du temps de Rondelet, c'est-à-dire vers le milieu du seizième siècle, c'était au printemps, en automne, et quelquefois pendant l'été, qu'on prenait une grande quantité de thons près des côtes d'Espagne, et particulièrement vers le détroit de Gibraltar (1). On s'occupe de la pêche de ces animaux sur plusieurs rivages de France et d'Espagne voisins de l'extrémité occidentale de la chaîne des Pyrénées, depuis les premiers jours de juin jusqu'en novembre; et on regarde comme assez assuré sur les autres parties du territoire français qui sont baignées par l'Océan, que l'arrivée des maquereaux annonce celle des thons qui les poursuivent pour les dévorer.

Ces derniers scombres montrent en effet une si grande avidité pour les maquereaux, qu'il suffit, pour les attirer dans un piége, de leur présenter un leurre qui en imite grossièrement la

(1) On a quelquefois pris un assez grand nombre de thons auprès de Conil, village voisin de Cadix, pour qu'on ait écrit que la pêche de ces animaux donnait au duc de Medina Sidonia un revenu de 80,000 ducats. Voyez les Lettres sur la Grèce de feu mon confrère M. Guys tome I, p. 398, troisième édition.

forme. Ils se jettent avec la même voracité sur plusieurs autres poissons, et particulièrement sur les sardines; et voilà pourquoi une image même très-imparfaite d'un de ces derniers animaux est, entre les mains des marins, un appât qui entraîne les thons avec facilité. On s'est servi de ce moyen avec beaucoup d'avantage dans plusieurs parages, et principalement auprès de Bayonne, où un bateau allant à la voile traînait des lignes dont les haims étaient recouverts d'un morceau de linge, ou d'un petit sac de toile en forme de sardine, et ramenait ordinairement plus de cent cinquante thons.

Mais ce n'est pas toujours une vaine apparence que l'on présente à ces scombres pour les prendre à la ligne : de petits poissons réels, ou des portions de poissons assez grands, sont souvent employés pour garnir les haims. On proportionne d'ailleurs la grandeur de ces haims, ainsi que la grosseur des cordes ou des lignes, aux dimensions et à la force des thons que l'on s'attend à rencontrer; et de plus, en se servant de ces haims et de ces lignes, on cherche à prendre ces animaux de diverses manières, suivant les différentes circonstances dans lesquelles on se trouve : on les prend *au doigt* (1), *à la canne* (2), *au libouret* (3), *au grand couple* (4).

(1) On nomme *pêche au doigt* celle qui se fait avec une ligne simple non suspendue à une perche.

(2) On dit que l'on pêche à *la canne*, ou à *la cannette*, lorsqu'on se

Mais parlons rapidement de procédés plus compliqués dont se composent les pêches des scombres thons faites de concert par un grand nombre de marins. Exposons d'abord celle qui a lieu avec des *thonnaires;* nous nous occuperons un instant, ensuite, de celle pour laquelle on construit des *madragues*.

On donne le nom de *thonnaire* ou *tonnaire*, à une enceinte de filets que l'on forme promptement dans la mer pour arrêter les *Thons* au moment de leur passage. On a eu pendant long-temps recours à ce genre d'industrie auprès de Collioure, où on le pratiquait, et où peut-être on le pratique

---

sert d'une canne ou perche déliée, au bout de laquelle on a *empilé un haim*, c'est-à-dire, attaché la ligne, etc.

(3) Le *libouret* est un instrument composé d'une corde ou ligne principale, à l'extrémité de laquelle est suspendu un poids de plomb. La corde passe au travers d'un morceau de bois d'une certaine longueur, nommé *avalette*. Ce morceau de bois est percé dans un de ses bouts, de manière à pouvoir tourner librement autour de la corde. Cette avalette est d'ailleurs maintenue, à une petite distance du plomb, par deux nœuds que l'on fait à la corde, l'un au-dessous et l'autre au-dessus de ce morceau de bois. Au bout de l'avalette opposé à celui que la corde traverse, on attache une ligne garnie de plusieurs *empiles* ou petites lignes * qui portent des haims, et qui sont de différentes longueurs, pour ne point s'embarrasser les unes dans les autres. Cet instrument sert communément pour les pêches sédentaires, le poids de plomb portant toujours sur le fond de la mer ou des rivières.

(4) Un couple est un fil de fer un peu courbé, dont chaque bout porte une *pile* ou *empile*, ou petite ligne garnie de haims, et qui est suspendu par le milieu à une ligne principale assez longue, et tenue par des pêcheurs dont la barque va à la voile.

* Voyez, dans l'article de la Raie bouclée, la définition d'une empile.

encore, chaque année, depuis le mois de juin jusqu'à la fin de septembre. Pour favoriser la prise des thons, les habitants de Collioure entretenaient, pendant la belle saison, deux hommes expérimentés qui, du haut de deux promontoires, observaient l'arrivée de ces scombres vers la côte. Dès qu'ils apercevaient de loin ces poissons qui s'avançaient par bandes de deux ou trois mille, ils en avertissaient les pêcheurs en déployant un pavillon, par le moyen duquel ils indiquaient de plus l'endroit où ces animaux allaient aborder. A la vue de ce pavillon, de grands cris de joie se faisaient entendre, et annonçaient l'approche d'une pêche dont les résultats importants étaient toujours attendus avec une grande impatience. Les habitants couraient alors vers le port, où les patrons des bâtiments pêcheurs s'empressaient de prendre les filets nécessaires, et de faire entrer dans leurs bateaux autant de personnes que ces embarcations pouvaient en contenir, afin de ne pas manquer d'aides dans les grandes manœuvres qu'ils allaient entreprendre. Quand tous les bateaux étaient arrivés à l'endroit où les thons étaient réunis, on jetait à l'eau des pièces de filets *lestées* et *flottées*, et on en formait une enceinte demi-circulaire, dont la concavité était tournée vers le rivage, et dont l'intérieur était appelé *jardin*. Les thons renfermés dans ce jardin s'agitaient entre la rive et les filets, et étaient si effrayés par la vue seule des barrières qui les avaient subitement environnés, qu'ils osaient à peine s'en approcher à la distance de six ou sept mètres.

Cependant, à mesure que ces scombres s'avançaient vers la plage, on resserrait l'enceinte, ou plutôt on en formait une nouvelle intérieure et concentrique à la première, avec des filets qu'on avait tenus en réserve. On laissait une ouverture à cette seconde enceinte jusqu'à ce que tous les thons eussent passé dans l'espace qu'elle embrassait; et en continuant de diminuer ainsi, par des clôtures successives, et toujours d'un plus petit diamètre, l'étendue dans laquelle les poissons étaient renfermés, on parvenait à les retenir sur un fond recouvert uniquement par quatre brasses d'eau : alors on jetait dans ce parc maritime un grand boulier (1), espèce de *seine*, dont le milieu

(1) On appelle *boulier*, sur la côte voisine de Narbonne et sur plusieurs autres côtes de la Méditerranée, un filet semblable à l'*aissaugue* *, et formé de deux bras qui aboutissent une manche. Son ensemble est composé de plusieurs pièces dont les mailles sont de différentes grandeurs. Pour faire les bras, on assemble, premièrement, douze pièces, dites *atlas*, dont les mailles sont de cinq centimètres en carré; secondement, quatorze pièces, dites de *deux doigts*, dont les mailles ont trente-sept millimètres en carré; et troisièmement, dix pièces de *pousal*, *pousaux*, *pouceaux*, dont les mailles ont près de deux centimètres d'ouverture. Tout cet assemblage a depuis cent vingt jusqu'à cent quatre-vingts brasses de longueur. Quant au corps de la manche, qu'on nomme aussi *bourse* ou *coup*, il est composé de six pièces, dites de *quinze-vingts*, dont chaque maille a douze millimètres d'ouverture, et secondement, de huit pièces appelées de *brassade*, dont les mailles sont à-peu-près de huit millimètres.

* *Aissaugue* ou *essaugue*, sorte de seine ou de filet en nappe, en usage dans la Méditerranée, et qui a, au milieu de sa largeur, une espèce de sac ou de poche.

est garni d'une manche. Les thons, après avoir tourné autour de ce filet, dont les ailes sont courbes, s'enfonçaient dans la poche ou manche : on amenait, à force de bras, le boulier sur le rivage ; on prenait les petits poissons avec la main, les gros avec des crochets ; on les chargeait sur les bateaux pêcheurs, et on les transportait au port de Collioure. Une seule pêche produisait quelquefois plus de quinze mille myriagrammes de thons ; et pendant un printemps dont on a conservé avec soin le souvenir, on prit dans une seule journée seize mille thons, dont chacun pesait de dix à quinze kilogrammes.

Il est des parages dans la Méditerranée où l'on se sert, pour prendre des thons, d'un filet auquel on a donné le nom de *scombrière*, de *combrière*, de *courantille*, qu'on abandonne aux courants, et qui va pour ainsi dire au-devant de ces scombres, lesquels s'engagent et s'embarrassent dans ses mailles. Mais hâtons-nous de parler du moyen le plus puissant de s'emparer d'une grande quantité de ces animaux si recherchés ; occupons-nous d'une des pêches les plus importantes de celles qui ont lieu dans la mer ; jetons les yeux sur la pêche pour laquelle on emploie *la madrague*. Nous en avons déja dit un mot en traitant de la raie mobular ; tâchons de la mieux décrire.

On a donné le nom de *madrague* (1) à un grand

(1) Le mot de *madrague* ou de *mandrague*, doit avoir été employé

parc qui reste construit dans la mer, au lieu d'être établi pour chaque pêche, comme les thonnaires. Ce parc forme une vaste enceinte distribuée en plusieurs chambres, dont les noms varient suivant les pays : les cloisons qui forment ces chambres, sont soutenues par des flottes de liége, étendues par un lest de pierres, et maintenues par des cordes dont une extrémité est attachée à la tête du filet, et l'autre amarrée à une ancre.

Comme les madragues sont destinées à arrêter les grandes troupes de thons, au moment où elles abandonnent les rivages pour voguer en pleine mer, on établit entre la rive et la grande enceinte une de ces longues allées que l'on appelle *chasses :* les thons suivent cette allée, arrivent à la madrague, passent de chambre en chambre, parcourent quelquefois, de compartiment en compartiment, une longueur de plus de mille brasses, et parviennent enfin à la dernière chambre, que l'on nomme *chambre de la mort*, ou *corpon*, ou *corpou*. Pour forcer ces scombres à se rassembler dans ce *corpou* qui doit leur être si funeste, on les pousse et les presse, pour ainsi dire, par un filet long de plus de vingt brasses (1), que l'on tient tendu derrière ces poissons par le moyen de deux bateaux, dont chacun soutient un des angles supérieurs du filet, et que

par des Marseillais descendus des Phocéens, à cause du mot grec μανδρα, *mandra*, qui signifie *parc*, *enclos*, *enceinte*.

(1) On nomme ce filet *engarre*.

l'on fait avancer vers la chambre de la mort. Lorsque les poissons sont ramassés dans ce corpou, plusieurs barques chargées de pêcheurs s'en approchent; on soulève les filets qui composent cette enceinte particulière, on fait monter les scombres très-près de la surface de l'eau, on les saisit avec la main, ou on les enlève avec des crocs.

La curiosité attire souvent un grand nombre de spectateurs autour de la madrague; on y accourt comme à une fête; on rassemble autour de soi tout ce qui peut augmenter la vivacité du plaisir; on s'entoure d'instruments de musique: et quelles sensations fortes et variées ne font pas en effet éprouver l'immensité de la mer, la pureté de l'air, la douceur de la température, l'éclat d'un soleil vivifiant que les flots mollement agités réfléchissent et multiplient, la fraîcheur des zéphyrs, le concours des bâtiments légers, l'agilité des marins, l'adresse des pêcheurs, le courage de ceux qui combattent contre d'énormes animaux rendus plus dangereux par leur rage désespérée, les élans rapides de l'impatience, les cris de la joie, les acclamations de la surprise, le son harmonieux des cors, le retentissement des rivages, le triomphe des vainqueurs, les applaudissements de la multitude ravie!

Mais nous, qui écrivons dans le calme d'une retraite silencieuse l'histoire de la Nature, n'abandonnons point notre raison au charme d'un spectacle enchanteur; osons, au milieu des transports de la joie, faire entendre la voix sévère de la philosophie; et si les lois conservatrices de l'espèce humaine nous commandent ces sacrifices sans cesse renouvelés de milliers de victimes, n'oublions jamais que ces victimes sont des êtres sensibles; ne cédons à la dure nécessité que ce qu'il nous est impossible de lui ravir; n'augmentons pas par des séductions que des jouissances plus douces peuvent si facilement remplacer, le penchant encore trop dangereux qui nous entraîne vers une des passions les plus hideuses, vers une cruelle insensibilité; effaçons, s'il est possible, du cœur de l'homme cette empreinte encore trop profonde de la féroce barbarie dont il a eu tant de peine à secouer le joug; enchaînons cet instinct sauvage qui le porte encore à ne voir la conservation de son existence que dans la destruction; que les lumières de la civilisation l'éclairent sur sa véritable félicité; que ses regards avides ne cherchent jamais les horreurs de la guerre au milieu de la paix des plaisirs, les agitations de la souffrance à côté du calme du bonheur, la rage de la douleur auprès du délire de la joie; qu'il cesse d'avoir besoin de ces contrastes horribles; et que la tendre pitié ne soit jamais contrainte de s'éloigner, en gémissant, de la pompe de ses fêtes.

Au reste, il n'est pas surprenant que, depuis un grand nombre de siècles, on ait cherché et employé un grand nombre de procédés pour la pêche des thons: ces scombres, en procurant un aliment très-abondant, donnent une nourriture très-agréable. On a comparé le goût de la chair de ces poissons à celui des acipensères esturgeons, et par conséquent à celui du veau. Ils engraissent avec facilité; et l'on a écrit (1) qu'il se ramassait quelquefois une si grande quantité de substance adipeuse dans la partie inférieure de leur corps, que les téguments de leur ventre en étaient tendus au point d'être aisément déchirés par de légers frottements. Ces poissons avaient une grande valeur chez les Grecs et chez les autres anciens habitants des rives de la Méditerranée, de la Propontide, de la mer Noire; et voilà pourquoi, dès une époque bien reculée, ils avaient été observés avec assez de soin pour que leurs habitudes fussent bien connues. Les Romains ont attaché particulièrement un grand prix à ces scombres, surtout lorsque asservis sous leurs empereurs, ils ont voulu remplacer par les jouissances du luxe les plaisirs de la gloire et de la liberté; et comme nous ne croyons pas inutile aux progrès de la morale et de l'économie publique, d'indiquer à ceux qui cultivent ces sciences si importantes, toutes les particularités de ce goût si marqué que nous avons observé dans les anciens pour les ali-

(1) Voyez Pline, liv. 9, chap. 15. Plusieurs auteurs modernes, et particulièrement Rondelet, ont rapporté le même fait.

ments tirés des poissons, nous ne passerons pas sous silence les petits détails que Pline nous a transmis sur la préférence que les Romains de son temps donnaient à telle ou telle portion des scombres auxquels cet article est consacré. Ils estimaient beaucoup la tête et le dessous du ventre; ils recherchaient aussi le dessous de la poitrine, qu'ils regardaient cependant comme difficile à digérer, surtout quand il n'était pas très-frais; ils ne faisaient presque aucun cas des morceaux voisins de la nageoire caudale, parce qu'ils ne les trouvaient pas assez gras; et ce qu'ils préféraient à plusieurs autres aliments, était la portion la plus proche du gosier ou de l'œsophage. Ces mêmes Romains savaient fort bien conserver les thons, en les coupant par morceaux, et en les renfermant dans des vases remplis de sel; et ils donnaient à cette préparation le nom de *Mélandrye* (*melandrya*), à cause de sa ressemblance avec des copeaux un peu noircis de chêne, ou d'autres arbres. Les modernes ont employé le même procédé. Rondelet dit que ses contemporains coupaient les thons qu'ils voulaient garder par tranches ou *darnes*, et qu'on donnait à ces darnes imbibées de sel le nom de *Thonnine* ou de *Tarentella*, parce qu'on en apportait beaucoup de Tarente. Très-souvent, au lieu de se contenter de saler les thons par des moyens à-peu-près semblables à ceux que nous avons exposés en traitant du gade morue, on les marine après les avoir coupés par tronçons, et en les préparant avec de l'huile et du sel. On renferme les thons marinés dans des barils; et on distingue avec beaucoup de soin ceux qui contiennent la chair du ventre, préférée aujourd'hui par les Européens comme autrefois par les Romains, et nommée *panse de thon*, de ceux dans lesquels on a mis la chair du dos, que l'on appelle *dos de thon*, ou simplement *thonnine* (1).

Comme les thons sont ordinairement très-gras, il se détache de ces poissons, lorsqu'on les lave et qu'on les presse pour les saler, une huile communément assez abondante, qui surnage promptement, que l'on ramasse avec facilité, et qui est employée par les tanneurs.

Il est des mers dans lesquelles ces scombres se nourrissent de mollusques assez malfaisants pour faire éprouver des accidents graves à ceux qui mangent de ces poissons sans avoir pris la précaution de les faire vider avec soin, et même pour contracter dans des portions de leur corps réparées pendant long-temps par des substances véneneuses, des qualités très-funestes (2): tant il semble que sur toutes ses productions, comme dans tous ses phénomènes, la nature préservatrice

(1) Les anciens faisaient saler les intestins du thon, ainsi que les œufs de ce scombre, qui servent encore de nos jours, sur plusieurs côtes, et particulièrement sur celles de la Grèce, à faire une sorte de *poutargue*. Consultez principalement, à ce sujet, Aulu-Gelle, liv. 10, chap. 20.

(2) Consultez, au sujet des poissons vénéneux, le Discours sur la nature de ces animaux.

ait voulu placer un emblême de la prudence tutélaire, en nous montrant sans cesse l'aspic sous les fleurs, et l'épine sur la tige de la rose.

LE SCOMBRE GERMON.[1]

Scomber Germo, Lacep.; *Scomber Alatunga*, Linn., Gmel. (2).

CETTE espèce de scombre a été jusqu'à présent confondue par les naturalistes, ainsi que par les marins, avec les autres espèces de son genre. Elle mérite cependant à beaucoup d'égards une attention particulière, et nous allons tâcher de la faire connaître sous ses véritables traits, en présentant avec soin les belles observations manuscrites que Commerson nous a laissées au sujet de cet animal.

---

(1) *Scomber germo.*

« Scomber (germo) pinnis pectoralibus ultra ânum productis, pinnulis « dorsalibus novem, ventralibusque totidem. » Manuscrits de Commerson, déja cités.

Germon, par plusieurs navigateurs français.

Longue oreille, par d'autres navigateurs.

(2) M. Cuvier forme avec ce poisson et quelques autres un sous-genre de Scombres, sous le nom de Germon *Orcynus*. Il lui attribue la synonymie suivante : *Alatunga* des Italiens. — Duhamel, sect. 7, pl. 6, fig. 1, sous le faux nom de Thon. — Willughby Append., pl. 9, fig. 1.

DESM. 1829.

Le germon, dont la grandeur approche de celle des thons, a communément plus d'un mètre de longueur; et son poids presque toujours au-dessus d'un myriagramme, s'étend quelquefois jusqu'à trois. Sa couleur est d'un bleu-noirâtre sur le dos, d'un bleu très-pur et très-beau sur le haut des côtés, d'un bleu argenté sur le bas de ces mêmes côtés, et d'une teinte argentée sans mélange sur sa partie inférieure. On voit, sur le ventre de quelques individus, des bandes transversales; mais elles sont si fugitives, qu'elles disparaissent avec rapidité lorsque le scombre expire, et même lorsqu'il est hors de l'eau depuis quelques instants. L'animal est allongé et un peu conique à ses deux extrémités; la tête revêtue de lames écailleuses, grandes et brillantes; le corps recouvert, ainsi que la queue, d'écailles petites, pentagones, ou plutôt presque arrondies.

Un seul rang de dents garnit chacune des deux mâchoires, dont l'inférieure est d'ailleurs plus avancée que la supérieure.

L'intérieur de la bouche est noirâtre dans son contour; la langue courte, un peu large, arrondie par devant, cartilagineuse et rude; le palais raboteux comme la langue; l'ouverture de chaque narine réduite à une sorte de fente; chaque commissure marquée par une prolongation triangulaire de la mâchoire supérieure; l'œil grand et un peu convexe; l'opercule branchial composé de deux pièces dénuées d'écailles semblables à celles du dos, resplendissantes de l'éclat de l'argent, et dont la seconde s'étend en croissant autour de la première et en borde le contour postérieur.

On peut voir au-dessous de cet opercule une membrane branchiale blanchâtre dans sa circonférence, et noirâtre dans le reste de sa surface; un double rang de franges compose chacune des quatre branchies : l'os demi-circulaire du premier de ces organes respiratoires présente des dents longues et fortes, arrangées comme celles d'un peigne; l'os du second n'en offre que de moins grandes; et l'arc du troisième ainsi que celui du quatrième, ne sont que raboteux (1).

Les nageoires pectorales ont une largeur égale au douzième, ou à-peu-près, de la largeur totale du scombre; leur longueur est telle, qu'elles dépassent l'ouverture de l'anus, et parviennent jusqu'aux premières petites nageoires du dessous de la queue. Elles sont de plus en forme de faux, fortes, raides, et, ce qu'il faut surtout ne pas négliger d'observer, placées chacune au-dessus d'une fossette, ou d'une petite cavité imprimée sur le côté du poisson, de la même grandeur et

(1) A la membrane des branchies.................. 7 rayons.
A la première nageoire du dos................. 14
A la seconde........................... 12
A chacune des pectorales.................... 35
A chacune des thoracines.................... 7
A celle de l'anus....................... 12
A celle de la queue...................... 30

de la même figure que cet instrument de natation, et dans laquelle cette nageoire est reçue en partie lorsqu'elle est en repos. Un appendice charnu occupe d'ailleurs, si je puis employer ce mot, l'aisselle supérieure de chaque pectorale.

Une fossette analogue est pour ainsi dire gravée au-dessous du corps, pour loger les nageoires thoracines, qui sont situées au-dessous des pectorales, et qui, presque brunes à l'intérieur, réfléchissent à l'extérieur une belle couleur d'argent.

La première nageoire dorsale s'élève au-dessus d'un sillon longitudinal dans lequel l'animal peut la coucher; et elle s'avance comme une faux vers la queue.

La seconde, presque entièrement semblable à celle de l'anus, au-dessus de laquelle on la voit, par sa rigidité, ses dimensions, sa figure et sa couleur, est petite et souvent rougeâtre ou dorée.

Les petites nageoires du dessus et du dessous de la queue sont triangulaires, et au nombre de huit ou de neuf dans le haut, ainsi que dans le bas. Ce nombre paraît être très-constant dans les individus de l'espèce que je décris, puisque Commerson assure l'avoir toujours trouvé, et cependant avoir examiné plus de vingt germons.

La nageoire de la queue, découpée comme un croissant, est assez grande pour que la distance, en ligne droite, d'une extrémité du croissant à l'autre, soit quelquefois égale au tiers de la longueur totale de l'animal. Le thon a également et de même que presque tous les scombres, une nageoire caudale très-étendue; et nous avons vu, dans l'article précédent, les effets très-curieux qui résultent de ce développement peu ordinaire du principal instrument de natation.

La ligne latérale, fléchie en divers sens jusqu'au-dessous de la seconde nageoire du dos, tend ensuite directement vers le milieu de la nageoire caudale.

On voit enfin, de chaque côté de la queue, la peau s'élever en forme de carène longitudinale; et cette forme est donnée à ce tégument par un cartilage qu'il recouvre, et qui ne contribue pas peu à la rapidité avec laquelle le germon s'élance au milieu ou à la surface des eaux.

Jetons maintenant un coup-d'œil sur la conformation intérieure de ce scombre.

Le cœur est triangulaire, rougeâtre, assez grand, à un seul mais très-petit ventricule; l'oreillette grande et très-rouge; le commencement de l'aorte blanchâtre, et en forme de bulbe; le foie d'un rouge-pâle, trapézoïde, convexe sur une de ses surfaces, hérissé de pointes vers une extrémité, garni de lobules à l'extrémité opposée, creusé à l'extérieur par plusieurs ciselures, et composé à l'intérieur de tubes vermiculaires, droits, parallèles les uns aux autres, et exhalant une humeur jaunâtre par des conduits communs; la rate allongée comme une languette, noirâtre, et suspendue sous le côté droit du foie; la vésicule du fiel conformée presque comme un lombric, plus grosse par un bout que par l'autre, égale en longueur au tiers de la longueur totale du poisson, appliquée contre la rate, et remplie d'un suc très-vert; l'estomac sillonné par des rides longitudinales; le canal intestinal deux fois replié; le péritoine brunâtre; et la vessie natatoire longue, large, attachée au dos et argentée.

Commerson a observé le germon dans le grand Océan austral, improprement appelé *mer Pacifique,* vers le vingt-septième degré de latitude méridionale, et le cent troisième de longitude.

Il vit pour la première fois cette espèce de scombre dans le voyage qu'il fit sur cet océan, avec notre célèbre navigateur et mon savant confrère Bougainville. Une troupe très-nombreuse d'individus de cette espèce de scombre entoura le vaisseau que montait Commerson, et leur vue ne fut pas peu agréable à des matelots et à des passagers fatigués par l'ennui et les privations inséparables d'une longue navigation. On tendit tout de suite des cordes garnies d'hameçons; et on prit très-promptement un grand nombre de ces poissons, dont le plus petit pesait plus d'un myriagramme, et le plus gros plus de trois. A peine ces thoracins étaient-ils hors de l'eau, qu'ils mouraient au milieu des tremblements et des soubresauts. Les marins, rassasiés de l'aliment que ces animaux leur fournirent, cessèrent d'en prendre : mais les troupes de germons, accompagnant toujours le vaisseau, furent, pendant les jours suivants, l'objet de nouvelles pêches, jusqu'à ce que, les matelots se dégoûtant de cette sorte de nourriture, les pêcheurs manquèrent aux poissons, dit le voyageur naturaliste, mais non pas les poissons aux pêcheurs. Le goût de la chair des germons était très-agréable, et comparable à celui des thons et des bonites ; et quoique les matelots en mangeassent jusqu'à satiété, aucun d'eux n'en éprouva l'incommodité la plus légère.

Commerson ajoute à ce qu'il dit des germons, une observation générale que nous croyons utile de rapporter ici. Il pense que tous les navires ne sont pas également suivis par des colonnes de scombres ou d'autres poissons analogues à ces légions de germons dont nous venons de parler ; il assure même qu'on a vu, lorsque deux ou plusieurs vaisseaux voguaient de conserve, les poissons ne s'attacher qu'à un seul de ces bâtiments, ne le jamais quitter pour aller vers les autres, et donner ainsi à ce bâtiment favorisé une sorte de privilége exclusif pour la pêche. Il croit que cette préférence des troupes de poissons pour un navire dépend du plus ou moins de subsistance qu'ils trouvent à la suite de ce vaisseau, et surtout de la saleté ou de l'état extérieur du bâtiment au-dessous de sa ligne de flottaison. Il lui a semblé que les navires préférés étaient ceux dont la carène avait été réparée le plus anciennement, ou qui venaient de servir à de plus longues navigations : dans les voyages de long cours, il s'attache sous les vaisseaux, des fucus, des goémons, des corallines, des pinceaux de mer, et d'autres plantes ou animaux marins qui peuvent servir à nourrir les poissons et doivent les attirer avec force. Au reste, Commerson remarque, ainsi que nous l'avons observé à l'article du thon, que parmi les causes qui entraînent les poissons auprès d'un vaisseau, il faut compter l'ombre que le corps du bâtiment et sa voilure répandent sur la mer; et dans les climats très-chauds, on voit, dit-il, pendant la plus grande chaleur du jour, ces animaux se ranger dans la place plus ou moins étendue que le navire couvre de son ombre.

LE SCOMBRE THAZARD.[1]

Scomber Thazard, Lacep. (2).

Ce nom de *Thazard* a été donné à des ésoces, à des clupées, et à d'autres scombres que celui dont nous allons parler : mais nous avons cru devoir, avec Commerson, ôter cette dénomination à toute espèce de scombre, excepté à celle que nous allons faire connaître. La description de ce poisson n'a encore été publiée par aucun naturaliste. Nous avons trouvé dans les papiers du célèbre compagnon de Bougainville, une figure de ce thazard, que nous avons fait graver, et une notice des formes et des habitudes de ce thoracin, de laquelle nous nous sommes servis pour composer l'article que nous écrivons.

La grandeur du thazard tient le milieu entre

(1) *Tazo.*

Tazard.

« Scomber immaculatus, pinnulis dorsalibus octo, ventralibus septem, « pinnis pectoralibus ventrales vix excedentibus. » Commerson, manuscrits déja cités.

(2) M. Cuvier rapporte ce poisson au sous-genre Auxide, *Auxis* dans le grand genre Scombre. Son sous-genre Tassard *Cybium* comprend d'autres espèces. Desm. 1829.

celle de la bonite et celle du maquereau; mais son corps, quoique très-musculeux, est plus comprimé que celui du maquereau, ou celui de la bonite.

Sa couleur est d'un beau bleu sur la tête, le dos, et la portion supérieure des parties latérales; elle se change en nuances argentées et dorées, mêlées de tons fugitifs d'acier poli, sur les bas côtés et le dessous de l'animal.

Au-dessous de chaque œil, on voit une tache ovale, petite, mais remarquable, et d'un noir bleuâtre.

Les nageoires pectorales et les thoracines sont noirâtres dans leur partie supérieure, et argentées dans l'inférieure; la première nageoire du dos est d'un bleu brunâtre, et la seconde est presque brune (1).

Au reste, on ne voit sur les côtés du thazard, ni bandes transversales, ni raies longitudinales.

La tête, un peu conique, se termine insensiblement en un museau presque aigu.

La mâchoire supérieure, solide et non extensi-

---

(1) 6 rayons à la membrane des branchies.
9 à la première dorsale.
12 à la seconde dorsale.
1 ou 2 aiguillons et 22 ou 23 rayons articulés à chacune des pectorales.
1 aiguillon et 5 rayons articulés à chacune des thoracines.
12 rayons à la nageoire de l'anus.
30 à la nageoire de la queue.

ble, est plus courte que l'inférieure, et paraît surtout moins allongée lorsque la bouche est ouverte. Les dents qui garnissent l'une et l'autre de ces deux mâchoires, sont si petites, que le tact seul peut en quelque sorte les distinguer. L'ouverture de la bouche est communément assez étroite pour ne pouvoir pas admettre de proie plus volumineuse que de petits poissons volants, ou jeunes exocets.

Les commissures sont noirâtres; l'intérieur de la gueule est d'un brun-argenté; la langue, assez large, presque cartilagineuse, très-lisse, et arrondie par devant, présente, dans la partie de sa circonférence qui est libre, deux bords dont l'un est relevé, et dont l'autre s'étend horizontalement; deux faces qui se réunissent en formant un angle aigu, composent la voûte du palais, qui, d'ailleurs, est sans aucune aspérité. Chaque narine a deux orifices : l'antérieur est petit et arrondi; le postérieur plus visible et allongé. Les yeux sont très-grands et sans voile.

L'opercule, composé de deux lames, recouvre quatre branchies, dont chacune comprend deux rangs de franges, et est soutenue par un os circulaire dont la partie concave offre des dents semblables à celles d'un peigne, très-longues dans le premier de ces organes, moins longues dans le second et le troisième, très-courtes dans le quatrième.

La tête ni les opercules ne sont revêtus d'aucune écaille proprement dite : on ne voit de ces écailles que sur la partie antérieure du dos et autour des nageoires pectorales ; et celles qui sont placées sur ces portions du scombre, sont petites et recouvertes par l'épiderme. La partie postérieure du dos, les côtés, et la partie inférieure de l'animal, sont donc dénués d'écailles, au moins de celles que l'on peut apercevoir facilement pendant la vie du poisson.

Les pectorales, dont la longueur excède à peine celle des thoracines, sont reçues chacune, à la volonté du thazard, dans une sorte de cavité imprimée sur le côté du scombre.

Nous devons faire remarquer avec soin qu'entre les nageoires thoracines se montre un cartilage *xiphoïde*, ou en forme de lame, aussi long que ces nageoires, et sous lequel l'animal peut les plier et les cacher en partie.

La première dorsale peut être couchée et comme renfermée dans une fossette longitudinale ; la caudale, ferme et raide, présente la forme d'un croissant très-allongé.

Huit ou neuf petites nageoires triangulaires et peu flexibles sont placées entre cette caudale et la seconde dorsale ; on en compte sept entre cette même caudale et la nageoire de l'anus.

De chaque côté de la queue, la peau s'élève en carène demi-transparente, renfermée par derrière entre deux lignes presque parallèles ; et la vigueur des muscles de cette portion du thazard, réunie avec la rigidité de la nageoire caudale, indique bien clairement la force de la natation et la rapidité de la course de ce scombre.

On ne commence à distinguer la ligne latérale qu'à l'endroit où les côtés cessent d'être garnis d'écailles proprement dites : composée vers son origine de petites écailles qui deviennent de plus en plus clair-semées, à mesure que son cours se prolonge, elle tend par de faibles ondulations, et toujours plus voisine du dos que de la partie inférieure du poisson, jusqu'à l'appendice cutané de la queue.

L'individu de l'espèce du thazard, observé par Commerson, avait été pris, le 30 juin 1768, vers le septième degré de latitude australe, auprès des rivages de la Nouvelle-Guinée, pendant que plusieurs autres scombres de la même espèce s'élançaient, à plusieurs reprises, à la surface des eaux, et derrière le navire, pour y saisir les petits poissons qui suivaient ce bâtiment.

Le goût de cet individu parut à Commerson aussi agréable que celui de la bonite; mais la chair de la bonite est très-blanche, et celle de ce thazard était jaunâtre. Nous allons voir, dans l'article suivant, les grandes différences qui séparent ces deux espèces l'une de l'autre.

LE SCOMBRE BONITE.[1]

Scomber Pelamys, Linn., Gmel., Cuv.; *Scomber Pelamides*, Lacep. (2).

LA bonite a été aussi appelée *Pélamide;* mais nous avons dû préférer la première dénomination. Plusieurs siècles avant Pline, les jeunes thons qui n'avaient pas encore atteint l'âge d'un an, étaient déja nommés *Pélamides;* et il faut éviter tout ce qui peut faire confondre une espèce avec

(1) *Bonnet.*

Pélamide.

Scombre pélamide, Daubenton, Encyclopédie méthodique.

Id. Bonnaterre, planches de l'Encyclopédie méthodique.

« Scomber.... lineis utrinque quatuor nigris. » Læfl. It. 102.

Bonite, Valmont de Bomare, Dictionnaire d'histoire naturelle.

« Scomber pelamis, pinnulis superioribus octo, inferioribus septem, « tæniis ventralibus longitudinalibus quatuor nigris. » Commerson, manuscrits déja cités.

Scomber, 2, var. β, Artedi, gen. 31, syn. 49.

Scomber pulcher, seu *bonite*, Osbeck, It. 67.

Pelamis Plinii, Belon.

Pelamis Belonii, Willughby, p. 180.

Rai 9, p. 58, n. 2.

Pelamis cærulea, Aldrov., lib. 3, cap. 18, p. 315.

Jonston, tab. 3, fig. 3.

(2) Du sous-genre des Thons dans le grand genre Scombre, Cuv.

DESM. 1829.

une autre. D'ailleurs, ce mot *Pélamide* employé par plusieurs des auteurs qui ont écrit sur l'histoire naturelle, est à peine connu des marins, tandis qu'il n'est presque aucun récit de navigation lointaine dans lequel le nom de *Bonite* ne se retrouve fréquemment. Avec combien de sensations agréables ou fortes cette expression n'est-elle donc pas liée! Combien de fois n'a-t-elle pas frappé l'imagination du jeune homme avide de travaux, de découvertes et de gloire, assis sur un promontoire escarpé, dominant sur la vaste étendue des mers, parcourant l'immensité de l'Océan par sa pensée, et suivant autour du globe, par ses désirs enflammés, nos immortels navigateurs! Combien de fois la mémoire fidèle ne l'a-t-elle pas retracée au marin intrépide et fortuné, qui, forcé par l'âge de ne plus chercher la renommée sur les eaux, rentré dans le port paré de ses trophées, contemplant d'un rivage paisible l'empire des orages qu'il a si souvent affrontés, rappelle à son ame satisfaite le charme des espaces franchis, des fatigues supportées, des obstacles écartés, des périls surmontés, des plages découvertes, des vents enchaînés, des tempêtes domptées! Combien de fois n'a-t-elle pas ému, dans le silence d'une retraite champêtre, le lecteur paisible, mais sensible, que le besoin heureux de s'instruire, ou l'envie de répandre les plaisirs variés de l'occupation de l'esprit sur la monotonie de la solitude, sur le calme du repos, sur l'ennui du désœuvrement, attachent, pour ainsi dire et par une sorte d'enchantement irrésistible, sur les pas des hardis voyageurs! Que de douces et de vives jouissances! Et pourquoi laisser échapper un seul des moyens de les reproduire, de les multiplier, de les étendre, d'en embellir l'étude de la science que nous cultivons?

Cette bonite dont le nom est si connu, est cependant encore assez mal connue elle-même: heureusement Commerson, qui l'a observée en habile naturaliste dans ses formes et dans ses habitudes, nous a laissé dans ses manuscrits de quoi compléter l'image de ce scombre.

L'ensemble formé par le corps et la queue de l'animal, musculeux, épais et pesant, finit par derrière en cône. Le dessus de la tête, le dos, les nageoires supérieures, sont d'un bleu-noirâtre; les côtés sont bleus; la partie inférieure est d'un blanc argentin: quatre raies longitudinales un peu larges, et d'un brun-noirâtre, s'étendent de chaque côté au-dessous de la ligne latérale, et sur ce fond que nous venons d'indiquer comme argenté, et que Commerson a vu cependant brunâtre dans quelques individus; les nageoires thoracines sont brunes; celle de l'anus est argentée; l'intérieur de la gueule est noirâtre; et ce qui est assez remarquable, c'est que l'iris, le dessous de la tête, et même la langue, paraissent, suivant Commerson, revêtus de l'éclat de l'or.

Parlons maintenant des formes de la bonite.

La tête, ayant un peu celle d'un cône, est d'ailleurs lisse, et dénuée d'écailles proprement dites. Un simple rang de dents très-petites garnit la mâchoire supérieure, qui n'est point extensible, et l'inférieure, qui est plus avancée que celle d'en-haut. L'ouverture de la bouche a la grandeur nécessaire pour que la bonite puisse avaler facilement un exocet.

La langue est petite, étroite, courte, maigre, demi-cartilagineuse, relevée dans ses bords; la voûte du palais très-lisse; l'orifice de chaque narine voisin de l'œil, unique, et fait en forme de ligne longue très-étroite et verticale; l'œil très-grand, ovale, peu convexe, sans voile; l'opercule branchial composé de deux lames arrondies par-derrière, dénuées de petites écailles, et dont la postérieure embrasse celle de devant.

Des dents arrangées comme celles d'un peigne garnissent l'intérieur des arcs osseux qui soutiennent les branchies; elles sont très-longues dans les arcs antérieurs.

Les écailles qui recouvrent le corps et la queue, sont petites, presque pentagones, et fortement attachées les unes au-dessus des autres.

Chacune des nageoires pectorales, dont la longueur est à peine égale à la moitié de l'espace compris entre leur base et l'ouverture de l'anus, peut être reçue dans une cavité gravée, pour ainsi dire, sur la poitrine de l'animal, et dont la forme ainsi que la grandeur sont semblables à celles de la nageoire.

On voit une fossette analogue propre à recevoir chacune des thoracines, au-dessous desquelles on peut reconnaître l'existence d'un cartilage caché par la peau (1). La nageoire de l'anus est la plus petite de toutes. La première du dos, faite en forme de faux, et composée uniquement de rayons non articulés, peut être couchée à la volonté de la bonite, et, pour ainsi dire, entièrement cachée dans un sillon longitudinal; la seconde dorsale, placée presque au dessus de celle de l'anus, est à peine plus avancée et plus grande que cette dernière. La nageoire de la queue paraît très-forte, et représente un croissant dont les deux cornes sont égales et très-écartées.

Entre cette nageoire et la seconde du dos, on voit huit petites nageoires; on n'en trouve que sept au-dessous de la queue: mais il faut observer que, dans quelques individus, le dernier lobe de la seconde dorsale, et celui de la nageoire de l'anus, ont pu être conformés de manière à ressembler beaucoup à une petite nageoire; et voilà pourquoi on a cru devoir compter neuf petites nageoires au-dessus et huit au-dessous de la queue de la bonite.

(1) 7 rayons à la membrane branchiale.
15 rayons non articulés à la première nageoire du dos.
12 rayons à la seconde dorsale.
1 ou 2 aiguillons et 26 ou 27 rayons articulés à chacune des pectorales.
1 aiguillon et 5 rayons articulés à chacune des thoracines.
12 rayons à celle de l'anus.
30 rayons à celle de la queue.

Les deux côtés de cette même queue présentent un appendice cartilagineux, un peu diaphane, elevé en carène, et suivi de deux stries longitudinales qui tendent à se rapprocher vers la nageoire caudale.

La ligne latérale, à peine sensible dans son origine, fléchie ensuite plus d'une fois, devient droite, et s'avance vers l'extrémité de la queue.

La bonite a presque toujours plus de six décimètres de longueur : elle se nourrit quelquefois de plantes marines et d'animaux à coquille, dont Commerson a trouvé des fragments dans l'intérieur de plusieurs individus de cette espèce qu'il a disséqués; le plus souvent néanmoins elle préfère des exocets ou des triures. On la rencontre dans le grand Océan, aussi bien que dans l'océan Atlantique; mais on ne la voit communément que dans les environs de la zone torride : elle y est la victime de plusieurs grands animaux marins; elle y périt aussi très-fréquemment dans les rets des navigateurs, qui trouvent le goût de sa chair d'autant plus agréable, que lorsqu'ils prennent ce scombre, ils ont été communément privés depuis plusieurs jours de nourriture fraîche; et, *poisson misérable*, pour employer l'expression de Commerson, elle porte dans ses entrailles des ennemis très-nombreux; ses intestins sont remplis de petits *tænia* et d'ascarides: jusque sous sa plèvre et sous son péritoine, sont logés des vers cucurbitains très-blancs, très-petits, et très-mous ; et son estomac renferme d'autres animaux sans vertèbres, que Commerson a cru devoir comprendre dans le genre des sangsues.

Avant de terminer cet article, nous croyons utile de bien faire connaître quelques-unes des principales différences qui séparent la bonite du thazard, avec lequel on pourrait la confondre. Premièrement, la bonite a sur le ventre des raies noirâtres et longitudinales qui manquent sur le thazard. Deuxièmement, son corps est plus épais et moins arrondi. Troisièmement, elle n'a pas, comme le thazard, une tache bleue sous chaque œil. Quatrièmement, elle est couverte, sur tout le corps et la queue, d'écailles placées les unes au-dessus des autres : le thazard n'en montre d'analogues que sur le dos et quelques autres parties de sa surface. Cinquièmement, sa membrane branchiale est soutenue par sept rayons ; celle du thazard n'en comprend que six. Sixièmement, le nombre des rayons est différent dans les pectorales ainsi que dans la première dorsale de la bonite, et dans les pectorales ainsi que la première dorsale du thazard. Septièmement, le cartilage situé au-dessous des thoracines est caché par la peau dans le thazard ; il est à découvert dans la bonite. Huitièmement, la queue est plus profondément échancrée dans la bonite que dans le thazard. Neuvièmement, la ligne latérale diffère dans ces deux scombres, et par le lieu de son origine, et par ses sinuosités. Dixièmement, enfin, la couleur de la chair du thazard est jaunâtre.

Que l'on considère avec Commerson qu'aucun de ces caractères ne dépend de l'âge ni du sexe, et l'on sera convaincu avec ce naturaliste que la bonite est une espèce de scombre très-différente de celle du thazard décrite pour la première fois par ce savant voyageur.

LE SCOMBRE SARDE.[1]

Scomber Sarda, Bloch, Lacep., Cuv. (2).

Le scombre sarde habite non seulement dans la Méditerranée, mais encore dans l'Océan. On le pêche à la hauteur de France et à celle d'Espagne, mais très-souvent à la distance de plusieurs

(1) *Bonite*, sur plusieurs côtes de France.
Germon, ibid.
Boniton, dans plusieurs ports méridionaux de France.
Bize, en Espagne.
Scale breast, en Angleterre.
Brust schuppe, en Allemagne.
Bize, Rondelet, part. 1, liv. 8, chap. 11.
Scomber sarda, Bloch, pl. 334.

(2) M. Cuvier fait une petite division de cette espèce sous le nom de SARDE, *Sarda*, dans le grand genre Scombre. DESM. 1829.

myriamètres des côtes. On le prend non seulement au filet mais encore à l'hameçon. Il est d'une voracité excessive. Son poids s'élève jusqu'à cinq ou six kilogrammes. Sa chair est blanche et grasse. Il a la langue lisse; mais on peut voir, de chaque côté du palais, un os long, étroit, et garni de dents petites et pointues. Son anus est deux fois plus près de la caudale que de la tête. La couleur générale du poisson varie entre le bleu et l'argenté. La première nageoire du dos est noirâtre; les autres nageoires sont d'un gris mêlé quelquefois avec des teintes jaunes (1).

LE SCOMBRE ALATUNGA.(2)

Scomber Alatunga, Linn., Gmel. (3).

Ce scombre, dont les naturalistes doivent la

(1) 6 rayons à la membrane branchiale du scombre sarde.
16 rayons à chaque pectorale.
21 rayons aiguillonnés à la première nageoire du dos.
15 rayons à la seconde.
1 rayon aiguillonné et 5 rayons articulés à chaque thoracine.
14 rayons à la nageoire de l'anus.
20 rayons à la caudale.

(2) Cetti, Pesc. e anf. di Sard., p. 198.
Scomber alatunga, Bonnaterre, planches de l'Encyclopédie méthodique.

(3) Selon M. Cuvier, cette espèce ne diffère pas du Germon décrit plus haut, page 313. Desm. 1829.

première description au savant Cetti, auteur de l'*Histoire des Poissons et des Amphibies de la Sardaigne*, vit dans la Méditerranée comme le thon. On l'y voit, de même que ce dernier poisson, paraître régulièrement à certaines époques; et cette espèce se montre également en troupes nombreuses et bruyantes. Sa chair est blanche et agréable au goût. L'alatunga a d'ailleurs beaucoup de rapports dans sa conformation avec le thon; mais il ne parvient ordinairement qu'au poids de sept ou huit kilogrammes. Il n'a que sept petites nageoires au-dessus et au-dessous de la queue; et ses nageoires pectorales sont si allongées, qu'elles atteignent jusqu'à la seconde nageoire dorsale. Au reste, il est aisé de voir que presque tous ses traits, et particulièrement le dernier, le séparent de la bonite et du thazard, aussi bien que du thon; et la longueur de ses pectorales ne peut le faire confondre dans aucune circonstance avec le germon, puisque le germon a huit ou neuf petites nageoires au-dessus ainsi qu'au-dessous de la queue, pendant que l'alatunga n'en a que sept au-dessous et au-dessus de cette même partie. Il est figuré dans les peintures sur vélin que l'on possède au Muséum d'histoire naturelle, et qui ont été faites d'après les dessins de Plumier, sous le nom de *Thon de l'Océan* (*thynnus oceanicus*), vulgairement *Germon*.

Sa mâchoire inférieure est plus avancée que la supérieure, et sa ligne latérale tortueuse.

LE SCOMBRE CHINOIS.

Scomber sinensis, Lacep. (1).

Ce scombre n'a encore été décrit par aucun naturaliste européen. Nous en avons trouvé une image très-bien peinte dans le recueil chinois dont nous avons déja parlé plusieurs fois : il est d'un violet argenté dans sa partie supérieure, et rougeâtre dans sa partie inférieure. Sept petites nageoires sont placées entre la caudale et la seconde du dos : on en voit sept autres au-dessous de la queue. Les pectorales sont courtes; la caudale est très-échancrée. La ligne latérale est saillante, sinueuse dans tout son cours; et indépendamment de son ondulation générale, elle descend assez bas après avoir dépassé les pectorales, et se relève un peu ensuite. On n'aperçoit pas de raies longitudinales sur les côtés de l'animal.

(1) M. Cuvier ne mentionne pas cette espèce. Desm. 1829.

LE SCOMBRE ATUN.

Scomber Atun, Lacep. (1).

Le voyageur Euphrasen, en allant de Suède à Canton, et de Canton en Suède, en 1782 et 1783, a vu près du cap de Bonne-Espérance, et dans les eaux de l'île de Java, le *Scombre atun*, dont la longueur est quelquefois de plus d'un mètre; la tête comprimée; le museau allongé et pointu; la mâchoire supérieure garnie non seulement d'un rang de dents, mais encore de quatre dents aiguës et plus fortes, placées à son extrémité; l'œil ovale; l'iris cendré; la caudale fourchue (2).

(1) M. Cuvier ne fait pas mention de cette espèce. Desm. 1829.

(2) 7 rayons à la membrane branchiale du scombre atun.
20 rayons aiguillonnés à la première dorsale.
10 rayons articulés à la seconde.
13 rayons à chaque pectorale.
6 rayons à chaque thoracine.
10 ou 13 rayons à l'anale.
22 rayons à la nageoire de la queue.

LE SCOMBRE MAQUEREAU.[1]

Scomber Scombrus, Linn., Gmel., Lacep., Cuv. (2).

Lorsque nous avons voulu parcourir, pour ainsi

(1) *Auriol*, sur plusieurs côtes méridionales de France.
Verrat, ibid.
Makrill, en Suède.
Id., en Danemarck.
Makrel, en Allemagne.
Macarel, en Angleterre.
Macarello, à Rome.
Scombro, à Venise.
Lacerto, à Naples.
Cavallo, en Espagne.
Horreau, dans quelques contrées européennes.
Scombre maquereau, Daubenton, Encyclopédie méthodique.
Id. Bonnaterre, planches de l'Encyclopédie méthodique.
Maquereau, Duhamel, Traité des pêches, part. 2, sect. 7, chap. 1, pl. 1, fig. 1.
Bloch, pl. 54.
« Scomber pinnulis quinque. » Faun. Suecic. 339.
Müll. Prodrom. Zoolog. Danic., p. 47, n. 395.
« Scomber pinnulis quinque in extremo dorso, spinâ brevi ad anum. » Artedi, gen. 30, spec. 68, syn. 48.
Ὁ σκόμβρος. Arist., lib. 6, cap. 17; lib. 8, cap. 12.
Ælian., lib. 14, cap. 1, p. 798.
Athen., lib. 3, p. 121.

(2) Le maquereau est le type d'un sous-genre particulier, dans le grand genre Scombre, selon M. Cuvier. Desm. 1829.

dire, toutes les mers habitées par les légions nombreuses et rapides de thons, de germons, de thazards, de bonites, et des autres scombres que nous venons d'examiner, nous n'avons eu besoin de nous élever par la force de la pensée, qu'au-dessus des portions de l'Océan qu'environnent les zones torrides et tempérées. Pour connaître maintenant, observer et comparer tous les climats sous lesquels la nature a placé le scombre maquereau, nous devons porter nos regards bien plus loin encore. Que notre vue s'étende jusqu'au pôle du globe, jusqu'à celui autour duquel scintillent les deux ourses. Quel spectacle nouveau, majestueux,

---

Oppian. Halieut., lib. 1, fol. 108 et 109; et lib. 3.

Scomber, Ovid. Halieut., v. 94.

Scomber, Columell., lib. 8, cap. 17.

Scomber, Plin., lib. 9, cap. 15; lib. 31, cap. 8; et lib. 32, cap. 11.

Maquereau, Rondelet, part. 1, liv. 8, chap. 7.

Scombrus, id. ibid.

Scomber, Gesner, 841, 1012; et (germ.) fol. 57.

Scombrus, id.

Schonev., p. 66.

Aldrov., lib. 2, cap. 53, p. 270.

Jonston, lib. 1, tit. 3, cap. 3, *a.* 1, punct. 6, p. 92, tab. 21, fig. 9, 11.

Willughby, p. 181.

Mackrell, Rai, p. 58.

Scomber, scombrus, Charlet., p. 147.

Wotton, lib. 8, cap. 188, p. 166, *b.*

Salvian., fol. 239, *b.* 241, 242.

« Pelamis corpore castigato, etc. » Klein, Miss. pisc. 5, p. 12, n. 5, tab. 4, fig. 1.

Gronov. Mus. 1, p. 34, n. 81; et Zooph., p. 93, n. 304.

Brit. Zoolog. 3, p. 221, n. 1.

terrible, va paraître à nos yeux! Des rivages couverts de frimas amoncelés et de glaces éternelles, unissent, sans les distinguer, une terre qui disparaît sous des couches épaisses de neiges endurcies, à une mer immobile, froide, gelée, solide dans sa surface, et surchargée au loin d'énormes glaçons entassés en montagnes sinueuses, ou élevés en pics sourcilleux. Sur cet océan endurci par le froid, chaque année ne voit régner qu'un seul jour; et pendant ce jour unique, dont la durée s'étend au-delà de six mois, le soleil, peu exhaussé au-dessus de la surface des mers, mais paraissant tourner sans cesse autour de l'axe du monde, élevant ou abaissant perpétuellement ses orbes, mais enchaînant toujours ses circonvolutions, commençant, toutes les fois qu'il répond au même méridien, un nouveau tour de son immense spirale, ne lançant que des rayons presque horizontaux et facilement réfléchis par les plans verticaux des éminences de glace, illuminant de sa clarté mille fois répétée les sommets de ces monts en quelque sorte cristallins, resplendissant sur leurs innombrables faces, et ne pénétrant qu'à peine dans les cavités qui les séparent, rend plus sensible par le contraste frappant d'une lumière éclatante et des ombres épaisses, cet étonnant assemblage de sommités escarpées et de profondes anfractuosités.

Cependant la même année voit succéder une nuit presque égale à ce jour. Une clarté nouvelle en dissipe les trop noires ténèbres : les ondes congelées renvoient, dispersent et multiplient dans l'atmosphère, la lueur argentée de la lune qui a pris la place du soleil ; et la lumière boréale étalant, au plus haut des airs, des feux variés que n'efface ou ne ternit plus l'éclat radieux de l'astre du jour, répand au loin ses gerbes, ses faisceaux, ses flots enflammés, ses tourbillons rapides, et, dans une sorte de renversement remarquable, montre dans un ciel sans nuages toute l'agitation du mouvement, pendant que la mer présente toute l'inertie du repos. Une teinte extraordinaire paraît et dans l'air, et sur les eaux, et sur de lointains rivages ; un demi-jour, pour ainsi dire mystérieux et magique, règne sur un vaste espace immobile et glacé. Quelle solitude profonde ! tout se tait dans ce désert horrible. A peine, du moins, quelques échos funèbres et sourds répètent-ils faiblement et dans le fond de l'étendue, les gémissements rauques et sauvages des oiseaux d'eau égarés dans la nuit, affaiblis par le froid, tourmentés par la faim. Ce théâtre du néant se resserre tout d'un coup ; des brumes épaisses se reposent sur l'Océan ; et la vue est arrêtée par de lugubres ténèbres. Cependant la scène va changer encore. Une tempête d'un nouveau genre se prépare. Une agitation intestine commence ; un mouvement violent vient de très-loin, se communique avec vîtesse de proche en proche, s'accroît en s'étendant, soulève avec force les eaux des mers contre les voûtes qui les compriment; un craquement affreux se fait entendre; c'est l'épouvantable tonnerre de ces lieux funestes; les efforts des ondes bouleversées redoublent; les monts de glace se séparent, et, flottant sur l'Océan qui les repousse, errent, se choquent, s'entr'ouvrent, s'écroulent en ruines, ou se dispersent en débris.

C'est dans le sein même de cet océan polaire, dont la surface vient de nous présenter l'effrayante image de la destruction et du chaos, que vivent, au moins pendant une saison assez longue, les troupes innombrables des scombres que nous allons décrire. Les diverses cohortes que forment leurs réunions, renferment dans ces mers arctiques d'autant plus d'individus, que, moins grands que les thons et d'autres poissons de leur genre, n'atteignant guère qu'à une longueur de sept décimètres, et doués par conséquent d'une force moins considérable, ils sont moins excités à se livrer les uns aux autres des combats meurtriers. Et ce n'est pas seulement dans ces mers hyperboréennes que leurs légions comprennent des milliers d'individus.

On les trouve également et même plus nombreuses dans presque toutes les mers chaudes ou tempérées des quatre parties du monde, dans le grand Océan, auprès du pôle antarctique, dans l'Atlantique, dans la Méditerranée, où leurs rassemblements sont d'autant plus étendus, et leurs agrégations d'autant plus durables, qu'ils paraissent obéir avec plus de constance que plusieurs autres poissons, aux diverses causes qui dirigent ou modifient les mouvements des habitants des eaux.

Les évolutions de ces tribus marines sont rapides, et leur natation est très-prompte, comme celle de presque tous les autres scombres.

La grande vîtesse qu'elles présentent lorsqu'elles se transportent d'une plage vers une autre, n'a pas peu contribué à l'opinion adoptée presque universellement jusqu'à nos jours, au sujet de leurs changements périodiques d'habitation. On a cru presque généralement d'après des relations de pêcheurs rapportées par Anderson dans son *Histoire naturelle de l'Islande*, que le maquereau était soumis à des migrations régulières; on a pensé que les individus de cette espèce qui passaient l'hiver dans un asyle plus ou moins sûr auprès des glaces polaires, voyageaient pendant le printemps ou l'été jusque dans la Méditerranée. Tirant de fausses conséquences de faits mal vus et mal comparés, on a supposé la plus grande précision et pour les temps et pour les lieux, dans l'exécution de ce transport successif et périodique de myriades de maquereaux depuis le cercle polaire jusqu'aux environs du tropique. On a indiqué l'ordre de leur voyage; on a tracé leur route sur les cartes; et voici comment la plupart des naturalistes qui se sont occupés de ces animaux, les ont fait s'avancer de la zone glaciale vers la zone torride, et revenir ensuite auprès du pôle, à leur habitation d'hiver.

On a dit que, vers le printemps, la grande armée des maquereaux côtoie l'Islande, le Hittland, l'Écosse, et l'Irlande. Parvenue auprès de cette dernière île, elle se divise en deux colonnes: l'une passe devant l'Espagne et le Portugal, pour se rendre dans la Méditerranée, où il paraît qu'on croyait qu'elle terminait ses migrations; l'autre paraissait, vers le mois d'avril, auprès des rivages de France et d'Angleterre, s'enfonçait dans la Manche, se montrait en mai devant la Hollande et la Frise, et arrivait en juin vers les côtes de Jutland. C'était dans cette dernière portion de l'océan Atlantique boréal que cette colonne se séparait pour former deux grandes troupes voyageuses : la première se jetait dans la Baltique, d'où on n'avait pas beaucoup songé à la faire sortir; la seconde, moins déviée du grand cercle tracé pour la natation de l'espèce, voguait devant la Norwége, et retournait jusque dans les profondeurs ou près des rivages des mers polaires, chercher contre les rigueurs de l'hiver un abri qui lui était connu.

Bloch et M. Noël ont très bien prouvé qu'une route décrite avec tant de soin ne devait cependant pas être considérée comme réellement parcourue; qu'elle était inconciliable avec des observations sûres, précises, rigoureuses et très multipliées, avec les époques auxquelles les maquereaux se montrent sur les divers rivages de l'Europe, avec les dimensions que présentent ces scombres auprès de ces mêmes rivages, avec les rapports qui lient quelques traits de la conformation de ces animaux à la température qu'ils éprouvent, à la nourriture qu'ils trouvent, à la qualité de l'eau dans laquelle ils sont plongés.

On doit être convaincu, ainsi que nous l'avons annoncé dans le *Discours sur la nature des poissons,* que les maquereaux (et nous en dirons autant, dans la suite de cet ouvrage, des harengs, et des autres osseux que l'on a considérés comme contraints de faire périodiquement des voyages de long cours), que les maquereaux, dis-je, passent l'hiver dans des fonds de la mer plus ou moins éloignés des côtes dont ils s'approchent vers le printemps; qu'au commencement de la belle saison, ils s'avancent vers le rivage qui leur convient le mieux, se montrent souvent, comme les thons, à la surface de la mer, parcourent des chemins plus ou moins directs, ou plus ou moins sinueux, mais ne suivent point le cercle périodique auquel on a voulu les attacher, ne montrent point ce concert régulier qu'on leur a attribué, n'obéissent pas à cet ordre de lieux et de temps auquel on les a dits assujettis.

On n'avait que des idées vagues sur la manière dont les maquereaux étaient renfermés dans leur asile soumarin pendant la saison la plus rigoureuse, et particulièrement auprès des contrées polaires. Nous allons remplacer ces conjectures par des notions précises. Nous devons cette connaissance certaine à l'observation suivante qui m'a été communiquée par mon respectable collègue, le brave et habile marin, le sénateur et vice-amiral Pléville-le-Peley. Le fait qu'il a remarqué est d'autant plus curieux, qu'il peut jeter un grand jour sur l'engourdissement que les poissons peuvent éprouver pendant le froid, et dont nous avons parlé dans notre premier Discours. Ce général nous apprend, dans une note manuscrite qu'il a bien voulu me remettre, qu'il a vérifié avec soin les faits qu'elle contient, le long des côtes du Groenland, dans la baie d'Hudson, auprès des rivages de Terre-Neuve, à l'époque où les mers commencent à y être navigables, c'est-à-dire, vers le tiers du printemps. On voit dans ces contrées boréales, nous écrit le vice-amiral Pléville, des enfoncements de la mer dans les terres, nommés *barachouas*, et tellement coupés par de petites pointes qui se croisent, que dans tous les temps, les eaux y sont aussi calmes que dans le plus petit bassin. La profondeur de ces asiles diminue à raison de la proximité du rivage, et le fond en est généralement de vase molle et de plantes marines. C'est dans ce fond vaseux que les maquereaux cherchent à se cacher pendant l'hiver, et qu'ils enfoncent leur tête et la partie antérieure de leur corps jusqu'à la longueur d'un décimètre ou environ, tenant leurs queues élevées verticalement au-dessus du limon. On en trouve des milliers enterrés ainsi à demi dans chaque *barachoua*, hérissant, pour ainsi dire, de leurs queues redressées le fond de ces bassins, au point que des marins les apercevant pour la première fois auprès de la côte, ont craint d'approcher du rivage dans leur chaloupe, de peur de la briser contre une sorte particulière de banc ou d'écueil. M. Pléville ne doute pas que la surface des eaux de ces barachouas ne soit gelée pendant l'hiver, et que l'épaisseur de cette croûte de glace, ainsi que celle de la couche de neige qui s'amoncelle au-dessus, ne tempèrent beaucoup les effets de la rigueur de la saison sur les maquereaux enfouis à demi au-dessous de cette double couverture, et ne contribuent à conserver la vie de ces animaux. Ce n'est que vers juillet que ces poissons reprennent une partie de leur activité, sortent de leurs trous, s'élancent dans les flots, et parcourent les grands rivages. Il semble même que la stupeur ou l'engourdissement dans lequel ils doivent avoir été plongés pendant les très-grands froids, ne se dissipe que par degrés : leurs sens paraissent très-affaiblis pendant une vingtaine de jours, leur vue est alors si débile, qu'on les croit aveugles, et qu'on les prend facilement au filet. Après ce temps de faiblesse, on est souvent forcé de renoncer à cette dernière manière de les pêcher; les maquereaux recouvrant entièrement l'usage de leurs yeux, ne peuvent plus en quelque sorte être pris qu'à l'hameçon : mais comme ils sont encore très-maigres, et qu'ils se ressentent beaucoup de la longue diète qu'ils ont éprouvée, ils sont très-avides d'appâts, et on en fait une pêche très-abondante.

C'est à-peu-près à la même époque qu'on recherche ces poissons sur un grand nombre de côtes plus ou moins tempérées de l'Europe occidentale. Ceux qui paraissent sur les rivages de France, sont communément parvenus à leur point de perfection en avril et mai ; ils portent le nom de *Chevillés*, et sont moins estimés en juillet et août, lorsqu'ils ont jeté leur laite ou leurs œufs.

Les pêcheurs des côtes nord-ouest et ouest de la France sont de tous les marins de l'Europe ceux qui s'occupent le plus de la recherche des maquereaux, et qui en prennent le plus grand nombre. Ils se servent, pour pêcher ces animaux, de *haims*, de *libourets* (1), de *manets* (2) faits d'un fil très-délié, et que l'on réunit quelquefois de manière à former avec ces filets une *tessure* de près de mille brasses (deux mille cinq cents mètres) de longueur. Les temps orageux sont très-souvent ceux pendant lesquels on prend avec le plus de facilité les scombres maquereaux, qui, agités

---

(1) Voyez l'explication du mot *libouret*, à l'article du Scombre thon.

(2) L'article de la Trachine vive renferme une courte description du *Manet*.

par la tempête, s'approchent beaucoup de la surface de la mer, et se jettent dans les filets tendus à une très-petite profondeur; mais lorsque le ciel est serein et que l'Océan est calme, il faut les chercher entre deux eaux, et la pêche en est beaucoup moins heureuse.

C'est parmi les rochers que les femelles aiment à déposer leurs œufs; et comme chacun de ces individus en renferme plusieurs centaines de mille, il n'est pas surprenant que les maquereaux forment des légions très-nombreuses. Lorsqu'on en prend une trop grande quantité pour la consommation des pays voisins du lieu de la pêche, on prépare ceux que l'on veut conserver longtemps et envoyer à de grandes distances, en les vidant, en les mettant dans du sel, et en les entassant ensuite comme des harengs, dans des barils.

La chair des maquereaux étant grasse et fondante, les anciens l'exprimaient pour ainsi dire, de manière à former une sorte de substance liquide ou de préparation particulière, à laquelle on donnait le nom de *garum*. Pline dit (1) combien ce *garum* était recherché non seulement comme un assaisonnement agréable de plusieurs mets, mais encore comme un remède efficace contre plusieurs maladies. On obtenait du *garum*, dans le temps de Belon et dans plusieurs endroits voi-

---

(1) Hist. mundi, lib. 31, cap. 8.

sins des côtes de la Méditerranée, en se servant des intestins des maquereaux; et on en faisait une grande consommation à Constantinople ainsi qu'à Rome, où ceux qui en vendaient étaient nommés *piscigaroles*.

C'est par une suite de cette nature de leur chair grasse et huileuse, que les maquereaux sont comptés parmi les poissons qui jouissent le plus de la faculté de répandre de la lumière dans les ténèbres (1). Ils luisent dans l'obscurité, lors même qu'ils sont tirés de l'eau depuis très-peu de temps; et on lit dans les *Transactions philosophiques de Londres* (ann. 1666, page 116), qu'un cuisinier, en remuant de l'eau dans laquelle il avait fait cuire quelques-uns de ces scombres, vit que ces poissons rayonnaient vivement, et que l'eau devenait très-lumineuse. On apercevait une lueur phosphorique partout où on laissait tomber des gouttes de cette eau, après l'avoir agitée. Des enfants s'amusèrent à transporter de ces gouttes qui ressemblaient à autant de petits disques lumineux. On observa encore le lendemain, que lorsqu'on imprimait à l'eau un mouvement circulaire rapide, elle jetait une lumière comparable à la clarté de la lune : cette lumière égalait l'éclat de la flamme, lorsque la vîtesse du mouvement de l'eau était très-accélérée ; et des jets lumineux très-brillants

(1) Voyez la partie du Discours préliminaire relative à la phosphorescence des poissons.

sortaient alors du gosier et de plusieurs autres parties des maquereaux.

Mais avant de terminer cet article, montrons avec précision les formes du poisson dont nous venons d'indiquer les principales habitudes.

En général, le maquereau a la tête allongée, l'ouverture de la bouche assez grande, la langue lisse, pointue, et un peu libre dans ses mouvements; le palais garni dans tout son contour de dents petites, aiguës, et semblables à celles dont les deux mâchoires sont hérissées; la mâchoire inférieure un peu plus longue que la supérieure, la nuque large, l'ouverture des branchies étendue, un opercule composé de trois pièces, le tronc comprimé; la ligne latérale voisine du dos, dont elle suit la courbure; l'anus plus rapproché de la tête que de la queue; les nageoires petites, et celle de la queue fourchue(1).

Telles sont les formes principales du scombre dont nous écrivons l'histoire: ses couleurs ne sont pas tout-à-fait aussi constantes.

Le plus fréquemment, lorsqu'on voit ce poisson nager entre deux eaux, et présenter au travers de la couche fluide qui le vernit, pour ainsi

---

(1) A la première nageoire dorsale................ 12 rayons.
A la seconde............................ 12
A chacune des pectorales.................... 20
A chacune des thoracines.................... 6
A celle de l'anus......................... 13
A celle de la queue........................ 20

dire, toutes les nuances qu'il peut devoir à la rapidité de ses mouvements et à la prompte et entière circulation des liquides qu'il recèle, il paraît d'une couleur de soufre, ou plutôt on le croirait plus ou moins doré sur le dos; mais lorsqu'il est hors de l'eau, sa partie supérieure n'offre qu'une couleur noirâtre ondulée de bleu; de grandes taches transversales, et d'une nuance bleuâtre sujette à varier, s'étendent de chaque côté du corps et de la queue, dont la partie inférieure est argentée, ainsi que l'iris et les opercules des branchies: presque toutes les nageoires sont grises ou blanchâtres.

Plusieurs individus ne présentent pas de grandes taches latérales; ils forment une variété à laquelle on a donné le nom de *Marchais* dans plusieurs pêcheries françaises; et qui est communément moins estimée pour la table que les maquereaux ordinaires.

Au reste, toutes ces couleurs ou nuances sont produites ou modifiées par des écailles petites, minces et molles.

Ajoutons que les vertèbres des scombres que nous décrivons, sont grandes, et au nombre de trente ou trente et une, et que l'on compte dans chacun des côtés de l'épine dorsale onze ou douze côtes attachées aux vertèbres par des cartilages.

On peut voir par les détails dans lesquels nous venons d'entrer, que les formes ni les armes des maquereaux ne les rendent pas plus dangereux que leur taille pour les autres habitants des mers. Cependant comme leurs appétits sont très-violents, et que leur nombre leur inspire peut-être une sorte de confiance, ils sont voraces et même hardis : ils attaquent souvent des poissons plus gros et plus forts qu'eux ; et on les a même vus quelquefois se jeter avec une audace aveugle sur des pêcheurs qui voulaient les saisir, ou qui se baignaient dans les eaux de la mer.

Mais s'ils cherchent à faire beaucoup de victimes, ils sont perpétuellement entourés de nombreux ennemis. Les grands habitants des mers les dévorent ; et des poissons en apparence assez faibles, tels que les murènes et les murénophis, les combattent avec avantage. Nous ne pouvons donc écrire presque aucune page de cette Histoire sans parler d'attaques et de défenses, de proie et de dévastateurs, d'actions et de réactions redoutables, d'armes, de sang, de carnage et de mort. Triste et horrible condition de tant de milliers d'espèces condamnées à ne subsister que par la destruction, à ne vivre que pour être immolées ou prévenir leurs tyrans, à n'exister qu'au milieu des angoisses du faible, des agitations du plus fort, des embarras de la fuite, des fatigues de la recherche, du trouble des combats, de la douleur des blessures, des inquiétudes de la victoire, des tourments de la défaite! combien tous ces affreux malheurs se seraient surtout accumulés sur la faible espèce humaine, si la sensibilité éclairée par l'intelligence, et l'intelligence animée par la sensibilité, n'avaient pas, par un heureux accord, fait naître la société, la civilisation, la science, la vertu! et combien ils pèseront encore sur sa tête infortunée, jusqu'au moment où la lumière du génie, plus généralement répandue, éclairera un plus grand nombre d'hommes sur leurs véritables intérêts, et dissipera les illusions de leurs passions aveugles et funestes!

C'est au maquereau que nous croyons devoir rapporter le scombre qu'Aristote, Athénée, Aldrovande, Gesner et Willughby, ont désigné par le nom de *Colias* (1), que l'on pêche près des côtes de la Sardaigne, qui est souvent plus petit que le maquereau, qui en diffère quelquefois par les nuances qu'il offre, puisque, suivant le naturaliste Cetti, il présente un *vert gai* mêlé à de l'azur, mais qui d'ailleurs a les plus grands rapports avec le poisson que nous venons de décrire. Le professeur Gmelin lui-même, en l'inscrivant à la suite du maquereau, demande s'il ne faut pas le considérer comme ce dernier scombre encore jeune.

---

(1) *Scomber colias*, Linnée, édition de Gmelin.

Κολίας. Aristot., Hist. anim. V, 9; VIII, 13; et IX, 2.

Id. Athenæus, Deipnosoph. III, 118, 120; VII, 321.

Colias, Aldrov. Pisc., p. 274.

Gesn. Aquat., p. 256.

Willughby, Ichthyol., p. 182.

Lacertus, Klein, Miss. pisc. 5, p. 122.

« Scomber læté viridis et azureus. » Cetti, Pesce e anf. di Sard., p. 196.

Au reste quelques auteurs, et particulièrement Rondelet (1), ont appliqué cette dénomination de *Colias* à d'autres scombres que l'on nomme *Coguoils* auprès de Marseille, qui habitent dans la Méditerranée, qui s'y plaisent surtout, dans le voisinage des côtes d'Espagne, qui sont plus grands et plus épais que le maquereau ordinaire, et que néanmoins Rondelet regarde comme n'étant qu'une variété de ce dernier poisson, avec lequel on le confond en effet très-souvent.

Peut-être est-ce plutôt aux *Coguoils* qu'aux maquereaux verts et bleus de Cetti, qu'il faut rapporter les passages des anciens naturalistes, et principalement celui d'Athénée que nous venons de citer.

Quoi qu'il en soit, les *Coguoils* ont la chair plus gluante et moins agréable que le maquereau ordinaire. Ils sont couverts d'écailles petites et tendres : une partie de leur tête est si transparente, qu'on distingue, comme au travers d'un verre, les nerfs qui, du cerveau, aboutissent aux deux organes de la vue. Rondelet ajoute que, vers le printemps, ils jettent du sang aussi resplendissant que la liqueur de la pourpre.

Ce fait nous rappelle un phénomène analogue, qui nous a été attesté par un voyageur digne d'estime, et sur lequel nous croyons utile d'appeler l'attention des observateurs.

---

(1) Rondelet, première partie, liv. 8, chap. 8.

M. Charvet m'a instruit, par deux lettres, datées de Serrières, département de l'Ardèche, l'une le 11 octobre, l'autre le 7 novembre de l'an 1796, qu'en 1776 il était occupé dans l'île de la Guadeloupe, non seulement à faire une collection de dessins coloriés de plantes, qu'il destinait pour le Jardin et le Cabinet d'histoire naturelle de Paris, et qui furent entièrement détruits par le fameux ouragan de septembre de cette même année 1776, mais encore à terminer avec beaucoup de soin des dessins de différentes espèces de poissons pour M. Barbotteau, habitant du Port-Louis, connu par un ouvrage intéressant sur les fourmis, et correspondant de Duhamel, qui publia plusieurs de ces dessins ichthyologiques dans le *Traité général des pêches.*

Les liaisons de M. Charvet avec les Caraïbes, chez lesquels il trouvait de l'ombrage et du repos lorsqu'il était fatigué de parcourir les rochers et les profondeurs des anses, lui procurèrent, de la part de ces insulaires, des poissons assez rares. Ces Caraïbes le dirigèrent, dans une de ses courses, vers une partie des rivages de l'île, sauvage, pittoresque et mélancolique, appelée *Porte d'enfer.* Ce fut auprès de cette côte qu'il trouva un poisson dont il m'a envoyé un dessin colorié. Cet animal avait l'air si familier et si peu effrayé des mouvements de M. Charvet, qui se baignait, que cet artiste fut tenté de le saisir. A peine le tenait-il, qu'une fente placée sur le dos du poisson s'entr'ouvrit, et qu'il en sortit une liqueur d'un pourpre vif, assez abondante pour teindre l'eau environnante, en troubler la transparence, et donner à l'animal la facilité de s'échapper, au moment où l'étonnement de M. Charvet l'empêcha de retenir le poisson qu'il avait dans les mains. Cet artiste cependant prit de nouveau le poisson, qui répandit une seconde fois sa liqueur; mais ce fluide était bien moins coloré et bien moins abondant qu'au premier jet, et cessa de couler, quoique l'animal continuât d'ouvrir et de fermer la fente dorsale, comme pour obéir à une grande irritation. Le poisson, rendu à la liberté, ne parut pas très-affaibli. Un second individu de la même espèce, placé promptement sur une feuille de papier, la teignit de la même manière qu'une eau fortement colorée avec de la laque; néanmoins, après trois jours, la tache rouge était devenue jaune. Des affaires imprévues, une maladie grave, les suites funestes du terrible ouragan de septembre 1776, et l'obligation soudaine de repartir pour l'Europe, empêchèrent M. Charvet de dessiner et même de décrire, pendant qu'il était encore à la Guadeloupe, le poisson à liqueur pourprée: mais sa mémoire, fortement frappée des traits, de l'allure et de la propriété de cet animal, lui a donné la facilité de faire en France une description et un dessin colorié de ce poisson, qu'il a eu la bonté de me faire parvenir.

Les individus vus par ce voyageur avaient un

peu plus de deux décimètres de longueur. Leurs nageoires pectorales étaient assez grandes. La nageoire dorsale était composée de deux portions longitudinales, charnues à leur base, terminées dans le haut par des filaments qui les faisaient paraître frangées, et appliquées l'une contre l'autre de manière à ne former qu'un seul tout, lorsque l'animal voulait tenir fermée la fente propre à laisser échapper la liqueur rouge ou violette. Cette fente, située à l'origine et au milieu de ces deux portions longitudinales de la nageoire dorsale, ne paraissait pas s'étendre vers la queue aussi loin que cette même nageoire; mais le fluide coloré, en sortant par cette ouverture, suivait toute la longueur de la nageoire du dos, et obéissait à ses ondulations.

La peau était visqueuse, couverte d'écailles petites et fortement adhérentes. La couleur d'un gris blanc plus ou moins clair faisait ressortir un grand nombre de petits points jaunes, bleus, bruns, ou d'autres nuances. L'ensemble des formes de ces poissons, et les teintes qu'ils présentaient, étaient agréables à la vue. Ils se nourrissaient de petits mollusques et de vers marins, qu'ils cherchaient avec beaucoup de soin parmi les pierres du fond de l'eau, sans se détourner ni discontinuer leurs petites manœuvres avant l'instant où on voulait les saisir; et la contraction qu'ils éprouvaient lorsqu'ils faisaient jaillir leur liqueur pourprée, était apparente dans toute la longueur de leur corps, mais principalement vers l'insertion des nageoires pectorales.

Ces *Teinturiers* de la Guadeloupe, car c'est ainsi que les nomme M. Charvet, cherchent un asile lorsque la tempête commence à bouleverser les flots: sans cette précaution, ils résisteraient d'autant moins aux agitations de la mer et aux secousses des vagues impétueuses qui les briseraient contre les rochers, que leurs écailles sont fort tendres, leurs muscles très-délicats, et leurs téguments de nature à se rider bientôt après leur mort.

Ces faits ne suffisent pas pour déterminer l'espèce ni le genre, ni même l'ordre de ces poissons. Plusieurs motifs doivent donc engager les naturalistes qui parcourent les rivages de la Guadeloupe, à chercher des individus de l'espèce observée par M. Charvet, à reconnaître leur conformation, à examiner leurs habitudes, à constater leurs propriétés.

LE SCOMBRE JAPONAIS.[1]

Scomber japonicus, Linn., Gmel., Lacep. (2).

Ce scombre n'est peut-être qu'une variété du maquereau, ainsi que l'a soupçonné le professeur Gmelin. Nous ne l'en séparons que pour nous conformer à l'opinion de plusieurs naturalistes, en annonçant aux voyageurs notre doute à cet égard, et en les invitant à le résoudre par des observations.

Ce poisson vit dans la mer du Japon. Sa longueur n'est quelquefois que de deux décimètres; ses mâchoires sont hérissées de petites dents; sa couleur générale est d'un bleu clair; sa tête brille de la couleur de l'argent; ses écailles sont très-petites; et l'on a comparé l'ensemble de sa conformation à celle du hareng (3).

Houttuyn l'a fait connaître.

---

(1) « Scomber cærulescens, pinnulis quinque spuriis. » Houttuyn, Act. Haarl. 20, 2, p. 331, n. 18.

Scombre du Japon, Bonnaterre, planches de l'Encyclopédie méthodique.

(2) M. Cuvier ne cite pas cette espèce. Desm. 1829.

(3) A chacune des deux nageoires dorsales. . . . . 8 rayons.
A chacune des pectorales. 18
A chacune des thoracines. 6
A celle de l'anus. 11
A celle de la queue. 20

LE SCOMBRE DORÉ.[1]

Scomber aureus, Lacep. (2).

Le nom de ce poisson annonce la riche parure que la nature lui a accordée, et la couleur éclatante dont il est revêtu. Il est en effet resplendissant d'or sur une très-grande partie de sa surface, et particulièrement sur son dos. Peut-être n'est-il qu'une variété du maquereau. Le professeur Gmelin a témoigné de l'incertitude au sujet de l'espèce de ce scombre, aussi bien qu'à l'égard de celle du japonais. Le doré s'éloigne cependant du maquereau beaucoup plus que ce japonais, non seulement par ses nuances, mais encore par quelques détails de sa conformation, et notamment par le nombre des rayons de ses nageoires.

Quoi qu'il en soit, on trouve le doré dans les mers voisines du Japon, ainsi qu'on y voit le scombre précédent; et il a été également découvert par Houttuyn.

Il n'a au-dessus et au-dessous de la queue que

(1) Houttuyn, Act. Haarl. 20. — 2, p. 331, n. 19.
Scombre doré, Bonnaterre, planches de l'Encyclopédie méthodique.

(2) Cette espèce n'est point mentionnée par M. Cuvier. Desm. 1829.

cinq petites nageoires comme le japonais et le maquereau; et on ne compte que six rayons à sa nageoire de l'anus (1).

Nous avons trouvé dans un des manuscrits de *Plumier*, déposés à la Bibliothèque royale, la figure d'un scombre nommé, par ce naturaliste, très-petit scombre d'Amérique (*Scomber minimus americanus*), et qui tient, à beaucoup d'égards, le milieu entre le doré et le maquereau. Des raies ondulent en divers sens sur le dos de ce poisson. Il n'a que cinq petites nageoires au-dessus et au-dessous de la queue, onze rayons à la première dorsale, neuf à la seconde, et cinq à la nageoire de l'anus.

(1) A la première nageoire dorsale .... 9 rayons.
A chacune des pectorales 18
A chacune des thoracines 6
A celle de l'anus 6

LE SCOMBRE ALBACORE.[1]

Scomber Albacorus, Lacep. (2).

Le nom d'*Albacore* ou d'*Albicore* a été donné, ainsi que ceux de *Germon*, de *Thazard*, et de *Bonite* ou *Pélamide*, à plusieurs espèces de scombres; ce qui n'a pas jeté peu de confusion dans l'histoire de ces animaux. Nous l'appliquons exclusivement, pour éviter toute équivoque, à un poisson de la famille dont nous traitons, et dont Sloane a fait mention dans son *Histoire de la Jamaïque.*

Ce scombre, qui habite dans le bassin des Antilles, est couvert de petites écailles. L'individu décrit par Sloane avait seize décimètres de longueur, et un mètre de circonférence à l'endroit le plus gros du corps. Ses mâchoires, longues de deux décimètres, ou environ, étaient garnies chacune d'une rangée de dents courtes et aiguës. On

(1) Sloane, Hist. of Jamaïc., vol. 2, p. 11.

Scombre albacore, Bonnaterre, planches de l'Encyclopédie méthodique.

Scomber albacares, id. ibid.

(2) M. Cuvier place avec doute ce poisson dans le sous-genre Auxide qu'il a établi dans le genre Scombre. Desm. 1829.

pouvait voir, au-dessus des opercules, deux arêtes cachées en partie sous une peau luisante. On comptait, au-dessus et au-dessous de la queue, plusieurs petites nageoires séparées l'une de l'autre par un intervalle de cinq centimètres ou à-peu-près. La nageoire de l'anus se terminait en pointe, et avait trente-deux centimètres de long et huit centimètres de haut. Celle de la queue était en croissant. Les deux saillies latérales et longitudinales de la queue avaient plus de deux centimètres d'élévation. Plusieurs parties de la surface de l'animal étaient blanches, les autres d'une couleur foncée.

SOIXANTE-QUATRIÈME GENRE.

LES SCOMBÉROÏDES.

De petites nageoires au-dessus et au-dessous de la queue; une seule nageoire dorsale; plusieurs aiguillons au-devant de la nageoire du dos.

ESPÈCE.	CARACTÈRES.
1. Le Scombéroïde noel.	Dix petites nageoires au-dessus et quatorze au-dessous de la queue; sept aiguillons recourbés au-devant de la nageoire du dos.
2. Le Scombéroïde commersonnien.	Douze petites nageoires au-dessus et au-dessous de la queue; six aiguillons au-devant de la nageoire du dos.
3. Le Scomb. sauteur.	Sept petites nageoires au-dessus et huit au-dessous de la queue; quatre aiguillons au-devant de la nageoire du dos.

LE SCOMBÉROÏDE NOEL.

Scomberoides Noelii, Lacep. (1).

AUCUNE des espèces que nous avons cru devoir comprendre dans le genre dont nous allons nous occuper, n'est encore connue des naturalistes. Nous avons donné à la famille qu'elles composent le nom de *Scombéroïde*, pour désigner les rapports qui la lient avec les scombres. Elle tient, à quelques égards, le milieu entre ces scombres, auxquels elle ressemble par les petites nageoires qu'elle montre au-dessus et au-dessous de la queue, et entre les gastérostées, dont elle se rapproche par la série d'aiguillons qui tiennent lieu d'une première nageoire dorsale.

Nous nommons *Scombéroïde Noël* la première des trois espèces que nous avons inscrites dans ce genre, pour donner une marque solennelle de reconnaissance et d'estime à M. Noël, de Rouen, qui mérite si bien chaque jour les remercîments des naturalistes par ses travaux, et dont les observations exactes ont enrichi tant de pages de l'histoire que nous écrivons.

Nous l'avons décrite d'après un individu des-

(1) Quoique M. Cuvier ne cite pas cette espèce, il est probable qu'elle se rapporte, comme les suivantes, à son sous-genre Liche, dans le genre Centronote. DESM. 1829.

séché et bien conservé qui faisait partie de la collection cédée à la France par la Hollande, et envoyée au Muséum d'histoire naturelle.

Ce poisson avait dix petites nageoires au-dessus de la queue (1), et quatorze au-dessous de cette même partie. Sept aiguillons recourbés en arrière et placés longitudinalement au-delà de la nuque, tenaient lieu de première nageoire du dos; deux aiguillons paraissaient au-devant de la nageoire de l'anus. Six taches ou petites bandes transversales s'étendaient de chaque côté de l'animal, et lui donnaient, ainsi que l'ensemble de sa conformation, beaucoup de ressemblance avec le maquereau. La nageoire de la queue était fourchue.

---

(1) A la nageoire du dos........................ 9 rayons.
à chacune des pectorales..................... 18
à chacune des thoracines 1 rayon aiguillonné et 5 rayons articulés.
à la nageoire de l'anus..................... 26 rayons.
à celle de la queue......................... 26

LE SCOMBÉROÏDE [1]

COMMERSONNIEN.

Scomberoides commersonianus, Lacep.; *Lichia Commersonii*, Cuv. (2).

Ce scombéroïde, que nous avons décrit et fait graver d'après Commerson, est un poisson d'un grand volume. Sa hauteur et son épaisseur, assez grandes relativement à sa longueur, doivent lui donner un poids considérable. On voit à la place d'une première nageoire dorsale, six aiguillons recourbés, pointus, et très-séparés l'un de l'autre. On compte douze petites nageoires au-dessus et au-dessous de la queue (3). La nageoire caudale

(1) « Scomber pinnulis dorsi et ani duodecim circiter vix distinctis, « spinis in anteriore dorso sex discretis, ponè anum duabus; — vel « maculis orbicularibus supra lineam lateralem utrinque sex ad octo, cæ- « ruleis. » Commerson, manuscrits déja cités.

(2) Du sous-genre Liche, *Lichia*, Cuv., dans le genre Centronote.

Desm. 1829.

(3) Ce nombre *douze* est expressément indiqué dans la description manuscrite de Commerson, à laquelle nous avons dû conformer notre texte, plutôt qu'au dessin que ce naturaliste a laissé dans ses papiers, que nous avons fait graver, et d'après lequel on attribuerait au scombéroïde que nous faisons connaître, dix petites nageoires supérieures et treize petites nageoires inférieures.

est très-fourchue. Deux aiguillons très-distincts sont placés au-devant de la nageoire de l'anus; chaque opercule est composé de deux pièces. Les deux mâchoires sont garnies de dents égales et aiguës : l'inférieure est plus avancée que la supérieure. De chaque côté du dos paraissent des taches d'une nuance très-foncée, rondes, ordinairement au nombre de huit, et inégales en surface; la plus grande est le plus souvent située au-dessous de la nageoire dorsale, et le diamètre des autres est d'autant plus petit qu'elles sont plus rapprochées de la tête ou de la queue. Les nageoires pectorales ne sont guère plus étendues que les thoracines. On trouve le commersonnien dans la mer voisine du fort Dauphin de l'île de Madagascar.

LE SCOMBÉROÏDE SAUTEUR.(1)

Scomberoides saltator, Lacep.; *Lichia saliens*, Cuv.; *Scomber saliens*, Bloch (2).

Nous avons trouvé dans les manuscrits de Plu-

(1) Pelamis minima, vulgò *sauteur*. Plumier, manuscrits déposés à la Bibliothèque du Roi.

(2) Du sous-genre Liche, *Lichia* dans le genre Centronote Cuv. DESM. 1829.

mier, que l'on conserve à la Bibliothèque royale, un dessin de ce poisson que nous avont fait graver. Ce naturaliste le nommait *petite Pélamide* ou *petite Bonite*, vulgairement *le Sauteur*. Nous avons conservé au scombéroïde que nous décrivons, ce nom distinctif ou spécifique de *Sauteur*, parce qu'il indique la faculté de s'élancer au-dessus de la surface des eaux, et par conséquent une partie intéressante de ses habitudes.

Cet animal a sept petites nageoires au-dessus de la queue; et huit autres nageoires analogues sont placées au-dessous. La dernière de ces petites nageoires, tant des supérieures que des inférieures, est très-longue, et faite en forme de faux.

La ligne latérale est un peu ondulée dans tout son cours: elle descend d'ailleurs vers le ventre, lorsqu'elle est parvenue à-peu-près au-dessus des nageoires pectorales. Deux aiguillons réunis par une membrane sont situés au-devant de la nageoire de l'anus. Deux lames composent chaque opercule. La mâchoire inférieure s'avance au-delà de la supérieure. On compte neuf rayons à la nageoire du dos et à chacune des pectorales (1). Cette nageoire dorsale et celle de l'anus sont conformées de manière à représenter une faux. Au lieu d'une première nageoire du dos, on voit quatre ai-

(1) A chacune des thoracines.................... 7 rayons.
A la nageoire de l'anus.................... 13

guillons forts et recourbés qui ne sont pas réunis par une membrane commune de manière à composer une véritable nageoire, mais qui étant garnis chacun d'une petite membrane triangulaire qui les retient et les empêche d'être inclinés vers la tête, donnent à l'animal un nouveau rapport avec les scombres proprement dits.

On doit regarder comme une variété de notre scombéroïde sauteur, le poisson que Bloch a décrit sous le nom de *scombre Sauteur*, et dont il a donné la figure, pl. 335.

SOIXANTE-CINQUIÈME GENRE.

LES CARANX.

Deux nageoires dorsales; point de petites nageoires au-dessus ni au-dessous de la queue; les côtés de la queue relevés longitudinalement en carène, ou une petite nageoire composée de deux aiguillons et d'une membrane, au-devant de la nageoire de l'anus.

PREMIER SOUS-GENRE.

Point d'aiguillon isolé entre les deux nageoires dorsales.

GENRES.	CARACTÈRES.
1. Le Caranx trachure.	Trente-quatre rayons à la seconde nageoire du dos; trente rayons à la nageoire de l'anus; la ligne latérale garnie de petites plaques dont chacune est armée d'un aiguillon.
2. Le Caranx amie.	Trente-quatre rayons à la seconde nageoire du dos; le dernier rayon de cette nageoire très-long; vingt-quatre rayons à la nageoire de l'anus.
3. Le Caranx fascé.	Trente rayons à la seconde dorsale; dix-neuf à la nageoire de l'anus; plusieurs bandes transversales, étroites, irrégulières, divisées souvent en deux, et d'une couleur brune.
4. Le Caranx chloris.	Vingt-neuf rayons à la seconde nageoire du dos; vingt-huit à celle de l'anus; le corps élevé; l'ouverture de la bouche petite; la mâchoire inférieure plus avancée que la supérieure; la couleur générale d'un jaune verdâtre.

GENRES.	CARACTÈRES.
5. Le Caranx cruménophthalme.	Vingt-huit rayons à la seconde dorsale; vingt-sept à la nageoire de l'anus; une membrane placée verticalement de chaque côté de l'œil et en forme de paupière; la couleur générale d'un bleu argenté.
6. Le Car. queue-jaune.	Vingt-six rayons à la seconde nageoire dorsale; trente rayons à celle de l'anus; de très-petites dents, ou point de dents, aux mâchoires.
7. Le Caranx glauque.	Vingt-six rayons à la seconde nagoire dorsale; le second rayon de cette nageoire très-long; vingt-cinq rayons à la nageoire de l'anus.
8. Le Caranx blanc.	Vingt-cinq rayons à la seconde nageoire du dos; vingt rayons à celle de l'anus; la queue non carénée latéralement; la couleur générale blanche; les côtés de la queue et la nageoire caudale jaunes.
9. Le Caranx plumier.	Vingt-quatre rayons à la seconde nageoire du dos; vingt à celle de l'anus; les écailles qui recouvrent le corps et la queue, grandes et lisses; celles qui garnissent la ligne latérale plus larges, et armées chacune d'un piquant tourné vers la caudale; plusieurs nageoires jaunes ou couleur d'or.
10. Le Caranx klein.	Vingt-trois rayons à la seconde dorsale; vingt-un à la nageoire de l'anus; la mâchoire inférieure plus avancée que la supérieure; la partie postérieure de la ligne latérale garnie de lames très-larges, et armées chacune d'un piquant tourné vers la caudale; la couleur générale d'un brun mêlé de violet et d'argenté.
11. Le Caranx queue-rouge.	Vingt-deux rayons à la seconde nageoire du dos; quarante rayons à celle de l'anus; une tache noire sur la partie postérieure de chaque opercule.
12. Le Caranx filamenteux.	Vingt-deux rayons à la seconde nageoire du dos; dix-huit à celle de l'anus; des filaments à la seconde nageoire du dos et à celle de l'anus.

GENRES.	CARACTÈRES.
13. Le Car. daubenton.	Vingt-deux rayons à la seconde nageoire du dos; quatorze à celle de l'anus; les deux mâchoires également avancées; la ligne latérale rude, tortueuse, et dorée.
14. Le Car. très-beau.	Vingt rayons à la seconde nageoire dorsale; dix-sept rayons à celle de l'anus; un grand nombre de bandes transversales et noires sur un fond couleur d'or.

SECOND SOUS-GENRE.

Un ou plusieurs aiguillons isolés entre les deux nageoires dorsales.

ESPÈCES.	CARACTÈRES.
15. Le Car. carangue.	Trois aiguillons garnis chacun d'une petite membrane, et placés entre les deux nageoires dorsales; les pectorales allongées jusqu'à la seconde nageoire du dos.
16. Le Caranx ferdau.	Vingt-neuf rayons à la seconde nageoire dorsale; vingt-quatre à celle de l'anus; la couleur générale argentée; des taches dorées; cinq bandes transversales brunes; un seul aiguillon isolé entre les deux nageoires du dos.
17. Le Caranx rouge.	Vingt-huit rayons à la seconde nageoire du dos; vingt-six à celle de l'anus; les pectorales allongées jusqu'au-delà du commencement de l'anale; les deux mâchoires également avancées; deux orifices à chaque narine; la partie de la ligne latérale la plus voisine de la caudale, garnie de lames larges et armées chacune d'un piquant tourné en arrière; la couleur générale rouge; un seul aiguillon isolé entre les deux nageoires du dos.
18. Le Caranx gæzz.	Vingt-huit rayons à la seconde nageoire dorsale; vingt-cinq à celle de l'anus; une membrane luisante sur la nuque; la couleur générale bleuâtre; des taches dorées; un seul aiguillon isolé entre les deux nageoires dorsales.

ESPÈCES.	CARACTÈRES.
19. Le Caranx sansun.	Vingt-deux rayons à la seconde nageoire du dos; seize à celle de l'anus; les carènes latérales de la queue très-relevées; la couleur générale argentée, éclatante, et sans taches; un seul aiguillon isolé entre les deux nageoires du dos.
20. Le Caranx korab.	Vingt rayons à la seconde nageoire dorsale; dix-sept à celle de l'anus; la couleur générale argentée; le dos bleuâtre; un seul aiguillon isolé entre les deux nageoires du dos.

LE CARANX TRACHURE.[1]

Scomber trachurus, Linn.; *Caranx trachurus*, Lac. Cuv. (2).

Les caranx sont très-voisins des scombres; ils

(1) *Saurel*, dans plusieurs départements méridionaux de France.
Sieurel, ibid.
Sicurel, ibid.
Gascon, sur plusieurs rivages de France.
Gascanet, Ibid.
Chicharou, sur plusieurs côtes voisines de l'embouchure de la Garonne, et de celle de la Charente.
Maquereau bâtard, dans plusieurs départements de France.
Sauro, aux environs de Rome.
Pesce di Spagna, dans la Ligurie.
Paramia, ibid.
Strombolo, ibid.
Scad, en Angleterre.
Horse mackrell, ibid.
Museken, en Allemagne.
Stocker, dans quelques contrées du Nord.
Scombre gascon. Daubenton, Encyclopédie méthodique.
Id. Bonnaterre, planches de l'Encyclopédie méthodique.
Bloch, pl. 56.
Sieurel, ou *sicurel*. Valmont de Bomare, Dictionnaire d'histoire naturelle.
Mus. Ad. Frid. 1, p. 89; et 2, p. 90.
Hasselquist, It. 363 et 407, n. 84.

(2) Du genre Caranx de M. Cuvier. Desm. 1829.

leur ressemblent par beaucoup de traits; ils présentent presque toutes leurs habitudes : ils ont été confondus avec ces osseux par le plus grand nombre des naturalistes; et il est cependant très-aisé de les distinguer des poissons dont nous venons de nous occuper. Tous les scombres ont en effet de petites nageoires au-dessus et au-dessous de la queue : les caranx en sont entiè-

---

Mull. Prodrom. Zoolog. Danic., p. 47, n. 397.
Amœnit. academ., 4, p. 249.
Scomber lineâ laterali acuminatâ, etc. Artedi, gen. 31, syn. 50.
Τραχουρος. Athen., lib. 7, p. 326.
Id. Oppian. Hal. lib. 1, p. 5.
Galen. class. 2, fol. 30, *b.*
Saurus. P. Jove. c. 19, p. 86.
Salvian. fol. 79, a. b. ad iconem.
Lacertus, sive *trachurus.* Belon.
Lacertorum genus, quod trachurum Græci vocant, etc. Gesner, p. 467 et 552.
Trachurus, aut *lacertus privatim.* Id. (germ.) fol. 56, *b.*
Sieurel. Rondelet, première partie, liv. 8, chap. 6.
Trachurus. Schonev., p. 75.
Id. Aldrov., lib. 2, cap. 52, p. 268.
Id. Jonston, lib. 1, tit. 3, c. 3, art. 1, punct. 5, tab. 21, fig. 8.
Charlet., p. 143.
Trachurus, Willughby, p. 290, tab. S, 12, S, 22.
Id. Rai. p. 92, n. 8.
Scomber lineâ laterali... omnino loricatâ, etc. Gronov. Mus. 1, p. 34, n. 80; et Zooph., p. 94, n. 308.
Ara. Kœmpfer, Jap. 1, tab. 11, fig. 5.
Marcgrav. Brasil., p. 150.
Pis. Ind., p. 51.
Brit. Zoolog. 3, p. 225, n. 3.
Scomber.... lineâ laterali.... loricatâ, etc. Act. Helvet. IV, p. 264, n. 156.

rement privés. Nous leur avons conservé le nom générique de *Caranx*, qui leur a été donné par Commerson, et qui vient du mot grec χαρα, lequel signifie *tête*. Ce voyageur les a nommés ainsi à cause de l'espèce de proéminence que présente leur tête, de la force de cette partie, de l'éclat dont elle brille, et d'ailleurs pour annoncer la sorte de puissance et de domination que plusieurs osseux de ce genre exercent sur un grand nombre de poissons qui fréquentent les rivages.

Parmi ces animaux voraces et dangereux pour ceux des habitants de la mer qui sont trop jeunes ou mal armés, on doit surtout remarquer le trachure. Sa dénomination, qui signifie *queue aiguillonnée*, vient du grand nombre de piquants dont sa ligne latérale est hérissée sur sa queue, aussi bien que sur son corps : chacun de ces dards est recourbé en arrière, et attaché à une petite plaque écailleuse, que l'on a comparée, pour la forme, à une sorte de bouclier; et la série longitudinale de ces plaques recouvre et indique la ligne latérale.

Lorsque l'animal agite vivement sa queue, et en frappe violemment sa proie, non seulement il peut l'étourdir, l'assommer, l'écraser sous ses coups redoublés, mais encore la blesser avec ses pointes latérales, la déchirer profondément, lui faire perdre tout son sang. D'ailleurs ce caranx parvient à une grandeur assez considérable, quoiqu'il ne présente jamais une longueur égale à celle du thon: il n'est pas rare de le voir long d'un mètre.

On le trouve dans l'océan Atlantique, dans le grand Océan ou mer Pacifique, dans la Méditerranée: partout il s'avance par grandes troupes, lorsqu'il s'approche des rivages pour déposer ses œufs ou sa liqueur fécondante. Sa chair est bonne à manger, quoique moins tendre et moins agréable que celle du maquereau. Du temps de Belon, les habitants de Constantinople recherchaient beaucoup le *garum* fait avec les intestins de ce poisson.

Les écailles qui couvrent le trachure sont petites, rondes et molles. Sa couleur générale est argentée. Un bleu verdâtre règne sur sa partie supérieure. L'iris brille d'un blanc rougeâtre. Une tache noire est placée sur chaque opercule. Les nageoires sont blanches (1); et une teinte noire distingue les premiers rayons de la seconde dorsale.

La caudale est en croissant; l'ensemble de l'animal comprimé; la tète grande; la mâchoire inférieure recourbée vers le haut, plus longue que la supérieure, et garnie, ainsi que cette dernière, de dents aiguës; le palais rude; la langue lisse;

---

(1) A la première nageoire du dos.............. 8 rayons.
A la seconde.............................. 34
A chacune des pectorales.................. 20
A chacune des thoracines.................. 6
A celle de l'anus......................... 30
A celle de la queue....................... 20

chaque opercule composé de deux lames; et la nageoire de l'anus précédée d'une petite nageoire composée de deux rayons et d'une membrane.

LE CARANX AMIE,[1]

Scomber Amia, Linn., Gmel.; *Caranx Amia*, Lacep.; *Lichia Amia*, Cuv. (2).

ET

LE CARANX QUEUE-JAUNE.[3]

Scomber chrysurus, Linn., Gmel.; *Caranx chrysurus*, Lac. (4).

Le nombre des rayons que présentent les na-

(1) « Scomber dorso dipterygio, ossiculo ultimo pinnæ dorsalis, se-« cundæ prælongo. » Artedi, gen. 31, syn. 51.

Scombre amie. Daubenton, Encyclopédie méthodique.

Id. Bonnaterre, planches de l'Encyclopédie méthodique.

Nota. Il est utile d'observer que les passages des auteurs et les figures des dessinateurs, rapportés par Artédi, et d'après lui par Daubenton, à leur scombre amie, sont relatifs, non pas à ce poisson, mais au caranx glauque, ou au centronote lyzan, ainsi que nous l'indiquerons en détail dans la synonymie des articles dans lesquels nous traiterons du glauque et du lyzan. Cette fausse application faite par Artédi a trompé aussi le professeur Bonnaterre, qui a fait graver, pour son scombre amie, une figure que Salvian a publiée pour un poisson nommé *Amie*, mais qui cependant ne peut appartenir qu'à un centronote lyzan.

(2) M. Cuvier rapporte le *Scomber Amia*, Linn., à ce poisson qu'il nomme *Liche* ou *Vadigo* (dans son genre Centronote); et il cite à son

geoires du caranx amie, peut servir à le distinguer des autres poissons de ce genre, indépendamment des caractères particuliers à cette espèce que nous venons d'exposer dans le tableau des caranx (5).

La queue-jaune habite dans la Caroline; elle y a été observée par Garden. Son nom vient de la couleur de sa queue, qui est d'un jaune plus ou moins doré, ainsi que quelques-unes de ses nageoires. Ses dents sont très-petites, très-difficiles à voir. On a même écrit que ses mâchoires étaient entièrement dénuées de dents. Une petite nageoire à deux rayons est placée au-devant de celle de l'anus (6).

---

sujet Rondelet, p. 254, et Salviani, p. 121. Il remarque aussi, Reg. anim., 1re édit., qu'aucune des figures citées par Artedi et Linnée, ne peut lui être rapportée.

(3) *Yellow tail* (queue jaune). Garden.

Scombre queue jaune. Daubenton, Encyclopédie méthodique.

Id. Bonnaterre, planches de l'Encyclopédie méthodique.

(4) Ce poisson n'est pas cité par M. Cuvier. Desm. 1829.

(5) A la première nageoire du dos du caranx amie... 5 rayons.
A la seconde.... 34
A chacune des pectorales.... 20
A chacune des thoracines.... 6
A celle de l'anus.... 24

(6) A la première nageoire dorsale du caranx queue-jaune. 9 rayons.
A la seconde.... 29
A chacune des pectorales.... 19
A chacune des thoracines.... 6
A celle de l'anus.... 30
A celle de la queue.... 22

LE CARANX FASCÉ,[1]

Caranx fasciatus, Bloch, Lacep.; *Seriola fasciata*, Cuv. (2).

LE CARANX CHLORIS,[3]

Caranx Chloris, Bloch., Lac.; *Seriola cosmopolita*, Cuv. (4).

ET LE CARANX CRUMENOPHTHALME.[5]

Scomber crumenophthalmus, Bl.; *Caranx crumenophthalmus*, Cuv. (6).

Remarquez les petites écailles qui revêtent le corps et la queue du fascé ; les dents pointues qui garnissent ses mâchoires, sa langue et son palais; la courbure de la partie antérieure de sa ligne latérale; les nuances de sa couleur générale et argentée; les taches brunes de sa tête et de plusieurs de ses nageoires; le jaune et le violet de ses thoracines; le bleu de ses dorsales, de sa caudale, et de sa nageoire de l'anus (7):

---

(1) Bloch, pl. 341.

(2-4-6) Les deux premiers de ces poissons appartiennent au genre Sériole de M. Cuvier, et le troisième à son genre Caranx. Desm. 1829.

(3) *Le verdier.*

Bloch, pl. 339.

(5) Bloch, pl. 343.

(7) 6 rayons à la membrane branchiale du caranx fascé.
18 à chaque pectorale.

L'absence de petites écailles sur la tête et les opercules du chloris ; la surface lisse de sa langue ; l'orifice unique de chacune de ses narines ; le peu de distance qui sépare son anus de sa gorge ; la longueur de ses pectorales, qui atteignent au-delà du commencement de la nageoire de l'anus, et sont, comme la caudale, rougeâtres à la base et violettes à l'extrémité ; la nature de sa chair grasse, molle, et très-agréable aux habitants des rivages africains voisins d'Acara, auprès desquels on le trouve :

---

7 rayons aiguillonnés à la première nageoire du dos.
1 aiguillonné et 5 articulés à chaque thoracine.
2 aiguillonnés réunis par une membrane au-devant de la nageoire de l'anus.
19 à la nageoire de la queue.

6 rayons à la membrane branchiale du caranx chloris.
16 à chaque pectorale.
7 aiguillonnés à la première dorsale.
1 aiguillonné et 5 rayons articulés à chaque thoracine.
2 aiguillonnés réunis par une membrane au-devant de la nageoire de l'anus.
23 à la caudale.

6 rayons à la membrane branchiale du caranx cruménophthalme.
20 à chaque pectorale.
8 aiguillonnés à la première nageoire du dos.
1 aiguillonné et 5 articulés à chaque thoracine.
2 aiguillonnés réunis par une membrane au-devant de la nageoire de l'anus.
18 à la nageoire de la queue.

Les dimensions de la mâchoire supérieure du cruménophthalme, qui est plus courte que l'inférieure ; la surface unie de sa langue et de son palais; les deux orifices de chacune de ses narines; les lames larges et piquantes qui garnissent la partie postérieure de sa ligne latérale; la couleur grise de ses nageoires; et la blancheur ainsi que la délicatesse de la chair de ce poisson qui vit auprès de la côte de Guinée.

LE CARANX GLAUQUE.(1)

Scomber glaucus, Linn., Gmel.; *Caranx glaucus*, Lacep. (2).

Ce poisson, qu'Osbeck a vu dans l'océan Atlantique, auprès de l'île de l'Ascension, a été observé par Commerson dans le grand Océan, vers les rivages de Madagascar, et particulièrement dans les environs du fort Dauphin élevé dans cette dernière île. Il habite aussi dans la Méditerranée, où

(1) *Leccia*, sur les côtes de la Ligurie.
Polanda, en esclavon.
Γλαυκος, en grec.
Derbio, dans plusieurs départements méridionaux de France.
Biche, ibid.
Cabrole, ibid.
Damo, ibid.
Scombre glauque. Daubenton, Encyclopédie méthodique.
Id. Bonnaterre, planches de l'Encyclopédie méthodique.
Scomber dorso dipterygio, ossiculo secundo pinnæ dorsalis altissimo. Artedi, gen. 32, syn. 31.
Mus Ad. Frid. 2, p. 89.
Scomber Ascensionis. Osbeck, It. 296.
Derbio. Rondelet, première partie, liv. 8, chap. 15.
Glaucus. Plin., lib. 9, cap. 16.
« Caranx lineâ laterali inermi, maculisque signatâ quatuor nigris, anterioribus duabus majoribus. » Commerson, manuscrits déja cités.
Glaucus (*derbio*.) Valmont de Bomare, Dictionnaire d'histoire naturelle.
(2) Non cité par M. Cuvier. Desm. 1829.

il était très-connu du temps de Pline, et même de celui d'Aristote, qui avait entendu dire que ce caranx se tenait caché dans les profondeurs de la mer pendant les très-grandes chaleurs de l'été. La couleur générale de cet osseux est indiquée par le nom qu'il porte : elle est en effet d'un bleu clair mêlé d'une teinte verdâtre ; quelquefois cependant elle paraît d'un bleu foncé et semblable à celui que présente la mer agitée par un vent impétueux. La partie inférieure de l'animal est blanche. On voit souvent une tache noire à l'origine de la seconde nageoire dorsale et à celle de la nageoire de l'anus ; et quatre autres taches noires, dont les deux premières sont les plus grandes, sont aussi placées ordinairement sur chaque ligne latérale.

Le second rayon de la seconde nageoire du dos est très-haut, et le premier aiguillon de la première nageoire dorsale est tourné, incliné, et même couché vers la tête. Une petite nageoire à deux rayons précède celle de l'anus (1).

La chair du glauque est blanche, grasse, et communément de bon goût.

---

(1) A la première nageoire du dos................ 7 rayons.
A la seconde............................ 26
A chacune des pectorales..................... 20
A chacune des thoracines..................... 5
A celle de l'anus......................... 25
A celle de la queue, qui est très-fourchue....... 20

LE CARANX BLANC,[1]

Scomber albus, Linn., Gmel.; *Caranx albus*, Lacep. (2).

ET

LE CARANX QUEUE-ROUGE.[3]

Scomber Hippos, Linn.; *Caranx erythrurus*, Lacep. (4).

La mer Rouge nourrit le caranx blanc, que Forskael a décrit le premier, et dont la couleur générale blanche ou argentée est relevée par le jaune qui règne sur les côtés de l'animal et sur la nageoire caudale. Un rang de petites dents garnit chaque mâchoire. Chaque ligne latérale est revêtue, vers la queue, de petites pièces écailleuses. Les écailles proprement dites qui recouvrent ce caranx, sont fortement attachées. La première nageoire du dos forme un triangle équilatéral (5).

(1) Forskael, Faun. Arab.. p. 56, n. 75.
Scombre sufnok. Bonnaterre, planches de l'Encyclopédie méthodique.

(2) Non cité par M. Cuvier. Desm. 1829.

(3) *Scombre queue-rouge*. Daubenton, Encyclopédie méthodique.
Id. Bonnaterre, planches de l'Encyclopédie méthodique.

(4) Du genre Caranx, Cuv. Desm. 1829.

(5) A la membrane des branchies du caranx blanc..... 8 rayons.
A la première nageoire dorsale.................. 8
A la seconde.................................... 25

On voit une petite nageoire composée de deux rayons au-devant de l'anus du blanc, aussi bien qu'au-devant de l'anus du caranx queue-rouge. Ce dernier a été observé dans la Caroline par Garden, et à l'île de Taïti par Forster. Il montre une tache noire sur chacun de ses opercules. Sa seconde nageoire du dos est rouge, comme celle de la queue; les thoracines et l'anale sont jaunes. La partie postérieure de chaque ligne latérale est comme hérissée de petites pointes. Les deux dents de devant sont, dans chaque mâchoire, plus grandes que les autres (1).

A chacune des pectorales . . . . 22 rayons.
A chacune des thoracines 5
A celle de l'anus 20
A celle de la queue 17

(1) A la première nageoire dorsale du caranx queue-rouge. 7 rayons.
A la seconde 22
A chacune des pectorales 22
A chacune des thoracines 6
A celle de l'anus 40
A celle de la queue 30

LE CARANX PLUMIER,(1)

Scomber Plumierii, Bl.; *Caranx Plumierii*, Lacep., Cuv. (2).

ET

LE CARANX KLEIN.(3)

Scomber Kleinii, Bl.; *Caranx Kleinii*, Lacep., Cuv. (4).

La tête du caranx plumier est dénuée de petites écailles; l'orifice de chacun de ses organes de l'odorat double; la saillie de la partie postérieure de ses opercules pointue; le bleu argenté de sa couleur générale se trouve relevé par des taches jaunes; ses pectorales et ses thoracines sont azurées. Ce caranx vit dans la mer des Antilles.

Le caranx klein, du Coromandel, a la langue unie, le devant du palais rude, et l'arrière-palais lisse; ses nageoires ont des nuances grises; sa longueur n'excède guère trois décimètres; sa chair a un goût peu agréable et son tissu est presque toujours trop maigre (5).

(1) Bloch, pl. 344*.

(2) Du genre Caranx, Cuv. Desm. 1829.

(3) Walen-Parcy, par les tamules. Bl. pl. 347, fig. 2.

(4) Du genre Caranx, Cuv. Desm. 1829.

(5) 15 rayons à chaque pectorale du caranx plumier.
7 aiguillonnés à la première dorsale.
6 à chaque thoracine.
2 aiguillonnés réunis par une membrane au-devant de la nageoire de l'anus.

* Ce poisson, selon M. Cuvier, est le même que le caranx rouge, *Scomber ruber*, Bloch, pl. 343, et que le caranx Daubenton, Lacep. Desm. 1819.

LE CARANX FILAMENTEUX.[1]

Caranx filamentosus, Lacep. (2).

C'EST au célèbre Anglais Mungo-Park que l'on doit la description de ce caranx, que l'on trouve en Asie, auprès des rivages de Sumatra. Le nom de *Filamenteux* que Mungo-Park lui a donné, vient des filaments qui garnissent la seconde nageoire dorsale, ainsi que celle de l'anus. La couleur générale de ce poisson est argentée, et son dos est bleuâtre; ses écailles sont petites, mais fortement attachées. Le museau est arrondi; l'œil grand; l'iris jaune; chaque mâchoire hérissée de dents courtes et serrées; chaque opercule formé de trois lames dénuées d'écailles semblables à celles du dos; la nageoire caudale fourchue; la petite nageoire qui précède celle de l'anus, composée de deux rayons, dont l'antérieur est le moins grand.

14 rayons à la caudale.
5 à la membrane branchiale du caranx klein.
16 à chaque pectorale.
7 aiguillonnés à la première nageoire du dos.
1 aiguillonné et 5 articulés à chaque thoracine.
2 aiguillonnés réunis par une membrane au-devant de la nageoire de l'anus.
22 à la nageoire de la queue.

(1) *Scomber filamentosus*. Mungo-Park, Transact. de la société linnéenne de Londres, vol. 3.

(2) M. Cuvier ne mentionne pas cette espèce. DESM. 1829.

Les pectorales sont en forme de faux; la première du dos peut être reçue dans une fossette longitudinale (1).

LE CARANX DAUBENTON.(2)

Caranx Daubentonii, Lacep. (3).

Nous consacrons à la mémoire de notre illustre ami Daubenton, ce beau caranx représenté d'après Plumier dans les peintures sur vélin du Muséum d'histoire naturelle.

Ce caranx a ses deux nageoires dorsales très-rapprochées: la première est triangulaire, et soutenue par six rayons aiguillonnés; la seconde est très-allongée et un peu en forme de faux (4). Deux aiguillons sont placés au-devant de la na-

(1) A la membrane des branchies......... 7 rayons.
A la première nageoire dorsale........ 6 rayons aiguillonnés.
A la seconde nageoire du dos....... 22 rayons
A chacune des pectorales............ 19
A chacune des thoracines........... 5
A celle de l'anus.................. 18
A celle de la queue................ 22

(2) « Trachurus argento-cærulens, aureis maculis notatus. » Manuscrits de Plumier.

(3) M. Cuvier rapporte ce poisson à la même espèce que le caranx rouge, *Scomber ruber*, Bl., pl. 342, et que le caranx plumier décrit ci-avant, page 389. Desm. 1829.

(4) 3 rayons aiguillonnés et 19 rayons articulés à la seconde nageoire du dos.

1 rayon aiguillonné et 13 rayons articulés à celle de l'anus.

La nageoire de la queue est fourchue.

geoire de l'anus. Les deux mâchoires sont également avancées. On voit, à chaque opercule branchial, au moins trois pièces, dont les deux dernières sont découpées en pointe du côté de la queue. La ligne latérale est tortueuse, rude et dorée. Des taches couleur d'or sont répandues sur les nageoires. La partie supérieure du corps est bleue, et l'inférieure argentée.

LE CARANX TRÈS-BEAU.(1)

Scomber speciosus, Lin., Gm.; *Caranx speciosus*, Lac., Cuv. (2).

Ce poisson mérite son nom. Ses écailles, petites et faiblement attachées, brillent de l'éclat de l'or sur le dos, et de celui de l'argent sur sa partie inférieure. Ces deux riches nuances sont variées par des bandes transversales, ordinairement au nombre de sept, d'un beau noir, et dont chacune est communément suivie d'une autre bande également d'un beau noir et transversale, mais beaucoup plus étroite. Les nageoires du dos sont bleues, et les autres jaunes.

Trois lames composent chaque opercule. Les nageoires pectorales, beaucoup plus longues que

(1) Forskael, Faun. Arab., p. 54, n. 70.

Scombre rim. Bonnaterre, planches de l'Encyclopédie méthodique.

« Caranx fasciis transversis nigris alternatim angustioribus, caudæ apicibus atratis. » Commerson, manuscrits déja cités.

(2) Ce poisson appartient à la division des Caranx, que M. Cuvier nomme Citules. Desm. 1829.

les thoracines, sont en forme de faux. Celle de la queue est fourchue.

Forskael a vu ce caranx dans la mer Rouge. Commerson, qui l'a observé dans la partie du grand Océan qui baigne l'île de France et la côte orientale d'Afrique, rapporte dans ses manuscrits, que les deux individus de cette espèce qu'il a examinés, n'avaient pas plus de six ou sept pouces (deux décimètres) de longueur, que les deux pointes de la nageoire caudale étaient très-noires, que les deux mâchoires étaient à-peu-près également avancées, et qu'on ne sentait aucune dent le long de ces mâchoires.

Indépendamment de ces particularités dont les deux dernières ont été aussi indiquées par Forskael, Commerson dit que la membrane branchiale était soutenue par sept rayons; que la partie concave de l'arc osseux de la première branchie était dentée en forme de peigne; que la partie analogue des autres trois arcs ne présentait que deux rangs de tubercules assez courts; et que la ligne latérale était, vers la queue, hérissée de petits aiguillons, et bordée, pour ainsi dire, d'écailles plus grandes que celles du dos (1).

(1) A la première nageoire dorsale .... 7 rayons aiguillonnés.
A la seconde nageoire dorsale .... 21 rayons.
A chacune des pectorales 22
A chacune des thoraçines .... 5 ou 6
A celle de l'anus, qui est précédée d'une petite nageoire à 2 rayons 21
A celle de la queue 17

LE CARANX CARANGUE.[1]

Scomber Carangus, Bl.; *Caranx Carangua*, Lacep. (2).

Nous avons conservé à ce caranx le nom spécifique de *Carangue*, qu'il a porté à la Martinique, suivant Plumier. La première nageoire du dos est soutenue par sept ou huit aiguillons. Deux aiguillons paraissent au-devant de celle de l'anus. La ligne latérale est courbe et rude; la partie supérieure du poisson bleue; l'inférieure argentée; et presque toutes les nageoires resplendissent de l'éclat de l'or.

(1) *Caranx Carangua.*

Carangue. Peintures sur vélin, faites d'après les dessins de Plumier, et déja citées.

(2) Du genre Caranx de M. Cuvier. DESM. 1829.

LE CARANX FERDAU,[1]

Scomber Ferdau, Linn., Gmel.; *Caranx Ferdau*, Lacep.

LE CARANX GÆSS,[2]

Scomber Gæss, Linn., Gmel.; *Caranx Gæss*, Lacep.

LE CARANX SANSUN,[3]

Scomber Sansun, Linn., Gmel.; *Caranx Sansun*, Lacep.

ET LE CARANX KORAB.[4]

Scomber Korab, Linn., Gmel.; *Caranx Korab*, Lacep. (5).

CES quatre caranx composent un sous-genre particulier et distingué du premier sous-genre par la présence d'un aiguillon isolé placé entre les deux nageoires dorsales. On les trouve tous les quatre dans la mer Rouge ou mer d'Arabie : ils y

(1) Forskael, Faun. Arabic., p. 55, n. 71.
Scombre ferdau. Bonnaterre, planches de l'Encyclopédie méthodique.

(2) Forskael, Faun. Arabic., pl. 56, n. 73.
Scombre gæss. Bonnaterre, planches de l'Encyclopédie méthodique.

(3) Forskael, Faun. Arabic., p. 56, n. 74.
Scombre bockos. Bonnaterre, planches de l'Encyclopédie méthodique.

(4) Forskael, Faun. Arabic., pl. 55, n. 72.
Scombre korab. Bonnaterre, planches de l'Encyclopédie méthodique.

(5) M. Cuvier ne cite aucune de ces espèces. DESM. 1829.

ont été observés par Forskael. Le tableau méthodique du genre *Caranx* expose les différences qui les séparent l'un de l'autre; il nous suffira maintenant d'ajouter quelques traits à ceux que présente ce tableau.

Le ferdau montre un grand nombre de dents petites, déliées et flexibles; le sommet de la tête est dénué d'écailles proprement dites, et osseux dans son milieu; l'opercule est écailleux; la ligne latérale presque droite; la nageoire caudale fourchue et glauque. Les pectorales, dont la forme ressemble à celle d'une faux, sont blanchâtres; et une variété de l'espèce que nous décrivons, les a transparentes. On voit au-devant des narines un petit barbillon conique (1).

Le gæss, qui ressemble beaucoup au ferdau, a une petite cavité sur la tête; il peut baisser et renfermer dans une fossette longitudinale sa première nageoire dorsale; sa nageoire caudale est très-fourchue; et sa ligne latérale est courbe vers la tête et droite vers la queue (2).

Le sansun, qui a beaucoup de rapports avec

---

(1) A la première nageoire dorsale 6 rayons aiguillonnés.
à chacune des pectorales 21 rayons.
à chacune des thoracines 1 rayon aiguillonné et 5 rayons articulés.
à celle de la queue 15 ou 16 rayons.

(2) A la première nageoire dorsale 7 rayons aiguillonnés.
à chacune des pectorales 1 rayon aiguillonné et 20 rayons articulés.
à chacune des thoracines 1 rayon aiguillonné et 5 rayons articulés.
à celle de la queue 18 ou 19 rayons.

le gæss et avec le ferdau, présente des ramifications sur le sommet de la tête; une rangée de dents arme chaque mâchoire; la mâchoire supérieure est d'ailleurs garnie d'une grande quantité de dents petites et flexibles, placées en seconde ligne. Les nageoires pectorales et les thoracines sont blanches; celle de l'anus et le lobe inférieur de la caudale sont jaunes; le lobe supérieur de cette même caudale est brun comme les dorsales, qui, d'ailleurs, sont bordées de noir (1).

Le korab a chaque mâchoire hérissée d'une rangée de dents courtes et comme renflées; la ligne latérale est ondulée vers la nuque, et droite ainsi que marquée par des écailles particulières auprès de la queue. Les nageoires pectorales et les thoracines sont roussâtres; les dorsales glauques; l'anale transparente et comme bordée de jaune; le lobe inférieur de la caudale jaune, et le supérieur d'un bleu verdâtre (2).

---

(1) A la première nageoire dorsale du sansun 7 rayons aiguillonnés.
à chacune des pectorales 1 rayon aiguillonné et 20 rayons articulés.
à chacune des thoracines 1 rayon aiguillonné et 5 rayons articulés.
à celle de la queue 17 ou 18 rayons.

(2) A la membrane branchiale du korab, 8 rayons.
à la première nageoire dorsale 7 rayons aiguillonnés.
à chacune des pectorales 1 rayon aiguillonné et 20 rayons articulés.
à chacune des thoracines 1 rayon aiguillonné et 5 rayons articulés.
à celle de la queue 17 ou 18 rayons.

LE CARANX ROUGE,[1]

Scomber ruber, Bl.; *Caranx ruber*, Laçep. (2).

Le caranx rouge est remarquable par les dents qui hérissent son palais; sa langue très-lisse et un peu libre dans ses mouvements; les deux ouvertures de chacune de ses narines; la facilité avec laquelle il perd les écailles qui recouvrent son corps et sa queue; les reflets argentés qui brillent sur ses côtés, et le jaune mêlé de violet qui se montre sur ses nageoires (3). On le pêche auprès de l'île de Sainte-Croix.

(1) Bloch, pl. 342.

(2) M. Cuvier le considère comme ne différant pas spécifiquement des Caranx Plumier et Daubenton décrits ci-avant pages 389 et 391.

DESM. 1829.

(3) 6 rayons à la membrane branchiale.
15 à chaque pectorale.
7 à la première dorsale.
6 à chaque thoracine.
2 aiguillonnés réunis par une membrane au-devant de la nageoire de l'anus.
17 à la caudale.

SOIXANTE-SIXIÈME GENRE.

LES TRACHINOTES (1).

Deux nageoires dorsales ; point de petites nageoires au-dessus ni au-dessous de la queue ; les côtés de la queue relevés longitudinalement en carène, ou une petite nageoire composée de deux aiguillons et d'une membrane, au-devant de la nageoire de l'anus ; des aiguillons cachés sous la peau, au-devant des nageoires dorsales.

ESPÈCE.	CARACTÈRES.
LE TRACHIN FAUCHEUR.	La seconde nageoire du dos, et celle de l'anus, représentant la forme d'une faux.

(1) M. Cuvier réunit les trachinotes, les acanthinions et les cæsiomores de Lacépède pour en former le dernier sous-genre de son genre Centronote. DESM. 1829.

LE TRACHINOTE FAUCHEUR.[1]

Trachinotus falcatus, Lacep., Cuv. (2).

C'est dans la mer d'Arabie qu'habite ce poisson, que Forskael, en le découvrant, crut devoir comprendre parmi les scombres, mais que l'état actuel de la science ichthyologique et nos principes de distribution méthodique et régulière nous obligent à séparer de ces mêmes scombres, et à inscrire dans un genre particulier. Nous donnons à cet osseux le nom générique de *Trachinote* qui veut dire *aiguillons sur le dos*, pour désigner l'un des traits les plus distinctifs de sa conformation. Cet animal a toujours en effet auprès de la nuque, des aiguillons cachés sous la peau, et au-devant desquels un piquant très-fort, couché horizontalement, est tourné vers le museau, et quelquefois recouvert par le tégument le plus extérieur du poisson. La première nageoire dorsale, dont la membrane n'est soutenue que par des rayons aiguillonnés,

(1) » Scomber rhomboidalis, pinnâ secundâ dorsi et ani, falcatis. » Forskael, Faun. Arabic., p. 57, n. 76.

Scombre hogel. Bonnaterre, planches de l'Encyclopédie méthodique.

(2) Du sous-genre Trachinote, dans le genre Centronote. Cuv.

Desm. 1829.

et dont la peau recouvre quelquefois le premier rayon, peut se baisser et se coucher dans une fossette.

La seconde nageoire dorsale et celle de l'anus (1) ont la forme d'une sorte de faux; et voilà d'où vient le nom spécifique que nous avons conservé au trachinote que nous décrivons.

Ce faucheur, dont la hauteur égale souvent la moitié de la longueur, est revêtu, sur le corps et sur la queue, d'écailles minces et fortement attachées; on ne voit pas d'écailles proprement dites sur les opercules; on n'aperçoit pas de dents aux mâchoires, mais on remarque des aspérités à la mâchoire inférieure; la lèvre supérieure est extensible; la ligne latérale est un peu ondulée; les thoracines, plus longues que les pectorales, sont comme tronquées obliquement; il y a au-devant de l'anus une petite nageoire à deux rayons.

La couleur générale de ce trachinote est argentée avec une teinte brune sur le dos. Une nuance jaunâtre paraît sur le front. La nageoire caudale est peinte de trois couleurs; elle montre du brun, du glauque et du jaune: les thoracines sont blanchâtres en dedans, et dorées ou jaunâ-

(1) A la première nageoire dorsale 5 rayons aiguillonnés.
à la seconde 1 rayon aiguillonné et 19 rayons articulés.
à chacune des pectorales 18 rayons.
à chacune des thoracines, 6 rayons.
à celle de l'anus 1 rayon aiguillonné et 17 rayons articulés.
à celle de la queue, qui est fourchue, 6 rayons.

tres en dehors, ce qui s'accorde avec les principes que nous avons exposés au sujet des couleurs des poissons et même du plus grand nombre d'animaux; et les pectorales ne présentent qu'une nuance brune.

Il paraît par une note très-courte que j'ai trouvée dans les papiers de Commerson, que ce naturaliste avait vu auprès du fort Dauphin de Madagascar, notre trachinote faucheur, qu'il regardait comme un caranx, et auquel il attribuait une longueur d'un demi-mètre.

SOIXANTE-SEPTIÈME GENRE.

LES CARANXOMORES (1).

Une seule nageoire dorsale ; point de petites nageoires au-dessus ni au-dessous de la queue ; les côtés de la queue relevés longitudinalement en carène, ou une petite nageoire composée de deux aiguillons et d'une membrane au-devant de la nageoire de l'anus, ou la nageoire dorsale très-prolongée vers celle de la queue ; la lèvre supérieure très-peu extensible ou non extensible ; point d'aiguillons isolés au-devant de la nageoire du dos.

ESPÈCES.	CARACTÈRES.
1. Le Car. pélagique.	Quarante rayons à la nageoire du dos.
2. Le Car. plumiérien.	Les pectorales une fois plus longues que les thoracines ; la dorsale et l'anale en forme de faux.
3. Le Car. pilitschei.	Huit rayons aiguillonnés et seize rayons articulés à la nageoire du dos ; trois rayons aiguillonnés et quatorze rayons articulés à celle de l'anus ; la mâchoire inférieure plus avancée que la supérieure ; un seul orifice à chaque narine ; la couleur générale d'un violet argenté.
4. Le Car. sacrestin.	Dix rayons aiguillonnés et onze rayons articulés à la nageoire du dos ; trois rayons articulés et huit aiguillonnés à la nageoire de l'anus ; la mâchoire inférieure plus avancée que celle d'en-haut et relevée au-dessous du sommet de cette dernière par une apophyse ; deux orifices à chaque narine ; les écailles bleuâtres et bordées de brun.

(1) M. Cuvier considère les caranxomores comme devant former un sous-genre dans son genre Coryphène. Desm. 1829.

LE CARANXOMORE (1)

PÉLAGIQUE.

Scomber pelagicus, Linn.; *Cichla pelagica*, Bl.; *Caranxomorus pelagicus*, Lacep., Cuv. (2).

Les caranxomores diffèrent des caranx, en ce qu'ils n'ont qu'une seule nageoire dorsale; ils leur ressemblent d'ailleurs par un très-grand nombre de traits, ainsi que leur nom l'indique.

Le nombre des rayons de la nageoire du dos distingue le pélagique, auquel on ne doit avoir donné le nom qu'il porte, que pour désigner l'habitude de se tenir fréquemment en pleine mer (3).

---

(1) Mus. Ad. Frid. 1, p. 72, tab. 30, fig. 3.
Scombre monoptère. Daubenton, Encyclopédie méthodique.
Id. Bonnaterre, planches de l'Encyclopédie méthodique.

(2) Du sous-genre Caranxomore, dans le genre Coryphène, Cuv.
DESM. 1829.

(3) A la nageoire dorsale du pélagique............ 40 rayons.
A chacune des pectorales.................... 19
A chacune des thoracines.................... 5
A celle de l'anus........................... 22
A celle de la queue, qui est très-fourchue...... 20

LE CARANXOMORE[1]
PLUMIÉRIEN.

Caranxomorus plumierianus, Lacep. (2).

PARMI les peintures sur vélin du Muséum d'histoire naturelle, se trouve l'image de ce poisson, dont on doit le dessin au voyageur Plumier. Ce caranxomore parvient à une grandeur considérable, et n'est couvert que d'écailles très-petites. La nageoire dorsale ne commence que vers le milieu de la longueur totale de l'animal; elle ressemble presque en tout à celle de l'anus, au-dessus de laquelle elle est située. La nuque présente un enfoncement qui rend le crâne convexe; la ligne latérale est courbe et rude; trois lames composent chaque opercule; les mâchoires sont aussi avancées l'une que l'autre; le dessus du poisson est bleu, et le dessous d'un blanc argenté et mêlé de rougeâtre.

(1) « Trachurus maximus, squamis minutissimis. » Manuscrits de Plumier.

(2) M. Cuvier ne fait pas mention de cette espèce. DESM. 1829.

LE CARANXOMORE[1]

PILITSCHEI.

Caranxomorus Pilitschei, Lacep. (2).

Les écailles qui revêtent le corps et la queue de ce poisson sont minces, et se détachent facilement; sa ligne latérale suit d'assez près la courbure du dos; sa caudale est fourchue; il ne parvient que très-rarement à la longueur de deux décimètres; ses thoracines et la nageoire de sa queue sont jaunes ou dorées; sa chair est grasse et d'un goût agréable; on le trouve souvent en très-grand nombre dans la mer et dans les embouchures des fleuves qui arrosent la côte de Malabar (3).

(1) *Pilitschei*, en langue malabare.
Scomber minutus. Bloch, pl. 429, fig. 2.

(2) M. Cuvier ne cite pas ce poisson. Desm. 1829.

(3) 7 rayons à la membrane branchiale du caranxomore pilitschei.
16 à chaque pectorale.
1 aiguillonné et 5 articulés à chaque thoracine.
24 à la caudale.

LE CARANXOMORE[1]
SACRESTIN.

Caranxomorus Sacrestinus, Lacep. (2).

COMMERSON a laissé dans ses manuscrits une description de ce poisson, qu'il a observé pendant son voyage avec notre collègue Bougainville, et que les naturalistes ne connaissent pas encore. Les dimensions de ce caranxomore sont assez semblables à celles d'un scombre maquereau. Du jaunâtre distingue la dorsale et la nageoire de l'anus; du rouge, les pectorales; du jaune entouré de bleuâtre, les thoracines; du noirâtre, la nageoire de la queue, qui est très-fouchue.

Le museau est avancé; chaque mâchoire armée de dents très-courtes, très-fines et très-serrées; la langue cartilagineuse et lisse; le palais relevé par deux tubérosités; le dessus du gosier garni, ainsi que le dessous, d'une élévation dure et hérissée de très-petites dents; l'œil grand; chaque opercule composé de trois lames, dont la première

(1) « Sciænus è fusco cærulescens, pinnis flavescentibus, dorsali et « anali retrorsum subulatis, caudâ nigrâ, in sinus marginibus, subfla« vescente. » Commerson, manuscrits déja cités.

Sacrestin. Id. Ibid.

(2) Non mentionné par M. Cuvier. DESM. 1829.

est revêtue de petites écailles, la seconde ciselée, la troisième prolongée par un appendice jusqu'à la base des pectorales; chaque côté de l'occiput strié ou ciselé; le dernier rayon de la dorsale très-allongé, de même que le second de chaque pectorale, et le dernier de la nageoire de l'anus.

La chair du sacrestin est agréable au goût (1).

---

(1) 7 rayons à la membrane branchiale du caranxomore sacrestin.
16 rayons à chaque pectorale.
1 rayon aiguillonné et 5 articulés à chaque thoracine.
17 rayons à la nageoire de la queue.

SOIXANTE-HUITIÈME GENRE.

LES CÆSIO.

Une seule nageoire dorsale ; point de petites nageoires au-dessus ni au-dessous de la queue ; les côtés de la queue relevés longitudinalement en carène, ou une petite nageoire composée de deux aiguillons et d'une membrane au-devant de la nageoire de l'anus, ou la nageoire dorsale très-prolongée vers celle de la queue ; la lèvre supérieure très-extensible ; point d'aiguillons isolés au-devant de la nageoire du dos.

ESPÈCES.	CARACTÈRES.
1. LE CÆSIO AZUROR.	L'opercule branchial recouvert d'écailles semblables à celles du dos, et placées les unes au-dessus des autres.
2. LE CÆSIO POULAIN.	Une fossette calleuse et une bosse osseuse au-devant des nageoires thoracines.

LE CÆSIO AZUROR.[1]

Cæsio cærulaureus, Lacep., Cuv. (2).

Cæsio est le nom générique donné par Commerson au poisson que nous désignons par la dénomination spécifique d'*Azuror*, laquelle annonce l'éclat de l'or et de l'azur dont il est revêtu. Le naturaliste voyageur a tiré ce nom de *cæsio*, de la couleur bleuâtre, en latin *cæsius*, de l'animal qu'il avait sous ses yeux. En reconnaissant les grands rapports qui lient les *Cæsio* avec les scombres, il a cru cependant devoir les en séparer. Et c'est en adoptant son opinion que nous avons établi le genre particulier dont nous nous occupons, que nous avons cherché à circonscrire dans des limites précises, et auquel nous avons cru devoir rapporter non seulement le *Cæsio* azuror décrit par Commerson, mais encore le poulain placé par Forskael, et d'après lui par Bonnaterre,

(1) « Cæsio dorso cæruleo, tæniâ lineæ laterali superductâ, flavescente deauratâ, corpore subteriore argenteo, caudæ marginibus undique « rubentibus. » Commerson, manuscrits déja cités.

(2) M. Cuvier conserve le genre Cæsio de M. de Lacépède, mais n'y admet que cette seule espèce. Desm. 1829.

au milieu des scombres, et inscrit par Gmelin parmi les centrogastères.

L'azuror est très-beau. Le dessus de ce poisson est d'un bleu céleste des plus agréables à la vue, et qui, s'étendant sur les côtés de l'animal, y encadre, pour ainsi dire, une bande longitudinale d'un jaune doré, qui règne au-dessus de la ligne latérale, suit sa courbure, et en parcourt toute l'étendue. La partie inférieure du *Cæsio* est d'un blanc brillant et argenté.

Une tache d'un noir très-pur est placée à la base de chaque nageoire pectorale, qui la cache en partie, mais en laisse paraître une portion, laquelle présente la forme que l'on désigne par le nom de *Chevron brisé.*

La nageoire de la queue est brune, et bordée dans presque toute sa circonférence d'un rouge élégant. L'anale est peinte de la même nuance que cette bordure. On retrouve la même teinte au milieu du brun des pectorales; la dorsale est brune, et les thoracines sont blanchâtres.

L'or, l'argent, le rouge, le bleu céleste, le noir, sont donc répandus avec variété et magnificence sur le *Cæsio* que nous considérons; et des nuances brunes sont distribuées au milieu de ces couleurs brillantes, comme pour les faire ressortir, et terminer l'effet du tableau par des ombres.

Cette parure frappe d'autant plus les yeux de l'observateur, qu'elle est réunie avec un volume un peu considérable, l'azuror étant à-peu-près de la grandeur du maquereau, avec lequel il a d'ailleurs plusieurs rapports.

Au reste, n'oublions pas de remarquer que cet éclat et cette diversité de couleurs que nous admirons en tâchant de les peindre, appartiennent à un poisson qui vit dans l'archipel des grandes Indes, particulièrement dans le voisinge des Moluques, et par conséquent dans ces contrées où une heureuse combinaison de la lumière, de la chaleur, de l'air, et des autres éléments de la coloration, donne aux perroquets, aux oiseaux de paradis, aux quadrupèdes ovipares, aux serpents, aux fleurs des grands arbres, et à celles des humbles végétaux, l'or resplendissant du soleil des tropiques, et les tons animés des sept couleurs de l'arc céleste.

L'azuror brillait parmi les poissons que les naturels des Moluques apportaient au vaisseau de Commerson; et le goût de sa chair était agréable.

Le museau de ce *Cæsio* est pointu; la lèvre supérieure très-extensible; la mâchoire inférieure plus avancée que celle de dessus, lorsque la bouche est ouverte; chaque mâchoire garnie de dents si petites, que le tact seul les fait distinguer; la langue très-petite, cartilagineuse, lisse, et peu mobile; le palais aussi lisse que la langue; l'œil ovale et très-grand; chaque opercule composé de deux lames, recouvert de petites écailles, excepté sur les bords, et comme ciselé par des rayons ou lignes convergentes; la lame postérieure de cet opercule conformée en triangle; cet opercule branchial placé au-dessus du rudiment d'une cinquième branchie; la concavité des arcs osseux qui soutiennent les branchies, dentée comme un peigne; la nageoire dorsale très-longue; et celle de la queue profondément échancrée (1).

LE CÆSIO POULAIN.(2)

Scomber Equula, Forsk.; *Centrogaster Equula*, Gmel.; *Cæsio Equulus*, Lacep.; *Equula Caballa*, Cuv. (3).

Ce poisson a une conformation peu commune.

Sa tête est relevée par deux petites saillies allongées qui convergent et se réunissent sur le front; un ou deux aiguillons tournés vers la

(1) A la membrane branchiale 7 rayons.
à la nageoire du dos 9 rayons aiguillonnés et 15 rayons articulés.
à chacune des pectorales 24 rayons.
à chaçune des thoracines 6 rayons.
à celle de l'anus 2 rayons aiguillonnés et 13 rayons articulés.
à celle de la queue 17 rayons.

(2) Forskael, Faun. Arabic., p. 58, n. 77.
Scombre petite jument. Bonnaterre, planches de l'Encyclopédie méthodique.

(3) M. Cuvier sépare ce poisson du précédent pour en former le type du sous-genre poulain, *Equula*, dans son genre Dorée, *Zeus*.
Desm. 1829.

queue sont placés au-dessus de chaque œil; les dents sont menues, flexibles, et, pour ainsi dire, *capillaires* ou *sétacées;* l'opercule est comme collé à la membrane branchiale; on voit une dentelure à la pièce antérieure de ce même opercule; une membrane lancéolée est attachée à la partie supérieure de chaque nageoire thoracine; la dorsale et la nageoire de l'anus s'étendent jusqu'à celle de la queue, qui est divisée et présente deux lobes distincts; et enfin, au-devant des nageoires thoracines, paraît une sorte de bosse ou de tubercule osseux, aigu, et suivi d'une petite cavité linéaire, et également osseuse ou calleuse. Ces deux callosités réunies, cette éminence, et cet enfoncement, ont été comparés à une selle de cheval; on a cru qu'ils en rappelaient vaguement la forme; et voilà d'où viennent les noms de *petit Cheval*, de *petite Jument*, de *Poulain* et de *Pouline*, donnés au poisson que nous examinons (1).

Au reste, ce *Cæsio* est revêtu d'écailles très-petites, mais brillantes de l'éclat de l'argent. Il parvient à la longueur de deux décimètres. Forskael l'a vu dans la mer d'Arabie, où il a observé

(1) A la membrane des branchies 4 rayons.
à la nageoire du dos 8 rayons aiguillonnés et 16 rayons articulés.
à chacune des pectorales 18 rayons.
à chacune des thoracines 1 rayon aiguillonné et 5 rayons articulés.
à celle de l'anus 3 rayons aiguillonnés et 15 rayons articulés.
à celle de la queue 17 rayons.

aussi d'autres poissons (1) presque entièrement semblables au *Poulain*, qui n'en diffèrent d'une manière très-sensible que par un ou deux rayons de moins aux nageoires dorsale, pectorale et caudale, ainsi que par la couleur glauque et la bordure jaune de ces mêmes nageoires, des thoracines, et de celle de l'anus, et que nous considérerons, quant à présent et de même que les naturalistes Gmelin et Bonnaterre, comme une simple variété de l'espèce que nous venons de décrire.

---

(1) « Scomber pinnis glaucis, margine flavis. » Forskael, Faun. Arab., p. 58.

Scombre meillet. Bonnaterre, planches de l'Encyclopédie méthodique.

SOIXANTE-NEUVIÈME GENRE.

LES CÆSIOMORES (1).

Une seule nageoire dorsale ; point de petites nageoires au-dessus ni au-dessous de la queue ; point de carène latérale à la queue, ni de petite nageoire au-devant de celle de l'anus ; des aiguillons isolés au-devant de la nageoire du dos.

ESPÈCES.	CARACTÈRES.
1. LE CÆSIOM. BAILLON.	Deux aiguillons isolés au-devant de la nageoire dorsale ; le corps et la queue revêtus d'écailles assez grandes.
2. LE CÆSIOM. BLOCH.	Cinq aiguillons isolés au-devant de la nageoire dorsale ; le corps et la queue dénués d'écailles facilement visibles.

(1) M. Cuvier remarque que les trachinotes, les acanthinions et les cæsiomores de M. de Lacépède ne diffèrent pas assez pour être séparés. Il les considère comme formant un seul sous-genre (Trachinote) dans son genre Centronote. DESM. 1829.

LE CÆSIOMORE BAILLON.

Cæsiomorus Baillonii, Lacep.; *Trachinotus Baillonii*, Cuv.

Nous allons faire connaître deux cæsiomores; aucune de ces deux espèces n'a encore été décrite. Nous en avons trouvé la figure dans les manuscrits de Commerson; et elle a été gravée avec soin sous nos yeux. Nous dédions l'une de ces espèces à M. Baillon, l'un des plus zélés et des plus habiles correspondants du Muséum d'histoire naturelle, qui rend chaque jour de nouveaux services à la science que nous cultivons, par ses recherches, ses observations, et les nombreux objets dont il enrichit les collections publiques, et dont M. de Buffon a consigné le juste éloge dans tant de pages de cette Histoire naturelle.

Nous consacrons l'autre espèce à la mémoire du savant et célèbre ichthyologiste le docteur Bloch de Berlin, comme un nouvel hommage de l'estime et de l'amitié qu'il nous avait inspirées.

Le cæsiomore baillon a le corps et la queue couverts d'écailles assez grandes, arrondies, et placées les unes au-dessus des autres. On n'en voit pas de semblables sur la tête ni sur les opercules, qui ne sont revêtus que de grandes lames.

Des dents pointues et un peu séparées les unes des autres garnissent les deux mâchoires, dont l'inférieure est plus avancée que la supérieure. On voit le long de la ligne latérale, qui est courbe jusque vers le milieu de la longueur totale de l'animal, quatre taches presque rondes et d'une couleur très-foncée. Deux aiguillons forts, isolés, et tournés en arrière, paraissent au-devant de la nageoire du dos, laquelle ne commence qu'au-delà de l'endroit où le poisson montre la plus grande hauteur, et qui, conformée comme une faux, s'étend presque jusqu'à la nageoire caudale.

La nageoire de l'anus, placée au-dessous de la dorsale, est à-peu-près de la même étendue et de la même forme que cette dernière, et précédée, de même, de deux aiguillons assez grands et tournés vers la queue.

La nageoire caudale est très-fourchue; les thoracines sont beaucoup plus petites que les pectorales.

LE CÆSIOMORE BLOCH.

Cæsiomorus Blochii, Lacep.; *Trachinotus Blochii*, Cuv.

Ce poisson a beaucoup de ressemblance avec le baillon : la nageoire dorsale et celle de l'anus sont en forme de faux dans cette espèce, comme dans le cæsiomore dont nous venons de parler; deux aiguillons isolés hérissent le devant de la nageoire de l'anus; la nageoire caudale est fourchue, et les thoracines sont moins grandes que les pectorales dans les deux espèces : mais les deux lobes de la nageoire caudale du bloch sont beaucoup plus écartés que ceux de la nageoire de la queue du baillon; la nageoire dorsale du bloch s'étend vers la tête jusqu'au-delà du plus grand diamètre vertical de l'animal; cinq aiguillons isolés et très-forts sont placés au-devant de cette même nageoire du dos. La nuque est arrondie; la tête grosse et relevée; la mâchoire supérieure terminée en avant, comme l'inférieure, par une portion très-haute, très-peu courbée, et presque verticale; deux lames au moins composent chaque opercule; on ne voit pas de tache sur la ligne latérale, qui de plus est tortueuse; et enfin, les téguments les plus extérieurs du bloch ne sont recouverts d'aucune écaille facilement visible.

SOIXANTE-DIXIÈME GENRE.

LES CORIS (1).

La tête grosse et plus élevée que le corps ; le corps comprimé et très-allongé ; le premier ou le second rayon de chacune des nageoires thoracines, une ou deux fois plus allongé que les autres ; point d'écailles semblables à celles du dos sur les opercules ni sur la tête, dont la couverture lamelleuse et d'une seule pièce représente une sorte de casque.

ESPÈCES.	CARACTÈRES.
1. Le Coris aigrette.	Le premier rayon de la nageoire du dos, une ou deux fois plus long que les autres; l'opercule terminé par une ligne courbe ; une bosse au-dessus des yeux.
2. Le Coris angulé.	Le premier rayon de la nageoire du dos un peu plus court que les autres, ou ne les surpassant pas en longueur; l'opercule terminé par une ligne anguleuse ; point de bosse au-dessus des yeux.

(1) M. Cuvier (*Regn. anim.*, 2e édition) remarque que les Coris établis par M. de Lacépède d'après des dessins de Commerson, se sont trouvés des girelles (famille des Labroïdes) à queue tronquée, où le dessinateur avait négligé d'exprimer la séparation du préopercule et de l'opercule. Desm. 1829.

LE CORIS AIGRETTE.

Coris Aygula, Lacep. (1).

QUELLES obligations les naturalistes n'ont-ils pas au célèbre Commerson! Combien de genres de poissons dont ses manuscrits nous ont présenté la description ou la figure, et qui, sans les recherches multipliées auxquelles son zèle n'a cessé de se livrer, seraient inconnus des amis des sciences naturelles! Il a donné à celui dont nous allons parler, le nom de *Coris*, qui, en grec, signifie *sommet*, *tête*, etc., à cause de l'espèce de casque qui enveloppe et surmonte la tête des animaux compris dans cette famille. Cette sorte de casque, qui embrasse le haut, les côtés et le dessous du crâne, des yeux et des mâchoires, est formée d'une substance écailleuse, d'une grande lame, d'une seule pièce, qui même est réunie aux opercules, de manière à ne faire qu'un tout avec ces couvercles des organes respiratoires. L'ensemble que ce casque renferme, ou la tête proprement dite, s'élève plus haut que le dos de l'animal, dans tous les coris; mais dans l'espèce qui fait le sujet de cet article, il est un peu plus exhaussé encore : le sommet du crâne s'arrondit

(1) Ce poisson ne paraît pas différer de la girelle Gaimard, selon M. Cuvier. DESM. 1829.

de manière à produire une bosse ou grosse loupe au-dessus des yeux; et le premier rayon de la nageoire dorsale, une ou deux fois plus grand que les autres, étant placé précisément derrière cette loupe, paraît comme une aigrette destinée à orner le casque du poisson.

Chaque opercule est terminé du côté de la queue par une ligne courbe. La lèvre supérieure est double; la mâchoire inférieure plus avancée que la supérieure; chacune des deux mâchoires garnie d'un rang de dents fortes, pointues, triangulaires et inclinées. La ligne latérale suit de très-près la courbure du dos. Le premier rayon de chaque thoracine, qui en renferme sept, est une fois plus allongé que les autres. La nageoire dorsale est très-longue, très-basse, et de la même hauteur, dans presque toute son étendue. Celle de l'anus présente des dimensions bien différentes; elle est beaucoup plus courte que la dorsale : ses rayons, plus longs que ceux de cette dernière, lui donnent plus de largeur; sa figure se rapproche de celle d'un trapèze. Et enfin la nageoire caudale est rectiligne, et ses rayons dépassent de beaucoup la membrane qui les réunit (1).

(1) A la nageoire du dos........................ 21 rayons.
A chacune des pectorales........................ 11
A chacune des thoracines........................ 7
A celle de l'anus........................ 14
A celle de la queue........................ 10

LE CORIS ANGULEUX.

Coris angulatus, Lacep. (1).

Ce coris diffère du précédent par six traits principaux : son corps est beaucoup plus allongé que celui de l'aigrette ; le premier rayon de la nageoire dorsale ne dépasse pas les autres ; la ligne latérale ne suit pas dans toute son étendue la courbure du dos, elle se fléchit en en-bas, à une assez petite distance de la nageoire caudale, et tend ensuite directement vers cette nageoire ; le sommet du crâne ne présente pas de loupe ou de bosse ; chaque opercule se prolonge vers la queue, de manière à former un angle saillant, au lieu de n'offrir qu'un contour arrondi ; et les deux mâchoires sont également avancées (2).

(1) M. Cuvier pense que ce poisson a été décrit une seconde fois par M. de Lacépède, sous le nom de Labre malaptère, *Labrus malapterus*. Desm. 1829.

(2) A la nageoire du dos........................ 20 rayons.
A chacune des pectorales.................... 15
A la nageoire de l'anus........................ 15
A celle de la queue............................ 10

SOIXANTE-ONZIÈME GENRE.

LES GOMPHOSES (1).

Le museau allongé en forme de clou ou de masse, la tête et les opercules dénués d'écailles semblables à celles du dos.

ESPÈCES.	CARACTÈRES.
1. Le Gomphose bleu.	Toute la surface du poisson d'une couleur bleue foncée.
2. Le Gomphose varié.	La couleur générale mêlée de rouge, de jaune et de bleu.

(1) M. Cuvier admet le groupe des Gomphoses, mais seulement comme un sous-genre dans le genre Labre. Desm. 1829.

LE GOMPHOSE BLEU.[1]

Gomphosus cæruleus, Lacep., Cuv.

Commerson a laissé dans ses manuscrits la description de ce poisson qu'il a observé dans ses voyages, que nous avons cru, ainsi que lui, devoir inscrire dans un genre particulier, mais auquel nous avons donné le nom générique de *Gomphos*, plutôt que celui d'*Elops*, qui lui a été assigné par ce naturaliste. Le mot *gomphos* désigne, aussi bien que celui d'*elops*, la forme du museau de ce poisson, qui représente une sorte de clou; et en employant la dénomination que nous avons préférée, on évite toute confusion du genre que nous décrivons, avec une petite famille d'abdominaux connue depuis long-temps sous le nom d'*élops*.

Le gomphose bleu est, suivant Commerson, de la grandeur du cyprin tanche. Toute sa surface présente une couleur bleue sans tache, un peu foncée et noirâtre sur les nageoires pectorales, et très-claire sur les autres nageoires. L'œil seul montre des nuances différentes du bleu; la pru-

(1) « Elops, totus intensè cæruleus ; rostro subulato, capite et operculis branchiostegis, alepidotis. » Commerson, manuscrits déja cités.

nelle est bordée d'un cercle blanc, autour duquel l'iris présente une belle couleur d'émeraude ou d'aigue-marine.

Le corps est un peu arqué sur le dos, et beaucoup plus au-dessous du ventre. La tête, d'une grosseur médiocre, se termine en devant par une prolongation du museau, que Commerson a comparée à un clou, dont la longueur est égale au septième de la longueur totale de l'animal, et qui a quelques rapports avec le boutoir du sanglier. La mâchoire supérieure est un peu extensible, et quelquefois un peu plus avancée que l'inférieure; ce qui n'empêche pas que l'avant-bouche, dont l'ouverture est étroite, ne forme une sorte de tuyau. Chaque mâchoire est composée d'un os garni d'un seul rang de dents très-petites et très-serrées l'une contre l'autre; et les deux dents les plus avancées de la mâchoire d'en-haut sont aussi plus grandes que celles qui les suivent.

Tout l'intérieur de la bouche est d'ailleurs lisse, et d'une couleur bleuâtre.

Les yeux sont petits et très-proches des orifices des narines, qui sont doubles de chaque côté.

On ne voit aucune écaille proprement dite, ou semblable à celles du dos, sur la tête ni sur les opercules du gomphose bleu. Ces opercules ne sont hérissés d'aucun piquant. Deux lames les composent: la seconde de ces pièces s'avance vers la queue, en forme de pointe; et une partie de sa circonférence est bordée d'une membrane.

On voit quelques dentelures sur la partie concave des arcs osseux qui soutiennent les branchies.

La portion de la nageoire dorsale qui comprend des rayons aiguillonnés, est plus basse que la partie de cette nageoire dans laquelle on observe des rayons articulés. La nageoire caudale forme un croissant dont les deux pointes sont très-allongées.

La ligne latérale, qui suit la courbure du dos jusqu'à la fin de la nageoire dorsale, où elle se fléchit vers le bas pour tendre ensuite directement vers la nageoire caudale, a son cours marqué par une suite de petites raies disposées de manière à imiter des caractères chinois.

Les écailles qui recouvrent le corps et la queue du gomphose bleu, sont assez larges; et les petites lignes qu'elles montrent, les font paraître comme ciselées (1).

---

(1) 6 rayons à la membrane des branchies.

8 rayons aiguillonnés et 14 rayons articulés à la nageoire du dos.

14 rayons à chacune des pectorales.

6 rayons à chacune des thoracines. (Le second se prolonge en un filament.)

2 rayons aiguillonnés et 12 rayons articulés à la nageoire de l'anus.

14 rayons à celle de la queue.

LE GOMPHOSE VARIÉ.[1]

Gomphosus varius, Lacep., Cuv.

Sur les bords charmants de la fameuse île de Taïti, Commerson a observé une seconde espèce de gomphose, bien digne, par sa beauté ainsi que par l'éclat de ses couleurs, d'habiter ces rivages embellis avec tant de soin par la nature. Elle est principalement distinguée de la première par ces riches nuances qui la décorent; elle montre un brillant et agréable mélange de rouge, de jaune, et de bleu. Le jaune domine dans cette réunion de tons resplendissants; mais l'azur y est assez marqué pour être un nouvel indice de la parenté du varié avec le gomphose bleu.

(1) « Elops rubro, cæruleo et flavo variegatus. » Commerson, manuscrits déjà cités.

SOIXANTE-DOUZIÈME GENRE.

LES NASONS (1).

Une protubérance en forme de corne ou de grosse loupe sur le nez ; deux plaques ou boucliers de chaque côté de l'extrémité de la queue ; le corps et la queue recouverts d'une peau rude et comme chagrinée.

ESPÈCES.	CARACTÈRES.
1. Le nason licornet.	Une protubérance cylindrique, horizontale, et en forme de corne au-devant des yeux ; une ligne latérale très-sensible.
2. Le nason loupe.	Une proéminence en forme de grosse loupe, au-dessus de la mâchoire supérieure ; point de ligne latérale visible.

(1) Ce genre est admis par M. Cuvier, et placé par lui dans la famille des Theutyes, de l'ordre des Acanthoptérygiens, avec les Sidjans, les Acanthures, les Priouures, les Axinures, et les Priodons.

Desm. 1829.

LE NASON LICORNET.[1]

Chætodon fronticornis, Linn., Gmel.; *Nason fronticornis*, Lac.; *Naseus fronticornis*, Cuv.

Sans les observations de l'infatigable Commerson, nous ne connaîtrions pas tous les traits de l'espèce du licornet, et nous ignorerions l'existence du poisson loupe, que nous avons cru, avec cet habile voyageur, devoir renfermer, ainsi que le licornet, dans un genre particulier, distingué par le nom de *Nason*.

La première de ces deux espèces frappe aisément les regards par la singularité de la forme de sa tête; elle attire l'attention de ceux même qui s'occupent le moins des sciences naturelles. Aussi avait-elle été très-remarquée par les matelots de l'expédition dont Commerson faisait partie : ils l'avaient examinée assez souvent pour lui donner un nom; et comme ils avaient facilement saisi un rapport très-marqué que présente son museau

---

(1) *Naseus fronticornis fuscus*. Commerson, manuscrits déja cités.
Licornet des matelots. Id. ibid.
Forskael, Faun. Arabic, p. 63, n. 88.
Chétodon unicorne. Bonnaterre, planches de l'Encyclopédie méthodique.

avec le front des animaux fabuleux auxquels l'amour du merveilleux a depuis long-temps attaché la dénomination de *Licorne*, ils l'avaient appelée la *Petite Licorne*, ou le *Licornet*, appellation que j'ai cru devoir conserver.

En effet, de l'entre-deux des yeux de ce poisson part une protubérance presque cylindrique, renflée à son extrémité, dirigée horizontalement vers le bout du museau, et attachée à la tête proprement dite par une base assez large.

C'est sur cette même base que l'on voit de chaque côté deux orifices de narines, dont l'antérieur est le plus grand.

Les yeux sont assez gros.

Le museau proprement dit est un peu pointu; l'ouverture de la bouche étroite; la lèvre supérieure faiblement extensible; la mâchoire d'en-haut un peu plus courte que celle d'en-bas, et garnie, comme cette dernière, de dents très-petites, aiguës, et peu serrées les unes contre les autres.

Des lames osseuses composent les opercules, au-dessous desquels des arcs dentelés dans leur partie concave soutiennent de chaque côté les quatre branchies (1).

---

(1) 4 rayons à la membrane des branchies.
6 aiguillons et 30 rayons articulés à la nageoire du dos.
17 rayons à chaque nageoire pectorale.
1 aiguillon et trois rayons articulés à chacune des thoracinés.
2 aiguillons et 30 rayons articulés à la nageoire de l'anus.
20 rayons à la nageoire de la queue.

Le corps et la queue sont très-comprimés, carénés en haut, ainsi qu'en bas, et recouverts d'une peau rude, que l'on peut comparer à celle de plusieurs cartilagineux, et notamment de la plupart des squales.

La couleur que présente la surface presque entière de l'animal, est d'un gris brun; mais la nageoire du dos, ainsi que celle de l'anus, sont agréablement variées par des raies courbes, jaunes ou dorées.

Cette même nageoire dorsale s'étend depuis la nuque jusqu'à une assez petite distance de la nageoire caudale.

La ligne latérale est voisine du dos, dont elle suit la courbure; l'anus est situé très-près de la base des thoracines, et par conséquent plus éloigné de la nageoire caudale que de la gorge.

La nageoire de l'anus est un peu plus basse et presque aussi longue que celle du dos.

La caudale est échancrée en forme de croissant, et les deux cornes qui la terminent sont composées de rayons si allongés, que lorsqu'ils se rapprochent, ils représentent presque un cercle parfait, au lieu de ne montrer qu'un demi-cercle.

De plus, on voit auprès de la base de cette nageoire, et de chaque côté de la queue, deux plaques osseuses, que Commerson nomme de *petits boucliers*, dont chacune est grande, dit ce voyageur, comme l'ongle du petit doigt de l'homme, et composée d'une lame un peu relevée en carène et échancrée par-devant.

On doit apercevoir d'autant plus aisément ces deux pièces qui forment un caractère remarquable, que la longueur totale de l'animal n'excède pas quelquefois trente-cinq centimètres. Alors le plus grand diamètre vertical du corps proprement dit, celui que l'on peut mesurer au-dessus de l'anus, est de dix ou onze centimètres; la plus grande épaisseur du poisson est de quatre centimètres; et la partie de la corne frontale et horizontale, qui est entièrement dégagée du front, a un centimètre de longueur.

Commerson a vu le licornet auprès des rivages de l'île de France; et si les dimensions que nous venons d'indiquer d'après le manuscrit de ce naturaliste, sont celles que ce nason présente le plus souvent dans les parages que ce voyageur a fréquentés, il faut que cette espèce soit bien plus favorisée pour son développement dans la mer Rouge ou mer d'Arabie. En effet, Forskael, qui l'a décrite, et qui a cru devoir la placer parmi celles de la famille des chétodons, au milieu desquels elle a été laissée par le savant Gmelin et par M. Bonnaterre, dit qu'elle parvient à la longueur de cent dix-huit centimètres (une aune ou environ). Les licornets vont par troupes nombreuses dans cette même mer d'Arabie; on en voit depuis deux cents jusqu'à quatre cents ensemble; et l'on doit en être d'autant moins surpris, que l'on assure qu'ils ne se nourrissent que des plantes qu'ils peuvent rencontrer sous les eaux. Quoiqu'ils n'aient le besoin ni l'habitude d'attaquer une proie, ils usent avec courage des avantages que leur donnent leur grandeur et la conformation de leur tête; ils se défendent avec succès contre des ennemis dangereux; des pêcheurs arabes ont même dit avoir vu une troupe de ces thoracins entourer avec audace un aigle qui s'était précipité sur ces poissons comme sur des animaux faciles à vaincre, opposer le nombre à la force, assaillir l'oiseau carnassier avec une sorte de concert, et le combattre avec assez de constance pour lui donner la mort.

LE NASON LOUPE.[1]

Acanthurus Nasus, Shaw; *Naso tuberosus*, Commers., Lacep.; *Naseus tuberosus*, Cuv.

Cette espèce de nason, observée, décrite et dessinée, comme la première, par Commerson, qui l'a vue dans les mêmes contrées, ressemble au licornet par la compression de son corps et de sa queue, et par la nature de sa peau rude et chagrinée ainsi que celle des squales. Sa couleur gé-

(1) *Licorne à loupe.* Commerson, manuscrits déja cités.
« Naseus, naso ad rostrum connato, tuberiformi. » Id. ibid.

nérale est d'un gris plus ou moins mêlé de brun, et par conséquent très-voisine de celle du licornet; mais on distingue sur la partie supérieure de l'animal, sur sa nageoire dorsale et sur la nageoire de la queue, un grand nombre de taches petites, lenticulaires et noires. Celles de ces taches que l'on remarque auprès des nageoires pectorales, sont un peu plus larges que les autres; et entre ces mêmes nageoires et les orifices des branchies, on voit une place noirâtre et très-rude au toucher.

La tête est plus grosse, à proportion du reste du corps, que celle du licornet. La protubérance nasale ne se détache pas du museau autant que la corne de ce dernier nason: elle s'étend vers le haut ainsi que vers les côtés; elle représente une loupe ou véritable bosse. Un sillon particulier, dont la couleur est très-obscure, qui part de l'angle antérieur de l'œil, et qui règne jusqu'à l'extrémité du museau, circonscrit cette grosse tubérosité; et c'est au-dessus de l'origine de ce sillon, et par conséquent très-près de l'œil, que sont situés, de chaque côté, deux orifices de narines, dont l'antérieur est le plus sensible.

Les yeux sont grands et assez rapprochés du sommet de la tête; les lèvres sont coriaces; la mâchoire supérieure est plus avancée que l'inférieure, la déborde, l'embrasse, n'est point du tout extensible, et montre, comme la mâchoire d'en-bas, un contour arrondi, et un seul rang de dents incisives.

Le palais et le gosier présentent des plaques hérissées de petites dents.

Chaque opercule est composé de deux lames.

Les arcs des branchies sont tuberculeux et dentelés dans leur concavité.

Les aiguillons de la nageoire du dos et des thoracines sont très-rudes (1); le premier aiguillon de la nageoire dorsale est d'ailleurs très-large à sa base; la nageoire caudale est en forme de croissant, mais peu échancrée. On n'aperçoit pas de ligne latérale; mais on trouve, de chaque côté de la queue, deux plaques ou boucliers analogues à ceux du licornet.

Le nason loupe devient plus grand que le licornet; il parvient jusqu'à la longueur de cinquante centimètres.

---

(1) 4 rayons à la membrane des branchies.
5 rayons aiguillonnés et 30 rayons articulés à la nageoire du dos.
17 rayons à chacune des pectorales.
2 aiguillons et 28 rayons articulés à la nageoire de l'anus.
16 rayons à la nageoire de la queue.

SOIXANTE-TREIZIÈME GENRE.

LES KYPHOSES (1).

Le dos très-élevé au-dessus d'une ligne tirée depuis le bout du museau jusqu'au milieu de la nageoire caudale; une bosse sur la nuque; des écailles semblables à celles du dos, sur la totalité ou une grande partie des opercules qui ne sont pas dentelés.

ESPÈCE.	CARACTÈRES.
LE KYPH. DOUBLE-BOSSE.	Une bosse sur la nuque; une bosse entre les yeux; la nageoire de la queue fourchue.

(1) M. Cuvier regarde ce genre comme étant le même que celui qui a été nommé *Dorsuaire* par M. de Lacépède, et il croit aussi qu'il ne diffère pas des deux autres genres appelés *Pimeleptère* et *Xistère* par le même naturaliste. Selon son opinion, il faudrait réduire ces quatre genres en un seul. DESM. 1829.

LE KYPHOSE DOUBLE-BOSSE.[1]

Kyphosus bigibbus, Lacep.

Commerson nous a transmis la figure de cet animal. La bosse que ce poisson a sur la nuque, est grosse, arrondie, et placée sur une partie du corps tellement élevée, que si on tire une ligne droite du museau au milieu de la nageoire caudale, la hauteur du sommet de la bosse au-dessus de cette ligne horizontale est au moins égale au quart de la longueur totale de ce thoracin. La seconde bosse, qui nous a suggéré son nom spécifique, est conformée, à-peu-près, comme la première, mais moins grande, et située entre les yeux. La ligne latérale suit la courbure du dos, dont elle est très-voisine. Les nageoires pectorales sont allongées et terminées en pointe. La longueur de la nageoire de l'anus n'égale que la moitié, ou environ, de celle de la nageoire dor-

(1) *Nota.* Le nom générique *kyphose*, KYPHOSUS, que nous avons donné à ce poisson, vient du mot *kyphos*, qui en grec signifie *bosse*, aussi bien que *kyrtos*, expression dont Bloch a fait dériver le nom d'un genre de jugulaires, ainsi que nous l'avons vu.

sale. La nageoire de la queue est très-fourchue. Des écailles semblables à celles du dos recouvrent au moins une grande partie des opercules (1).

(1) 13 aiguillons et 12 rayons articulés à la nageoire dorsale.
13 ou 14 rayons à chacune des pectorales.
5 ou 6 rayons à chacune des thoracines.
14 ou 15 à celle de l'anus.

SOIXANTE-QUATORZIÈME GENRE.

LES OSPHRONÈMES (1).

Cinq ou six rayons à chaque nageoire thoracine ; le premier de ces rayons aiguillonné, et le second terminé par un filament très-long.

GENRES.	CARACTÈRES.
1. L'Osphronème goramy.	La partie postérieure du dos très-élevée ; la ligne latérale droite ; la nageoire de la queue arrondie.
2. L'Osphronème gal.	La lèvre inférieure plissée de chaque côté ; les nageoires du dos et de l'anus très-basses ; celle de la queue fourchue.

(1) M. Cuvier adopte ce genre, mais il n'y admet que la première espèce ; la seconde, suivant lui, n'est qu'une girelle. Desm. 1829.

L'OSPHRONÈME GORAMY.[1]

Osphronemus Olfax, Comm., Cuv.; *Osphronemus Goramy*, Lacep.

Nous conservons à ce poisson le nom générique qui lui a été donné par Commerson, dans les manuscrits duquel nous avons trouvé la description et la figure de ce thoracin.

Cet osphronème est remarquable par sa forme, par sa grandeur, et par la bonté de sa chair. Il peut parvenir jusqu'à la longueur de deux mètres; et comme sa hauteur est très-grande à proportion de ses autres dimensions, il fournit un aliment aussi copieux qu'agréable. Commerson l'a observé dans l'île de France, en février 1770, par les soins de Seré, commandant des troupes royales. Ce poisson y avait été apporté de la Chine, où il est indigène, et de Batavia, où on le trouve aussi, selon l'estimable M. Cossigny (2). On l'avait d'a-

(1) *Osphronemus olfax.* Commerson, manuscrits déja cités.

Poisson gouramie, ou *gouramy*. (Il faut observer que ce nom de *poisson gouramie*, ou *gouramy*, ou *goramy*, a été aussi donné, dans le grand Océan, au trichopode mentonnier.)

(2) « Devectus è Sina, educatus primùm in piscinis, etc. » Manuscrits de Commerson.

« Le poisson n'est pas extrêmement commun dans le Bengale. Il y

bord élevé dans des viviers; et il s'était ensuite répandu dans les rivières, où il s'était multiplié avec une grande facilité, et où il avait assez conservé toutes ses qualités pour être, dit Commerson, le plus recherché des poissons d'eau douce. Il serait bien à désirer que quelque ami des sciences naturelles, jaloux de favoriser l'accroissement des objets véritablement utiles, se donnât le peu de soins nécessaires pour le faire arriver en vie en France, l'y acclimater dans nos rivières, et procurer ainsi à notre patrie une nourriture peu chère, exquise, salubre, et très-abondante.

Voyons quelle est la conformation de cet osphronème goramy.

Le corps est très-comprimé et très-haut. Le dessous du ventre et de la queue et la partie postérieure du dos présentent une carène aiguë. Cette même extrémité postérieure du dos montre une sorte d'échancrure, qui diminue beaucoup la hauteur de l'animal, à une petite distance de la nageoire caudale; et lorsqu'on n'a sous les yeux qu'un des côtés de cet osphronème, on voit facilement que sa partie inférieure est plus arrondie, et s'étend au-dessous du diamètre longitudinal qui va du bout du museau à la fin de la queue,

---

« a beaucoup d'étangs dans le pays. On pourrait en former des viviers. « Il serait à propos d'y transplanter le *Goramy*, cet excellent poisson « que nous avons transporté de Batavia à l'Ile-de-France, et qui s'y est « naturalisé. » *Voyage au Bengale, etc.* par M. Charpentier-Cossigny, tome I, page 181.

beaucoup plus que sa partie supérieure ne s'élève au-dessus de ce même diamètre (1).

De larges écailles couvrent le corps, la queue, les opercules et la tête; et d'autres écailles plus petites revêtent une portion assez considérable des nageoires du dos et de l'anus. Le dessus de la tête, incliné vers le museau , offre d'ailleurs deux légers enfoncements. La mâchoire supérieure est extensible; l'inférieure plus avancée que celle d'en-haut: toutes les deux sont garnies d'une double rangée de dents; le rang extérieur est composé de dents courtes et un peu recourbées en dedans; l'intérieur n'est formé que de dents plus petites et plus serrées.

On aperçoit une callosité au palais; la langue est blanchâtre, retirée, pour ainsi dire, dans le fond de la gueule, auquel elle est attachée; les orifices des narines sont doubles; chaque opercule est formé de deux lames, dont la première est excavée vers le bas par deux ou trois petites fossettes, et dont la seconde s'avance en pointe vers les nageoires pectorales, et de plus est bordée d'une membrane.

On aperçoit dans l'intérieur de la bouche , et

---

(1) 6 rayons à la membrane des branchies.
13 aiguillons et 12 rayons articulés à la nageoire du dos.
14 rayons à chacune des pectorales.
1 aiguillon et 5 rayons articulés à chacune des thoracines.
10 aiguillons et 20 rayons articulés à la nageoire de l'anus.
16 rayons à celle de la queue.

au-dessus des branchies, une sorte d'os ethmoïde, *labyrinthiforme*, pour employer l'expression de Commerson, et placé dans une cavité particulière. L'usage de cet os a paru au voyageur que nous venons de citer, très-digne d'être recherché, et nous nous en occuperons de nouveau dans notre *Discours sur les parties solides des poissons.*

La nageoire du dos commence loin de la nuque, et s'élève ensuite à mesure qu'elle s'approche de la caudale, auprès de laquelle elle est très-arrondie.

Chaque nageoire thoracine renferme six rayons. Le premier est un aiguillon très-fort; le second se termine par un filament qui s'étend jusqu'à l'extrémité de la nageoire de la queue, ce qui donne à l'osphronème un rapport très-marqué avec les trichopodes: mais dans ces derniers ce filament est la continuation d'un rayon unique, au lieu que, dans l'osphronème, chaque thoracine présente au moins cinq rayons.

L'anus est deux fois plus près de la gorge que de l'extrémité de la queue: la nageoire qui le suit a une forme très-analogue à celle de la dorsale; mais, ce qui est particulièrement à remarquer, elle est beaucoup plus étendue.

On ne compte au-dessus ni au-dessous de la caudale, qui est arrondie, aucun de ces rayons articulés, très-courts et inégaux, qu'on a nommés *Faux rayons* ou *Rayons bâtards*, et qui accompagnent la nageoire de la queue d'un si grand nombre de poissons.

Enfin la ligne latérale, plus voisine du dos que du ventre, n'offre pas de courbure très-sensible.

Au reste, le goramy est brun avec des teintes rougeâtres plus claires sur les nageoires que sur le dos; et les écailles de ses côtés et de sa partie inférieure, qui sont argentées et bordées de brun, font paraître ces mêmes portions comme couvertes de mailles.

L'OSPHRONÈME GAL.(1)

Labrus Gallus, Linn., Gmel.; *Osphronemus Gallus*, Lac. (2).

Forskael a vu sur les côtes d'Arabie cet osphronème, qu'il a inscrit parmi les scares, et que le professeur Gmelin a ensuite transporté parmi les labres, mais dont la véritable place nous paraît être à côté du goramy. Ce poisson est regardé comme très-venimeux par les habitants des rivages qu'il fréquente; et dès-lors on peut présumer qu'il se nourrit de mollusques, de vers, et d'autres animaux marins imprégnés de sucs malfaisants

(1) *Scarus Gallus*. Forskael, Faun. Arab., p. 26, n. 11.

(2) M. Cuvier ne voit dans ce poisson qu'une espèce du sous-genre *Girelle*, dans le grand genre des Labres. Desm. 1829.

ou même délétères pour l'homme. Mais s'il est dangereux de manger de la chair du gal, il doit être très-agréable de voir cet osphronème : il offre des nuances gracieuses, variées et brillantes; et ces humeurs funestes, dérobées aux regards par des écailles qui resplendissent des couleurs qui émaillent nos parterres, offrent une nouvelle image du poison que la nature a si souvent placé sous des fleurs.

Le gal est d'un vert foncé; et chacune de ses écailles étant marquée d'une petite ligne transversale violette ou pourpre, l'osphronème paraît rayé de pourpre ou de violet sur presque toute sa surface. Deux bandes bleues règnent de plus sur son abdomen. Les nageoires du dos et de l'anus sont violettes à leur base, et bleues dans leur bord extérieur; les pectorales bleues et violettes dans leur centre; les thoracines bleues; la caudale est jaune et aurore dans le milieu, violette sur les côtés, bleue dans sa circonférence; et l'iris est rouge autour de la prunelle, et vert dans le reste de son disque.

Le rouge, l'orangé, le jaune, le vert, le bleu, le pourpre et le violet, c'est-à-dire les sept couleurs que donne le prisme solaire, et que nous voyons briller dans l'arc-en-ciel, sont donc distribuées sur le gal, qui les montre d'ailleurs disposées avec goût, et fondues les unes dans les autres par des nuances très-douces.

Ajoutons, pour achever de donner une idée de

cet osphronème, que sa lèvre inférieure est plissée de chaque côté; que ses dents ne forment qu'une rangée; que celles de devant sont plus grandes que celles qui les suivent, et un peu écartées l'une de l'autre; que la ligne latérale se courbe vers le bas, auprès de la fin de la nageoire dorsale; et que les écailles sont striées, faiblement attachées à l'animal, et membraneuses dans une grande partie de leur contour (1).

(1) 5 rayons à la membrane des branchies.
8 aiguillons et 14 rayons articulés à la nageoire du dos.
14 rayons à chacune des pectorales.
1 aiguillon et 5 rayons articulés à chacune des thoracines.
3 aiguillons et 12 rayons articulés à celle de l'anus.
15 rayons à celle de la queue.

SOIXANTE-QUINZIÈME GENRE.

LES TRICHOPODES (1).

Un seul rayon beaucoup plus long que le corps, à chacune des nageoires thoracines ; une seule nageoire dorsale.

ESPÈCES.	CARACTÈRES.
1. Le Tric. mentonnier.	La bouche dans la partie supérieure de la tête ; la mâchoire inférieure avancée de manière à représenter une sorte de menton.
2. Le Tr. trichoptère.	La tête couverte de petites écailles ; les rayons des nageoires pectorales prolongés en très-longs filaments.

(1) M. Cuvier, en adoptant ce genre, n'y comprend que la seconde espèce seulement. La première ne repose que sur une mauvaise figure de l'Osphronème goramy. Desm. 1829.

LE TRICHOPODE [1]

MENTONNIER.

Trichopodus Mentum, Lacep. (2).

C'EST encore le savant Commerson qui a observé ce poisson, dont nous avons trouvé un dessin fait avec beaucoup de soin et d'exactitude dans ses précieux manuscrits.

La tête de cet animal est extrêmement remarquable ; elle est le produit bien plutôt singulier que bizarre d'une de ces combinaisons de formes plus rares qu'extraordinaires, que l'on est surpris de rencontrer, mais que l'on devrait être bien plus étonné de ne pas avoir fréquemment sous les yeux, et qui n'étant que de nouvelles preuves de ce grand principe que nous ne cessons de chercher à établir, *tout ce qui peut être*, *existe*, méritent néanmoins notre examen le plus attentif et nos réflexions les plus profondes. Elle présente d'une manière frappante les principaux caractères

(1) *Gouramy*, ou *gouramie*.

(2) Nous répétons ici, d'après M. Cuvier, que cette espèce est factice, et établie seulement sur un dessin inexact de l'Osphronème goramy. DESM. 1829.

de la plus noble des espèces, les traits les plus reconnaissables de la face auguste du suprême dominateur des êtres; elle rappelle le chef-d'œuvre de la création; elle montre en quelque sorte un exemplaire de la figure humaine. La conformation de la mâchoire inférieure, qui s'avance, s'arrondit, se relève et se recourbe, pour représenter une sorte de menton; le léger enfoncement qui suit cette saillie; la position de la bouche, et ses dimensions; la forme des lèvres; la place des yeux, et leur diamètre; des opercules à deux lames, que l'on est tenté de comparer à des joues; la convexité du front; l'absence de toute écaille proprement dite de dessus l'ensemble de la face, qui, revêtue uniquement de grandes lames, paraît comme couverte d'une peau; toutes les parties de la tête du mentonnier se réunissent pour produire cette image du visage de l'homme, aux yeux surtout qui regardent ce trichopode de profil. Mais cette image n'est pas complète. Les principaux linéaments sont tracés: mais leur ensemble n'a pas reçu de la justesse des proportions une véritable ressemblance; ils ne produisent qu'une copie grotesque, qu'un portrait chargé de détails exagérés. Ce n'est donc pas une tête humaine que l'imagination place au bout du corps du poisson mentonnier; elle y suppose plutôt une tête de singe ou de paresseux; et ce n'est même qu'un instant qu'elle peut être séduite par un commencement d'illusion. Le défaut de jeu dans cette tête qui la frappe, l'absence de toute physionomie, la privation de toute expression sensible d'un mouvement intérieur, font bientôt disparaître toute idée d'être privilégié, et ne laissent voir qu'un animal dont quelques portions de la face ont dans leurs dimensions les rapports peu communs que nous venons d'indiquer. C'est le plus saillant de ces rapports que j'ai cru devoir désigner par le nom spécifique de *Mentonnier*, de même que j'ai fait allusion par le mot *Trichopode* (pieds en forme de filaments) au caractère de la famille particulière dans laquelle j'ai pensé qu'il fallait l'inscrire.

Chacune des nageoires thoracines des poissons de cette famille, et par conséquent du mentonnier, n'est composée en effet que d'un rayon ou filament très-délié. Mais cette prolongation très-molle, au lieu d'être très-courte et à peine visible, comme dans les monodactyles, est si étendue, qu'elle surpasse ou du moins égale en longueur le corps et la queue réunis.

Le mentonnier a d'ailleurs ce corps et cette queue très-comprimés, assez hauts vers le milieu de la longueur totale de l'animal ; la nageoire dorsale et celle de l'anus, basses, et presque égales l'une à l'autre; la caudale rectiligne; et les pectorales courtes, larges et arrondies (1).

(1) A la nageoire du dos.................... 18 rayons.
A chacune des thoracines.................... 1
A la nageoire de l'anus.................... 18

LE TRICHOPODE[1]

TRICHOPTÈRE.

Labrus trichopterus, Pall., Linn., Gmel.; *Trichopterus Pallasii*, Shaw; *Trichogaster trichopterus*, Bl.; *Trichopodus trichopterus*, Lacep., Cuv.

Ce trichopode est distingué du précédent par plusieurs traits que l'on saisira avec facilité en lisant la description suivante. Il en diffère surtout par la forme de sa tête, qui ne présente pas cette sorte de masque que nous avons vu sur le mentonnier. Cette partie de l'animal est petite et couverte d'écailles semblables à celles du dos. L'ouverture de la bouche est étroite, et située vers la portion supérieure du museau proprement dit.

Les lèvres sont extensibles. La nageoire du dos est courte, pointue, ne commence qu'à l'endroit où le corps a le plus de hauteur, et se termine à une grande distance de la nageoire de la queue. Il est à remarquer que celle de l'anus est, au

(1) Pallas. Spicil. zoolog. 8, p. 45.

Sparus, etc. Koelreuter, Nov. Comm. Petrop. IX, p. 452, n. 7, tab. 10.

Labre crin. Bonnaterre, planches de l'Encyclopédie méthodique.

contraire, très-longue; qu'elle renferme, à très-peu près, quatre fois plus de rayons que la dorsale; qu'elle touche presque la caudale; qu'elle s'étend beaucoup vers la tête, et que, par une suite de cette disposition, l'orifice de l'anus, qui la précède, est très-près de la base des thoracines.

Ces dernières nageoires ne consistent chacune que dans un rayon ou filament plus long que le corps et la queue considérés ensemble (1); et de plus, chaque pectorale, qui est très-étroite, se termine par un autre filament très-allongé, ce qui a fait donner au poisson dont nous parlons le nom de *Trichoptère*, ou d'*Aile à filament*. Nous lui avons conservé ce nom spécifique; mais au lieu de le laisser dans le genre des labres ou des spares, nous avons cru, d'après les principes qui nous dirigent dans nos distributions méthodiques, devoir le comprendre dans une petite famille particulière, et le placer dans le même genre que le mentonnier.

Le trichoptère est ondé de diverses nuances de brun. On voit de chaque côté sur le corps et sur la queue, une tache ronde, noire, et bordée d'une

---

(1) 4 aiguillons et 7 rayons articulés à la nageoire du dos.
9 rayons à chacune des pectorales.
1 rayon à chacune des thoracines.
4 rayons et 38 rayons articulés à la nageoire de l'anus.
16 rayons à celle de la queue, qui est fourchue.

couleur plus claire. Des taches brunes sont répandues sur la tête, dont la teinte est, pour ainsi dire, livide; et la nageoire de la queue, ainsi que celle de l'anus, sont pointillées de blanc.

Ce trichopode ne parvient guère qu'à un décimètre de longueur. On le trouve dans la mer qui baigne les grandes Indes.

SOIXANTE-SEIZIÈME GENRE.

LES MONODACTYLES (1).

Un seul rayon très-court et à peine visible à chaque nageoire thoracine ; une seule nageoire dorsale.

ESPÈCE.	CARACTÈRES.
Le Monod. falciforme.	La nageoire du dos, et celle de l'anus, en forme de faux; celle de la queue en croissant.

(1) Ce genre se rapporte à celui que M. Cuvier nomme *Psettus*, et dans lequel il place le *Scomber rhombeus,* Forsk., ou Centropome rhomboïdal de Lacépède.

Quant au monodactyle falciforme, il pense que ce poisson pourrait bien ne pas différer du *Chætodon argenteus,* Linn., ou Acanthopode argenté de Lacépède. Desm. 1829.

LE MONODACTYLE[1]

FALCIFORME.

Monodactylus falciformis, Lacep.; *Psettus Commersonii*, Cuv. (2).

Nous donnons ce nom à une espèce de poisson dont nous avons trouvé la description et la figure dans les manuscrits de Commerson. Nous l'avons placé dans un genre particulier que nous avons appelé *Monodactyle*, c'est-à-dire, *à un seul doigt*, parce que chacune de ses nageoires thoracines, qui représentent en quelque sorte ses pieds, n'a qu'un rayon très-court et aiguillonné, ou pour parler le langage de plusieurs naturalistes, n'a qu'un doigt très-petit. Le nom spécifique par lequel nous avons cru devoir d'ailleurs distinguer cet animal, nous a été indiqué par la forme de ses nageoires du dos et de l'anus, dont la figure ressemble un peu à celle d'une faux. Ces deux nageoires sont de plus assez égales en étendue, et touchent presque la nageoire de la queue, qui est en croissant.

(1) « Psettus spinis pinnarum ventralium loco duabus. » Commerson, manuscrits déja cités.

(2) Voyez la page précédente. Desm. 1829.

L'anus est presque au-dessous des nageoires pectorales, qui sont pointues. La ligne latérale suit la courbure du dos, dont elle est peu éloignée. L'opercule des branchies est composé de deux lames, dont la postérieure paraît irrégulièrement festonnée. Les yeux sont gros. L'ouverture de la bouche est petite : la mâchoire supérieure présente une forme demi-circulaire, et des dents courtes, aiguës et serrées ; elle est d'ailleurs extensible et embrasse l'inférieure. La langue est large, arrondie à son extrémité, amincie dans ses bords, rude sur presque toute sa surface. On voit, de chaque côté du museau, deux orifices de narines, dont l'antérieur est le plus petit et quelquefois le plus élevé.

La concavité des arcs osseux qui soutiennent les branchies, présente des protubérances semblables à des dents, et plus sensibles dans les trois antérieurs. Le corps et la queue sont très-comprimés, couverts d'écailles petites, arrondies et lisses, que l'on retrouve avec des dimensions plus petites encore sur une partie des nageoires du dos et de l'anus, et resplendissants d'une couleur d'argent, mêlée sur le dos avec des teintes brunes. Ces mêmes nuances obscures se montrent aussi sur la portion antérieure de la nageoire de l'anus et de celle du dos, ainsi que sur les pectorales, qui néanmoins offrent souvent une couleur incarnate. Le monodactyle falciforme ne parvient ordinairement qu'à une longueur de vingt-six centimètres (1).

(1) 7 rayons à la membrane des branchies.
33 rayons à la nageoire du dos.
17 rayons à chacune des pectorales.
1 rayon aiguillonné à chacune des thoracines.
3 aiguillons et 30 rayons à celle de l'anus.

SOIXANTE-DIX-SEPTIÈME GENRE.

LES PLECTORHINQUES (1).

Une seule nageoire dorsale ; point d'aiguillons isolés au-devant de la nageoire du dos, de carène latérale, ni de petite nageoire au-devant de celle de l'anus ; les lèvres plissées et contournées ; une ou plusieurs lames de l'opercule branchial dentelées.

ESPÈCE.	CARACTÈRES.
LE PLECTORHINQUE CHÉTODONOÏDE.	Treize aiguillons à la nageoire du dos ; de grandes taches irrégulières, chargées de taches beaucoup plus foncées, inégales, et presque rondes.

(1) M. Cuvier rapporte les plectorhinques de M. de Lacépède à son genre Diagramme, dans la famille des Acanthoptérygiens scienoïdes.

DESM. 1829.

LE PLECTORHINQUE

CHÉTODONOÏDE.

Plectorhynchus chetodonoides, Lacep.; *Diagramma chetodonoides*, Cuv. (1).

LE mot *plectorhinque* désigne les plis extraordinaires que présente le museau de ce poisson, et qui forment, avec la dentelure de ses opercules, un de ses principaux caractères génériques. Nous avons employé de plus, pour cet osseux, le nom spécifique de *Chétodonoïde*, parce que l'ensemble de sa conformation lui donne de très-grands rapports avec les *Chétodons*, dont l'histoire ne sera pas très-éloignée de la description du plectorhinque. Ce dernier animal leur ressemble d'ailleurs par la beauté de sa parure. Sur un fond d'une couleur très-foncée, paraissent, en effet, de chaque côté, sept ou huit taches très-étendues, inégales, irrégulières, mais d'une nuance claire et très-éclatante, variées par leur contour, agréables par leur disposition, relevées par des taches plus petites, foncées, et presque toutes arrondies, qu'elles renferment en nombre plus ou moins grand. On

(1) Voyez la note de la page précédente. DESM. 1829.

peut voir aisément, par le moyen du dessin que nous avons fait graver, le bel effet qui résulte de leur figure, de leur ton, de leur distribution, d'autant plus qu'on aperçoit des taches qui ont beaucoup d'analogie avec ces premières, à l'extrémité de toutes les nageoires, et surtout de la partie postérieure de la nageoire du dos.

Cette nageoire dorsale montre une sorte d'échancrure arrondie qui la divise en deux portions très-contiguës, mais faciles à distinguer, dont l'une est soutenue par 13 rayons aiguillonnés, et l'autre par 20 rayons articulés (1). Les thoracines et la nageoire de l'anus présentent à-peu-près la même forme et la même surface l'une que l'autre: les deux premiers rayons qu'elles comprennent, sont aiguillonnés, et le second de ces deux piquants est très-long et très-fort.

La nageoire caudale est rectiligne ou arrondie. Il n'y a pas de ligne latérale sensible. La tête est grosse, comprimée comme le corps et la queue, et revêtue, ainsi que ces dernières parties, d'écailles petites et placées les unes au-dessus des autres. Des écailles semblables recouvrent des appendices charnus auxquels sont attachées les nageoires thoracines, les pectorales, et celle de l'anus.

---

(1) 15 rayons à chacune des nageoires pectorales.
2 rayons aiguillonnés et 13 rayons articulés à celle de l'anus.
18 rayons à celle de la queue.

L'œil est grand ; l'ouverture de la bouche petite ; le museau un peu avancé, et comme caché dans les plis et les contours charnus ou membraneux des deux mâchoires.

Nous avons décrit cette espèce encore inconnue des naturalistes, d'après un individu de la collection hollandaise donnée à la France.

SOIXANTE-DIX-HUITIÈME GENRE.

LES POGONIAS (1).

Une seule nageoire dorsale ; point d'aiguillons isolés au-devant de la nageoire du dos, de carène latérale, ni de petite nageoire au-devant de celle de l'anus ; un très-grand nombre de petits barbillons à la mâchoire inférieure.

ESPÈCE.	CARACTÈRES.
LE POGONIAS FASCÉ.	Les opercules recouverts d'écailles semblables à celles du dos ; quatre bandes transversales, et d'une couleur très-foncée ou très-vive.

(1) Les Pogonias forment pour M. Cuvier le sous-genre Tambour (*Pogonias*) dans le genre Sciène, de la famille des Acanthoptérygiens scienoïdes. DESM. 1829.

LE POGONIAS FASCÉ.

Pogonias fasciatus, Lacep., Cuv.

Nous donnons ce nom de *Pogonias* à un genre dont aucun individu n'a encore été connu des naturalistes. Cette dénomination signifie *Barbu*, et désigne le grand nombre de barbillons qui garnissent la mâchoire inférieure, et, pour ainsi dire, le menton de l'animal. Nous avons décrit et fait figurer l'espèce que nous distinguons par l'épithète de *Fascé*, d'après un poisson très bien conservé, qui faisait partie de la collection du stathouder à La Haye, et qui se trouve maintenant dans celle du Muséum d'histoire naturelle.

Ce pogonias a la tête grosse; les yeux grands; la bouche large; les lèvres doubles; les dents des deux mâchoires aiguës, égales, et peu serrées; la mâchoire supérieure plus avancée que l'inférieure; l'opercule composé de deux lames et recouvert d'écailles arrondies comme celles du dos, auxquelles elles ressemblent d'ailleurs en tout; la seconde lame de cet opercule branchial terminée en pointe; la nageoire du dos étendue depuis l'endroit le plus haut du corps jusqu'à une distance assez petite de l'extrémité de la queue, et presque partagée en deux portions inégales par une sorte d'échancrure cependant peu profonde; un aiguillon presque détaché au-devant de cette nageoire dorsale et de celle de l'anus; cette dernière nageoire très-petite et inférieure même en surface aux thoracines, qui néanmoins sont moins grandes que les pectorales; la caudale rectiligne ou arrondie; les côtés dénués de ligne latérale; la mâchoire inférieure garnie de plus de vingt filaments déliés, assez courts, rapprochés deux à deux, ou trois à trois, et représentant assez bien une barbe naissante (1).

Quatre bandes foncées ou vives, étroites, mais très-distinctes, règnent de haut en bas de chaque côté du pogonias fascé; de petits points sont disséminés sur une grande partie de la surface de l'animal.

(1) A la nageoire dorsale . . . . 33 rayons.
A chacune des pectorales 13
A chacune des thoracines 6
A celle de l'anus 8
A celle de la queue 19

SOIXANTE-DIX-NEUVIÈME GENRE.

LES BOSTRYCHES (1).

Le corps allongé et serpentiforme ; deux nageoires dorsales ; la seconde séparée de celle de la queue ; deux barbillons à la mâchoire supérieure ; les yeux assez grands et sans voile.

ESPÈCES.	CARACTÈRES.
1. Le Bostr. chinois.	La couleur brune.
2. Le Bostr. tacheté.	De très-petites taches vertes sur tout le corps.

(1) M. Cuvier cite les Bostryches de M. de Lacépède comme se rapportant au genre Ophicéphale de la famille des Pharyngiens labyrinthiformes dans l'ordre des Acanthoptérygiens. Il ne cite d'ailleurs que la seconde espèce. Desm. 1829.

LE BOSTRYCHE CHINOIS.

Bostrychus sinensis, Lacep. (1).

C'est dans les dessins chinois dont nous avons déja parlé, que nous avons trouvé la figure de ce bostryche, ainsi que celle du bostryche tacheté. Les barbillons que ces poissons ont à la mâchoire supérieure, et qui nous ont indiqué leur nom générique(2), les distingueraient seuls des gobies, des gobioïdes, des gobiomores et des gobiomoroïdes, avec lesquels ils ont cependant beaucoup de rapports par leur conformation générale. Nous ne doutons pas que ces osseux n'aient des nageoires au-dessous du corps, et ne doivent être compris parmi les thoracins, quoique la position dans laquelle ils sont représentés, ne permette pas de distinguer ces nageoires. Au reste, si de nouvelles observations apprenaient que les bostryches n'ont pas de nageoires inférieures, ils n'en devraient pas moins former un genre séparé des autres genres déja connus; il suffirait de les retrancher de la colonne des thoracins, et de les

(1) Non mentionné par M. Cuvier. Desm. 1829.

(2) *Bostrychos* en grec veut dire *filament*, *barbillon*, etc.

porter sur celle des apodes. On les y rapprocherait des murènes, dont il serait néanmoins facile de les distinguer par la forme de leurs yeux et les dimensions ainsi que la position de leurs nageoires. Ajoutons que cette remarque relative à l'absence de nageoires inférieures et au déplacement qui en serait le seul résultat, s'applique au genre des bostrychoïdes dont nous allons parler.

Le bostryche chinois est d'une couleur brune. On voit de chaque côté de la queue, et auprès de la nageoire qui termine cette partie, une belle tache bleue, entourée d'un cercle jaune vers le corps et rouge vers la nageoire. L'animal ne paraît revêtu d'aucune écaille facile à voir. Sa tête est grosse; l'ouverture de sa bouche arrondie; l'opercule branchial d'une seule pièce; la première nageoire dorsale très-courte relativement à la seconde; celle de l'anus, semblable et presque égale à la première dorsale, se montre au-dessous de la seconde nageoire du dos; celle de la queue est lancéolée. Les mouvements et les habitudes du bostryche chinois doivent ressembler beaucoup à ceux des murènes.

LE BOSTRYCHE TACHETÉ.

Bostrychus maculatus, Lacep.; *Ophicephalus maculatus*, Cuv. (1).

CE bostryche diffère du chinois par quelques unes de ses proportions, par plusieurs de ces traits vagues de conformation que l'œil saisit et que la parole rend difficilement, et par les nuances ainsi que la disposition de ses couleurs. Il est, en effet, parsemé de très-petites taches vertes.

(1) M. Cuvier fait remarquer la ressemblance de ce poisson avec l'espèce de l'*Ophicephalus Barca* de Buchanam, XXXV, 20. DESM. 1829.

QUATRE-VINGTIÈME GENRE.

LES BOSTRYCHOÏDES (1).

Le corps allongé et serpentiforme ; une seule nageoire dorsale ; celle de la queue séparée de celle du dos ; deux barbillons à la mâchoire supérieure ; les yeux assez grands et sans voile.

ESPÈCE.	CARACTÈRES.
LE BOSTRYCH. OEILLÉ.	La nageoire de l'anus basse et longue ; celle du dos basse et très-longue ; une tache verte entourée d'un cercle rouge de chaque côté de l'extrémité de la queue.

(1) Ce genre de M. de Lacépède est, comme le précédent, rapporté par M. Cuvier au genre Ophicéphale de Bloch qu'il adopte.

DESM. 1829.

LE BOSTRYCHOÏDE ŒILLÉ.

Bostrychoides oculatus, Lacep. (1).

Ce poisson est figuré dans les dessins chinois arrivés par la Hollande au Muséum d'histoire naturelle de France. Sa tête, son corps et sa queue sont couverts de petites écailles; sa tête est moins grosse que la partie antérieure du corps. Les nageoires pectorales sont petites et arrondies; celle de la queue est lancéolée. La couleur de l'animal est brune, avec des bandes transversales plus foncées, et un très-grand nombre de petites taches vertes. Une tache verte plus grande, placée dans un cercle rouge, et semblable à une prunelle entourée de son iris, paraît de chaque côté de l'extrémité de la queue. La conformation générale de ce poisson doit faire présumer que sa manière de vivre, ainsi que celle des bostryches, a beaucoup de rapports avec les habitudes des murènes.

(1) M. Cuvier cite ce poisson et le considère comme étant le même que l'*Ophicephalus Maralius* de Buchanam. Desm. 1829.

QUATRE-VINGT-UNIÈME GENRE.

LES ÉCHÉNÉIS (1).

Une plaque très-grande, ovale, composée de lames transversales, et placée sur la tête, qui est déprimée.

ESPÈCES.	CARACTÈRES.
1. L'ÉCHÉNÉIS RÉMORA.	Moins de vingt et plus de seize paires de lames, à la plaque de la tête.
2. L'ÉCHÉNÉIS NAUCRATE.	Plus de vingt-deux paires de lames à la plaque de la tête
3. L'ÉCHÉNÉIS RAYÉ.	Moins de douze paires de lames à la plaque de la tête.

(1) Ce genre très-anciennement établi, et dont les caractères sont fort tranchés, n'a point été modifié par les ichthyologistes modernes. DESM. 1829.

L'ÉCHENEIS REMORA.[1]

Echeneis Remora, Bl., Lacep., Cuv.

L'HISTOIRE de ce poisson présente un phénomène

(1) *Rémore.*
Sucet.
Arrête-bœuf.
Pilote.
Remeligo.
Sucking fish, en Angleterre.
Sugger, dans plusieurs endroits de la Belgique et de la Hollande.
Piexe pogador, en Portugal.
Piexe pioltho, ibid.
Échène rémore. Daubenton, Encyclopédie méthodique.
Id. Bonnaterre, planches de l'Encyclopédie méthodique.
Echeneis remora. Commerson, manuscrits déja cités.
Id. Forskael, Faun. Arabic., p. 19.
Bloch, pl. 172.
Artedi, gen. 15, syn. 28.
Sucet ou *rémore.* Duhamel, Traité des pêches, seconde partie, quatrième section, chap. 4, art. 6, p. 56, pl. 4, fig. 5.
Rémore ou *rémora.* Valmont de Bomare, Dictionnaire d'histoire naturelle.
Ἐχενηις. Arist., lib. 2, cap. 14.
Id. Ælian., lib. 2, cap. 17, pag. 95.
Id. Oppian. Hal., lib. 1, p. 9.
Echeneis. Plin., lib. 9, cap. 25, et lib, 32, cap. 1.
Id. Wotton, lib. 8, cap. 166, fol. 149, *a.*
Echeneis. Cuba, lib. 3, cap. 24.
Achandes. Id., lib. 3, cap. 1, fol. 71, *a.*

relatif à l'espèce humaine, et que la philosophie ne dédaignera pas.

Depuis le temps d'Aristote jusqu'à nos jours, cet animal a été l'objet d'une attention constante; on l'a examiné dans ses formes, observé dans ses habitudes, considéré dans ses effets : on ne s'est pas contenté de lui attribuer des propriétés merveilleuses, des facultés absurdes, des forces ridicules; on l'a regardé comme un exemple frappant des qualités occultes départies par la nature à ses diverses productions; il a paru une preuve convaincante de l'existence de ces qualités secrètes dans leur origine et inconnues dans leur essence. Il a figuré avec honneur dans les tableaux des poètes, dans les comparaisons des orateurs, dans

---

Echeneis. Gesner, Aquat., p. 440.

Remora. Aldrovand., lib. 3, cap. 22, p. 336.

Id. Rai, p. 71.

Id. Rondelet, Hist. des poissons, part. 1, lib. 15, chap. 17.

Echeneis remora. Appendix du Voyage à la Nouvelle-Galles méridionale, par Jean Whit, premier chirurgien de l'expédition commandée par le capitaine Philipp, p. 296, pl. 64, fig. 3.

Willughby, Ichthyolog. append., p. 5, tab. 9, fig. 2.

Echeneis. Amœnit. academic. 1, p. 603.

Gronov. Mus. 1, p. 12, n. 33; et Zooph, p. 75, n. 256.

Echeneis cærulescens, ore retuso. Klein, Miss. pisc. 4, p. 51, n. 1.

Remora corpore tereti. Petiver, Gazoph., l. 44, tab. 12.

Adam Olearii, Gottorfische kunstkammer, p. 42, tab. 25.

Belon, Aquat., p. 440.

Sloan. Jamaïc. 1, p. 8

Catesb. Carolin. 2, tab. 26.

Du Tertre, Antill. 2, p. 209, 222.

Remora, Edwards, tab. 210, fig. infer.

les récits des voyageurs, dans les descriptions des naturalistes; et cependant à peine, dans le moment où nous écrivons, l'image de ses traits, de ses mœurs, de ses effets, a-t-elle été tracée avec quelque fidélité. Écoutons, par exemple, au sujet de ce rémora, l'un des plus beaux génies de l'antiquité. « L'échénéis, dit Pline, est un petit poisson « accoutumé à vivre au milieu des rochers : on « croit que lorsqu'il s'attache à la carène des vais« seaux, il en retarde la marche; et de là vient le « nom qu'il porte, et qui est formé de deux mots « grecs, dont l'un signifie *je retiens*, et l'autre « *navire*. Il sert à composer des poisons capables « d'amortir et d'éteindre les feux de l'amour. Doué « d'une puissance bien plus étonnante, agissant « par une faculté morale, il arrête l'action de la « justice et la marche des tribunaux : compensant « cependant ces qualités funestes par des pro« priétés utiles, il délivre les femmes enceintes des « accidents qui pourraient trop hâter la naissance « de leurs enfants; et lorsqu'on le conserve dans « du sel, son approche seule suffit pour retirer « du fond des puits les plus profonds l'or qui « peut y être tombé (1). »

Mais le naturaliste romain ajoute, avant la fin de la célèbre histoire qu'il a écrite, une peinture bien plus étonnante des attributs du rémora; et voyons comment il s'exprime au commencement de son trente-deuxième livre.

---

(1) Pline, liv. 9, chap. 25.

« Nous voici parvenus au plus haut des forces « de la nature, au sommet de tous les exemples « de son pouvoir. Une immense manifestation de « sa puissance occulte se présente d'elle-même; ne « cherchons rien au-delà, n'en espérons pas d'égale « ni de semblable : ici la nature se surmonte elle-« même, et le déclare par des effets nombreux. « Qu'y a-t-il de plus violent que la mer, les vents, « les tourbillons et les tempêtes ? Quels plus « grands auxiliaires le génie de l'homme s'est-il « donnés que les voiles et les rames? Ajoutez la « force inexprimable des flux alternatifs qui font « un fleuve de tout l'Océan. Toutes ces puissances et « toutes celles qui pourraient se réunir à leurs « efforts, sont enchaînées par un seul et très-petit « poisson qu'on nomme *Échénéis*. Que les vents « se précipitent, que les tempêtes bouleversent les « flots, il commande à leurs fureurs, il brise leurs « efforts, il contraint de rester immobiles des vais-« seaux que n'aurait pu retenir aucune chaîne, au-« cune ancre précipitée dans la mer, et assez pe-« sante pour ne pouvoir pas en être retirée. Il « donne ainsi un frein à la violence, il dompte la « rage des éléments, sans travail, sans peine, sans « chercher à retenir, et seulement en adhérant : il « lui suffit, pour surmonter tant d'impétuosité, de « défendre aux navires d'avancer. Cependant les « flottes armées pour la guerre se chargent de « tours et de remparts qui s'élèvent pour que l'on « combatte au milieu des mers comme du haut « des murs. O vanité humaine! un poisson très-

« petit contient leurs éperons armés de fer et de « bronze, et les tient enchaînées! On rapporte « que, lors de la bataille d'Actium, ce fut un « échénéis qui, arrêtant le navire d'Antoine au « moment où il allait parcourir les rangs de ses « vaisseaux et exhorter les siens, donna à la flotte « de César la supériorité de la vîtesse et l'avantage « d'une attaque impétueuse. Plus récemment, le « bâtiment monté par Caïus, lors de son retour « d'Andura à Antium, s'arrêta sous l'effort d'un « échénéis : et alors le rémora fut un augure; car « à peine cet empereur fut-il rentré dans Rome, « qu'il périt sous les traits de ses propres soldats. « Au reste, son étonnement ne fut pas long, lors-« qu'il vit que, de toute sa flotte, son quinquérème « seul n'avançait pas : ceux qui s'élancèrent du « vaisseau pour en rechercher la cause, trou-« vèrent l'échénéis adhérent au gouvernail, et le « montrèrent au prince indigné qu'un tel animal « eût pu l'emporter sur quatre cents rameurs, et « très-surpris que ce poisson, qui dans la mer « avait pu retenir son navire, n'eût plus de puis-« sance jeté dans le vaisseau. Nous avons déja rap-« porté plusieurs opinions, continue Pline, au « sujet du pouvoir de cet échénéis que quelques « Latins ont nommé *Remora*. Quant à nous, nous « ne doutons pas que tous les genres des habitants « de la mer n'aient une faculté semblable. L'exemple « célèbre et consacré dans le temple de Gnide ne « permet pas de refuser la même puissance à des

« conques marines (1). Et de quelque manière que « tous ces effets aient lieu, ajoute plus bas l'éloquent « naturaliste que nous citons, quel est celui qui, « après cet exemple de la faculté de retenir des « navires, pourra douter du pouvoir qu'exerce la « nature par tant d'effets spontanés et de phé- « nomènes extraordinaires? »

Combien de fables et d'erreurs accumulées dans ces passages, qui d'ailleurs sont des chefs-d'œuvre de style! Accréditées par un des Romains dont on a le plus admiré la supériorité de l'esprit, la variété des connaissances et la beauté du talent, elles ont été presque universellement accueillies pendant un grand nombre de siècles. Mais l'on n'attend pas de nous une mythologie; c'est l'histoire de la nature que nous devons tâcher d'écrire. Cherchons donc uniquement à faire connaître les véritables formes et les habitudes du rémora. Nous allons réunir, pour y parvenir, les observations que nous avons faites sur un grand nombre d'individus conservés dans des collections, avec celles dont des individus vivants avaient été l'objet, et que Commerson a consignées dans les manuscrits qui nous ont été confiés dans le temps par Buffon.

La longueur totale de l'animal égale très-rarement trois décimètres. Sa couleur est brune et

(1) Voyez, au sujet de ces coquilles, le chapitre 25 du livre 9 de Pline.

sans tache; et ce qu'il faut remarquer avec soin, la teinte en est la même sur la partie inférieure et sur la partie supérieure de l'animal. Ce fait est une nouvelle preuve de ce que nous avons dit au sujet des couleurs des poissons, dans notre Discours sur la nature de ces animaux : en effet, nous allons voir, vers la fin de cet article, que, par une suite des habitudes du rémora, et de la manière dont cet échénéis s'attache aux rochers, aux vaisseaux ou aux grands poissons, son ventre doit être aussi souvent exposé que son dos aux rayons de la lumière.

Les nageoires présentent quelques nuances de bleuâtre. L'iris est brun, et montre d'ailleurs un cercle doré.

Une variété que l'on rencontre assez fréquemment, suivant Commerson, et que l'on voit souvent attachée au même poisson, et, par exemple, au même squale que les individus bruns, est distinguée par sa couleur blanchâtre.

Le corps et la queue sont couverts d'une peau molle et visqueuse, sur laquelle on ne peut apercevoir aucune parcelle écailleuse qu'après la mort de l'animal, et lorsque les téguments sont desséchés; et l'ensemble formé par la queue et le corps proprement dit, est d'ailleurs très-allongé et presque conique.

La tête est très-volumineuse, très-aplatie, et chargée dans sa partie supérieure d'une sorte de bouclier ou de grande plaque.

Cette plaque est allongée, ovale, amincie et membraneuse dans ses bords. Son disque est garni ou plutôt armé de petites lames placées transversalement et attachées des deux côtés d'une arête ou saillie longitudinale qui partage le disque en deux. Ces lames transversales et arrangées ainsi par paires, sont ordinairement au nombre de trente-six, ou de dix-huit paires : leur longueur diminue d'autant plus qu'elles sont situées plus près de l'une ou de l'autre des deux extrémités du bouclier ovale. De plus, ces lames sont solides, osseuses, presque parallèles les unes aux autres, très-aplaties, couchées obliquement, susceptibles d'être un peu relevées, hérissées, comme une scie, de très-petites dents, et retenues par une sorte de clou articulé.

Le museau est très-arrondi , et la mâchoire inférieure beaucoup plus avancée que celle d'en-haut, qui d'ailleurs est simple, et ne peut pas s'allonger à la volonté de l'animal: l'une et l'autre ressemblent à une lime, à cause d'un grand nombre de rangs de dents très-petites qui y sont attachées.

D'autres dents également très-petites sont placées autour du gosier, sur une éminence osseuse faite en forme de fer-à-cheval et attachée au palais , et sur la langue , qui est courte , large , arrondie par-devant, dure, à demi cartilagineuse, et retenue en dessous par un frein assez court.

Au reste, l'intérieur de la bouche est d'un incarnat communément très-vif, et l'ouverture de cet organe a beaucoup de rapports, par sa forme et par sa grandeur proportionnelle, avec l'ouverture de la bouche de la lophie baudroie.

L'orifice des narines est double de chaque côté.

Les yeux, placés sur les côtés de la tête, et séparés par toute la largeur du bouclier, ne sont ni voilés ni très-saillants.

Deux lames composent chaque opercule des branchies, et une peau légère le recouvre.

La membrane branchiale est soutenue par neuf rayons (1).

Les branchies sont au nombre de quatre de chaque côté, et la partie concave de leurs arcs est denticulée.

Les nageoires thoracines offrent la même longueur, mais non pas la même largeur, que les pectorales : elles comprennent chacune six rayons ; le plus extérieur cependant touche de si près le rayon voisin, qu'il est très-difficile de l'apercevoir.

La nageoire du dos et celle de l'anus présentent à-peu-près la même figure, la même étendue

---

(1) A la nageoire du dos .... 22 rayons.
A chacune des pectorales 25
A chacune des thoracines 6
A celle de l'anus 22
A celle de la queue 17
Vertèbres dorsales, 12
Vertèbres caudales, 15

et le même décroissement en hauteur, à mesure qu'elles sont plus près de celle de la queue, qui est fourchue.

L'orifice de l'anus consiste dans une fente dont les bords sont blanchâtres.

La ligne latérale est composée d'une série de points saillants; elle part de la base des nageoires pectorales, s'élève vers le dos, descend auprès du milieu du corps, et tend ensuite directement vers la nageoire de la queue.

Telle est la figure du rémora, tracée d'après le vivant par Commerson, et dont j'ai pu vérifier les traits principaux, en examinant un grand nombre d'individus de cette espèce conservés avec soin dans diverses collections.

Ce poisson présente les mêmes formes dans les diverses parties, non seulement de la Méditerranée, mais encore de l'Océan, soit qu'on l'observe à des latitudes élevées, ou dans les portions de cet Océan comprises entre les deux tropiques.

Il s'attache souvent aux cétacées et aux poissons d'une très-grande taille, tels que les squales, et particulièrement le squale requin. Il y adhère très-fortement par le moyen des lames de son bouclier, dont les petites dents lui servent, comme autant de crochets, à se tenir cramponné. Ces dents, qui hérissent le bord de toutes les lames, sont si nombreuses, et multiplient à un tel degré les points de contact et d'adhésion du rémora, que toute la force d'un homme très-vigoureux ne peut pas suffire pour arracher ce petit poisson du côté du squale sur lequel il s'est accroché, tant qu'on veut l'en séparer dans un sens opposé à la direction des lames. Ce n'est que lorsqu'on cherche à suivre cette direction et à s'aider de l'inclinaison de ces mêmes lames, qu'on parvient aisément à détacher l'échénéis du squale, ou plutôt à le faire glisser sur la surface du requin, et à l'en écarter ensuite.

Commerson rapporte (1) qu'ayant voulu approcher son pouce du bouclier d'un rémora vivant qu'il observait, il éprouva une force de cohésion si grande, qu'une stupeur remarquable et même une sorte de paralysie saisit son doigt, et ne se dissipa que long-temps après qu'il eut cessé de toucher l'échénéis.

Le même naturaliste ajoute, avec raison, que, dans cette adhésion du rémora au squale, le premier de ces deux poissons n'opère aucune succion, comme on l'avait pensé; et la cohérence de l'échénéis ne lui sert pas immédiatement à se nourrir, puisqu'il n'y a aucune communication proprement dite entre les lames de la plaque ovale et l'intérieur de la bouche ou du canal alimentaire, ainsi que je m'en suis assuré, après Commerson, par la dissection attentive de plusieurs individus. Le rémora ne s'attache, par le moyen des nombreux crochets qui hérissent son bouclier, que pour

(1) Manuscrits déja cités.

naviguer sans peine, profiter, dans ses déplacements, de mouvements étrangers, et se nourrir des restes de la proie du requin, comme presque tous les marins le disent, et comme Commerson lui-même l'a cru vraisemblable. Au reste, il demeure collé avec tant de constance à son conducteur, que lorsque le requin est pris, et que ce squale, avant d'être jeté sur le pont, éprouve des frottements violents contre les bords du vaisseau, il arrive très-souvent que le rémora ne cherche pas à s'échapper, mais qu'il demeure cramponné au corps de son terrible compagnon jusqu'à la mort de ce dernier et redoutable animal.

Commerson dit aussi que lorsqu'on met un rémora dans un récipient rempli d'eau de mer plusieurs fois renouvelée en très-peu de temps, on peut le conserver en vie pendant quelques heures, et que l'on voit presque toujours cet échénéis, privé de soutien et de corps étranger auquel il puisse adhérer, se tenir renversé sur le dos, et ne nager que dans cette position très-extraordinaire. On doit conclure de ce fait très-curieux, et qui a été observé par un naturaliste des plus habiles et des plus dignes de foi, que lorsque le rémora change de place au milieu de l'Océan par le seul effet de ses propres forces, qu'il se meut sans appui, qu'il n'est pas transporté par un squale, par un cétacée ou par tout autre moteur analogue, et qu'il nage véritablement, il s'avance le plus souvent couché sur son dos, et par conséquent dans une position contraire à celle que presque tous les poissons présentent dans leurs mouvements. L'inspection de la figure générale des rémora, et particulièrement la considération de la grandeur, de la forme, de la nature et de la situation de leur bouclier, doivent faire présumer que leur centre de gravité est placé de telle sorte qu'il les détermine à voguer sur le dos plutôt que sur le ventre; et c'est ainsi que leur partie inférieure étant très-fréquemment exposée, pendant leur natation, à une quantité de lumière plus considérable que leur partie supérieure, et d'ailleurs recevant également un très-grand nombre de rayons lumineux, lorsque l'animal est attaché par son bouclier à un squale ou à un cétacée, il n'est pas surprenant que le dessous du corps de ces échénéis présente une nuance aussi foncée que le dessus de ces poissons.

Lorsque les rémora ne sont pas à portée de se coller contre quelque grand habitant des eaux, ils s'accrochent à la carène des vaisseaux; et c'est de cette habitude que sont nés tous les contes que l'antiquité a imaginés sur ces animaux, et qui ont été transmis avec beaucoup de soin, ainsi que tant d'autres absurdités, au travers des siècles d'ignorance.

Du milieu de ces suppositions ridicules, il jaillit cependant une vérité: c'est que dans les instants où la carène d'un vaisseau est hérissée, pour ainsi dire, d'un très-grand nombre d'échénéis, elle éprouve, en cinglant au milieu des eaux, une résistance semblable à celle que feraient naître des animaux à coquille très-nombreux et attachés également à sa surface, qu'elle glisse avec moins de facilité au travers d'un fluide que choquent des aspérités, et qu'elle ne présente plus la même vîtesse. Et il ne faut pas croire que les circonstances où les échénéis se trouvent ainsi accumulés contre la charpente extérieure d'un navire, soient extrêmement rares dans tous les parages: il est des mers où l'on a vu ces poissons nager en grand nombre autour des vaisseaux, et les suivre ainsi en troupes pour saisir les matières animales que l'on jette hors du bâtiment, pour se nourrir des substances corrompues dont on se débarrasse, et même pour recueillir jusqu'aux excréments. C'est ce qu'on a observé particulièrement dans le golfe de Guinée; et voilà pourquoi, suivant Barbot(1), les Hollandais qui fréquentent la côte occidentale d'Afrique, ont nommé les rémora *Poissons d'ordures*. Des rassemblements semblables de ces échénéis ont été aperçus quelquefois autour des grands squales, et surtout des requins, qu'ils paraissent suivre, environner et précéder sans crainte, et dont on dit qu'ils sont alors les *pilotes;* soit que ces poissons redoutables aient, ainsi qu'on l'a écrit, une sorte d'antipathie contre le goût ou l'odeur de leur chair, et dès-lors ne cherchent pas

(1) Hist. générale des voyages, liv. 3, p. 242.

à les dévorer; soit que les rémora aient assez d'agilité, d'adresse ou de ruse, pour échapper aux dents meurtrières des squales, en cherchant, par exemple, un asyle sur la surface même de ces grands animaux, à laquelle ils peuvent se coller dans les instants de leur plus grand danger, aussi bien que dans les moments de leur plus grande fatigue. Ce sont encore des réunions analogues et par conséquent nombreuses de ces échénéis, que l'on a remarquées sur des rochers auxquels ils adhéraient comme sur la carène d'un vaisseau, ou le corps d'un requin, surtout lorsque l'orage avait bouleversé la mer, qu'ils craignaient de se livrer à la fureur des ondes, et que d'ailleurs la tempête avait déja brisé leurs forces.

L'ÉCHÉNÉIS NAUCRATE.[1]

Echeneis Naucrates, Linn., Bloch, Lacep., Cuv.

On trouve dans presque toutes les mers, et particulièrement dans celles qui sont comprises entre les deux tropiques, cette espèce d'échénéis, qui ressemble beaucoup au rémora, et qui en diffère cependant non seulement par sa grandeur, mais encore par le nombre des paires de lames que son bouclier comprend, et par quelques au-

(1) *Échène succet.* Daubenton, Encyclopédie méthodique.

Id. Bonnaterre, planches de l'Encyclopédie méthodique.

Bloch, pl. 171.

« Echeneis caudâ integrâ, striis capitis viginti-quatuor. » Hasselquist. It. Palest. 324, n. 68.

Gronov. Zooph., p. 75, n. 252; et Mus. 1, p. 13, n. 34.

« Echeneis fuscus, pinnis posterioribus albo marginatis. » Browne. Jamaïc., p. 443.

« Echeneis, capite striis viginti-quinque, etc. » Commerson, manuscrits déja cités.

« Echeneis in extremo subrotunda. » Seba, Mus., 3, tab. 33, fig. 2.

Echeneis vel *remora.* Aldrovand. de Piscib., p. 335.

Jonst. de Piscibus, p. 16, tab. 4, fig. 3.

Iperuquiba, et *piraquiba.* Marcgrav. Brasil., p. 180.

Willughby, Ichthyol., p. 119, tab. G, 8, fig. 2.

Remora imperati. Rai. Pisc., p. 7, n. 12.

Remora. Petiv. Gazoph., tab. 44, fig. 12.

tres traits de sa conformation. On lui a donné le nom de *Naucrate*, ou de *Naucrates*, qui en grec signifie *pilote*, ou *conducteur de vaisseau*. Les individus qui la composent, parviennent quelquefois jusqu'à la longueur de vingt-trois décimètres, suivant des mémoires manuscrits cités par le professeur Bloch, et rédigés par le prince Maurice de Nassau, qui avait fait quelque séjour dans plusieurs contrées maritimes de l'Amérique méridionale. Le bouclier placé au-dessus de leur tête présente toujours plus de vingt-deux et quelquefois vingt-six paires de lames transversales et dentelées. D'ailleurs la nageoire de la queue du naucrate, au lieu d'être fourchue comme celle du rémora, est arrondie ou rectiligne. De plus, les nageoires du dos et de l'anus, plus longues à proportion que sur le rémora, montrent un peu la forme d'une faux (1).

La figure de l'une de ces deux nageoires est semblable à celle de l'autre. L'ouverture de l'anus est allongée, et située à-peu-près vers le milieu de la longueur totale de l'échénéis; et la ligne latérale, composée de points très-peu sensibles, s'approche d'abord du dos, change ensuite de di-

(1) A la membrane des branchies................. 9 rayons.
A la nageoire du dos...................... 40
A chacune des pectorales.................. 20
A chacune des thoracines.................. 4 ou 5
A celle de l'anus......................... 40
A celle de la queue....................... 16

rection, et tend vers la queue à l'extrémité de laquelle elle parvient.

Le naucrate offre des habitudes très-analogues à celles du rémora; on le rencontre de même en assez grand nombre autour des requins. Ses mouvements ne sont pas toujours faciles: mais comme il est plus grand et plus fort que le rémora, il se nourrit quelquefois d'animaux à coquille et de crabes; et lorsqu'il adhère à un corps vivant ou inanimé, il faut des efforts bien plus grands pour l'en détacher que pour séparer un rémora de son appui.

Commerson, qui l'a observé sur les rivages de l'Ile de France, a écrit que ce poisson fréquentait très-souvent la côte de Mozambique, et qu'auprès de cette côte on employait pour la pêche des tortues marines, et d'une manière bien remarquable, la facilité de se cramponner dont jouit cet échénéis. Nous croyons devoir rapporter ici ce que Commerson a recueilli au sujet de ce fait très-curieux, le seul du même genre que l'on ait encore observé.

On attache à la queue d'un naucrate vivant, un anneau d'un diamètre assez large pour ne pas incommoder le poisson, et assez étroit pour être retenu par la nageoire caudale. Une corde très-longue tient à cet anneau. Lorsque l'échénéis est ainsi préparé, on le renferme dans un vase plein d'eau salée, qu'on renouvelle très-souvent; et les pêcheurs mettent le vase dans leur barque. Ils voguent ensuite vers les parages fréquentés par les tortues marines. Ces tortues ont l'habitude de dormir souvent à la surface de l'eau sur laquelle elles flottent; et leur sommeil est alors si léger, que l'approche la moins bruyante d'un bateau pêcheur suffirait pour les réveiller et les faire fuir à de grandes distances, ou plonger à de grandes profondeurs. Mais voici le piége que l'on tend de loin à la première tortue que l'on aperçoit endormie. On remet dans la mer le naucrate garni de sa longue corde : l'animal, délivré en partie de sa captivité, cherche à s'échapper en nageant de tous les côtés. On lui lâche une longueur de corde égale à la distance qui sépare la tortue marine de la barque des pêcheurs. Le naucrate, retenu par ce lien, fait d'abord de nouveaux efforts pour se soustraire à la main qui le maîtrise; sentant bientôt cependant qu'il s'agite en vain, et qu'il ne peut se dégager, il parcourt tout le cercle dont la corde est en quelque sorte le rayon, pour rencontrer un point d'adhésion, et par conséquent un peu de repos. Il trouve cette sorte d'asyle sous le plastron de la tortue flottante, s'y attache fortement par le moyen de son bouclier, et donne ainsi aux pêcheurs, auxquels il sert de crampon, le moyen de tirer à eux la tortue en retirant la corde.

On voit tout de suite la différence remarquable qui sépare cet emploi du naucrate, de l'usage analogue auquel on fait servir plusieurs oiseaux d'eau ou de rivage, et particulièrement des cormorans, des hérons et des butors. Dans la pêche des tortues faite par le moyen d'un échénéis, on n'a sous les yeux qu'un poisson contraint dans ses mouvements, mais conservant la même tendance, faisant les mêmes efforts, répétant les mêmes actes que lorsqu'il nage en liberté, et n'étant qu'un prisonnier qui cherche à briser ses chaînes, tandis que les oiseaux élevés pour la pêche sont altérés dans leurs habitudes, et modifiés par l'art de l'homme, au point de servir en esclaves volontaires ses caprices et ses besoins. On a pu entrevoir dans deux de nos Discours généraux (1), la cause de cette différence, qui mérite toute l'attention des physiciens.

---

(1) Discours sur la nature des poissons, et Discours sur la durée des espèces.

L'ECHENEIS RAYE.[1]

Echeneis lineata, Schn., Lacep., Cuv.

Le naturaliste anglais Archibald Menzies a donné, dans le premier volume des Transactions de la société linnéenne de Londres, la description de ce poisson, qui diffère des deux échénéis dont nous venons de parler, par le nombre des lames qui composent sa plaque ovale. En effet, cet osseux n'a que dix paires de stries transversales, dans l'espèce de bouclier dont sa tête est couverte. D'ailleurs sa nageoire caudale, au lieu d'être fourchue comme celle du rémora, ou rectiligne ou arrondie comme celle du naucrate, se termine en pointe. Sa mâchoire inférieure est plus longue que la supérieure. Les dents des deux mâchoires sont petites, ainsi que les écailles qui revêtent l'animal. La couleur générale est d'un brun foncé, et relevée de chaque côté par deux raies blanches qui s'étendent depuis les yeux jusque vers le bout de la queue. L'échénéis rayé se trouve dans le grand Océan, connu sous le nom de *mer Pacifique* :

(1) Archibald Menzies, Transact. de la société linnéenne de Londres, vol. I.

on l'y a vu adhérer à des tortues. L'individu décrit par l'auteur anglais avait treize centimètres de long (1).

---

(1) A la membrane branchiale.................. 10 rayons.
A la nageoire dorsale....................... 33
A chacune des pectorales.................... 18
A chacune des thoracines.................... 5
A celle de l'anus........................... 33
A celle de la queue......................... 14

FIN DU TOME VII.

TABLE

DES ARTICLES CONTENUS DANS LE SEPTIÈME VOLUME DES ŒUVRES DE LACÉPÈDE.

HISTOIRE NATURELLE DES POISSONS.

FIN DE LA TABLE DES ARTICLES.

TABLE RAISONNÉE

DES MATIÈRES DU SEPTIÈME VOLUME, RELATIVES AUX POISSONS.

HISTOIRE NATURELLE DES POISSONS.

FIN DE LA TABLE.

5e LIVRAISON DE PLANCHES.

POISSONS.

Nos 4... Raie batis, — Raie oxyrhinque.
5... Raie miralet, — Raie chardon.
6... Raie ronce mâle, — *idem* femelle.
7... Raie blanche, — Raie bordée.
8... Raie torpille à cinq taches, — Raie torpille marbrée.
10... Raie pastenague, — Raie lymme, var. (Cuv.), figurée par Lacépède sous le nom de Torpille.
11... Raie tuberculée, — Raie églantier.
12... Raie bouclée, — Raie chinoise.
13... Raie mosaïque, — Raie croisée, — Raie ondulée.
14... Raie nègre, — Raie Cuvier, — Raie aptéronote.
15... 1-2-3, Raie Thouin, — Raie rhinobate.
16... Raie giorna.
17... Raie manatia, — Raie fabronienne.
18... Raie frangée, — Raie blanksienne.
19... Le Squale très-grand.
21... Le Squale pointillé, — le Squale glauque.
22... Le Squale grand-nez, — le Squale bouclé.
23... Le Squale pantouflier, — tête du même vue en dessous, — le Squale marteau.

www.ingramcontent.com/pod-product-compliance
Ingram Content Group UK Ltd.
Pitfield, Milton Keynes, MK11 3LW, UK
UKHW020309200726
13857UKWH00001B/129